COURS

DE

MATHÉMATIQUES

APPLIQUÉES

Sceaux. — Imprimerie Charaire et fils.

COURS

DE

MATHÉMATIQUES

APPLIQUÉES

A L'USAGE

DES ÉLÈVES DES ÉCOLES NORMALES PRIMAIRES,
DES ÉCOLES PROFESSIONNELLES, DES ÉCOLES PRIMAIRES SUPÉRIEURES
ET DE L'ENSEIGNEMENT SPÉCIAL

CONTENANT

DES NOTIONS ÉLÉMENTAIRES DE GÉOMÉTRIE DESCRIPTIVE APPLICABLES AU DESSIN
INDUSTRIEL, L'ARPENTAGE, LE PARTAGE DES TERRES, LE LEVÉ DES PLANS,
LE NIVELLEMENT, DES QUESTIONS PRATIQUES SUR LE CUBAGE, LA
STÉRÉOTOMIE, L'ARCHITECTURE, LE TRACÉ DES CARTES, ETC. .

PAR MM.

FÉLICIEN GIROD

Ancien élève de l'École de Cluny, Agrégé de l'Université, Professeur de mathématiques
au Lycée et à l'École professionnelle de Rouen

ET

J. THOMY CANONVILLE

Ancien élève de l'École centrale, Ingénieur civil, Agrégé de l'Université,
Professeur au Lycée
et à l'École supérieure des sciences et des lettres de Rouen.

PARIS

LIBRAIRIE CLASSIQUE DE F.-E. ANDRÉ-GUÉDON

Successeur de Mme Ve Thiériot

15, RUE SÉGUIER, 15

—

1880

PREFACE

Des livres de mathématiques appliquées publiés jusqu'ici, les uns ne peuvent être lus que par les ingénieurs de nos grandes écoles, les autres ne conviennent qu'aux élèves des écoles primaires des campagnes. Une lacune restait donc à combler. C'est ce que nous avons tenté de faire à la sollicitation de nombreux amis. Ce livre s'adresse spécialement aux élèves des écoles normales primaires et de toutes les écoles professionnelles, aux instituteurs, aux conducteurs des ponts et chaussées, aux agents voyers, etc. Ils peuvent juger par les lignes suivantes de la division de l'ouvrage et des nombreuses ressources qu'ils y trouveront.

Notre travail est divisé en trois parties.

La première contient des notions très élémentaires de géométrie descriptive, qui nous ont paru indispensables à quiconque veut faire du dessin industriel. Celui qui ne possède pas ces légères connaissances ne peut que dessiner des images ne représentant rien de réel quand il veut figurer un objet placé devant lui, ou imiter simplement quelque chose d'exact qu'il ne comprend pas, s'il se borne à copier un modèle, comme cela se pratique trop souvent.

Prendre un objet quelconque, assemblage, pièce de machine, etc., en faire un croquis à main levée avec des cotes, puis le mettre en projections à une échelle connue, telle est, d'après nous, la méthode que l'on doit employer dans le dessin linéaire.

Les quelques éléments de géométrie descriptive qui se trouvent en tête de notre ouvrage, sont destinés à faciliter l'emploi de cette méthode. Nous avons écarté toutes les théories purement spéculatives, pour ne conserver que ce qui est absolument indispensable à la représentation des corps dans le système des projections sur deux plans. De nombreuses applications à la section plane des surfaces, à leur développement, aux assemblages, aux ombres, aux coupes, etc., montreront au lecteur les immenses avantages que la géométrie de Monge peut rendre au dessinateur, dont le dessin doit suffire à l'ouvrier, à l'entrepreneur, pour reproduire la forme et les dimensions exactes des objets.

La deuxième partie renferme le levé des plans, le nivellement, les plans cotés; quelques éléments de topographie, l'arpentage, le partage des terres, des problèmes pratiques sur le terrain; le cubage des solides, etc.

Elle s'adresse surtout aux instituteurs des campagnes, qui presque tous sont appelés à arpenter des propriétés, à partager des héritages, ou, du moins, à enseigner à leurs élèves les éléments de la géométrie pratique.

Les méthodes et les instruments dont l'usage est le plus fréquent et le plus commode ont été seuls décrits.

Nous nous sommes étendus un peu longuement sur l'arpentage et le partage des terres, sans avoir cependant la prétention d'avoir prévu tous les cas; mais ceux que nous avons développés nous paraissent suffisants pour qu'on puisse résoudre sans difficulté tous les problèmes qui se rencontrent dans la pratique.

En ce qui concerne le cubage, nous nous sommes bornés à rappeler, sans les démontrer, les formules qui donnent la mesure des volumes géométriques, et à les appliquer ensuite à des objets particuliers, tels que volumes à talus, bois en grume, bois équarris, caves, citernes, voûtes, tonneaux, etc.

Enfin, la troisième partie est consacrée à quelques questions particulières que l'on ne trouve que dans les ouvrages spéciaux : tels sont le tracé des cartes et des cadrans solaires, des notions de stéréotomie et d'architecture, le lavis et le tracé des courbes usuelles avec leurs applications à la construction des voûtes, des ponts et à l'étude succincte de certains instruments d'optique et d'acoustique.

Nous avons pensé qu'il serait utile de réunir ces questions dans un volume élémentaire. On ne les trouvait jusqu'ici que disséminées dans des volumes coûteux et difficiles à comprendre pour la grande masse des travailleurs.

Propager des connaissances utiles et immédiatement applicables, en les mettant à la portée de tous, tel a été notre but. Plusieurs de nos collègues de l'enseignement qui ont bien voulu nous honorer de leurs avis nous affirment que nous avons réussi. Aussi livrons-nous sans crainte ce volume au public; il y trouvera les traces d'un travail consciencieux, et lui fera, nous l'espérons, l'accueil qu'il a déjà fait à nos ouvrages de *Géométrie descriptive*.

COURS

DE

MATHÉMATIQUES APPLIQUÉES

PREMIÈRE PARTIE

NOTIONS ÉLÉMENTAIRES

DE

GÉOMÉTRIE DESCRIPTIVE

1. Le dessin que l'on trace d'un objet, en le représentant tel qu'il est vu par notre œil, ne nous donne ni sa forme réelle, ni ses dimensions exactes. Il ne répond pas au but que l'on se propose dans les arts, qui est de pouvoir, à l'aide de la figure que l'on a sous les yeux, reproduire l'objet en question. Aussi est-on obligé de recourir aux méthodes particulières de la géométrie descriptive. Nous allons exposer les éléments les plus simples de cette science en donnant quelques applications.

CHAPITRE PREMIER

DU POINT

2. On appelle *projection d'un point* A *sur un plan* M N le pied a de la perpendiculaire Aa, abaissée de ce point sur le plan (fig. 1).

3. Remarque. — Étant donnée la projection a d'un point de l'espace, ce point n'est pas déterminé, car tous les points de la perpendiculaire Aa répondent à la question. Cette indétermination n'a plus lieu si l'on donne les projections du point sur deux plans perpendiculaires entre eux, comme nous allons le voir.

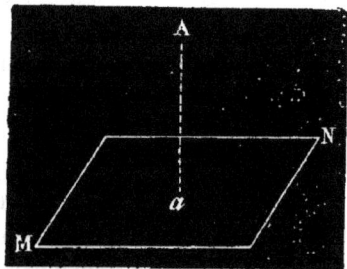

Fig. 1.

4. Des deux plans de projection. — L'un de ces plans MN est horizontal et s'appelle pour cela **plan horizontal.**

Le second plan PQ, qui lui est perpendiculaire, est naturellement appelé **plan vertical;** leur intersection LT porte le nom de **ligne de terre.**

5. Des quatre angles dièdres. — Le plan horizontal est partagé en deux parties par LT : en
avant, la *partie antérieure*; en arrière, la *partie postérieure*. Le plan
vertical est aussi partagé en deux
parties : au-dessus du plan horizontal, on a la *partie supérieure;*
au-dessous, la *partie inférieure*
(fig. 2).

Les deux plans de projection
forment entre eux quatre *angles
dièdres*. Le premier PLTN, dans
lequel on suppose situé le spectateur, qui regarde en même temps
le plan vertical, est l'angle dièdre
antérieur supérieur: le second est
l'angle *postérieur supérieur*, le
troisième, l'angle *postérieur infé-
rieur*, le quatrième, l'angle *antérieur inférieur*.

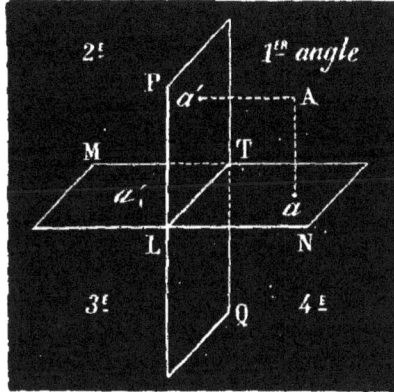

Fig. 2.

6. Projections d'un point A. — Soit maintenant un point A
de l'espace; projetons-le sur les deux plans. La projection *a* de ce point
sur le plan horizontal est sa projection horizontale; on l'indique par une
petite lettre non accentuée (cette petite lettre est celle qui correspond à
la grande lettre du point de l'espace). La projection *a'* du même point
sur le plan vertical est sa projection verticale, qui s'indique toujours par
la même lettre accentuée.

7. Épure du point A. — On ne pourrait effectuer aucune construction dans l'espace; il n'est donc pas possible de laisser les plans de projection tels
qu'ils sont. On rabat le plan vertical sur le
plan horizontal en le faisant tourner d'*avant
en arrière* autour de la ligne de terre. La projection verticale *a'* du point A vient quelque
part sur le plan horizontal en *a'₁*. Si l'on construit maintenant un dessin représentant la
ligne de terre et les deux projections du point
donné, on a l'épure de ce point (fig. 3).

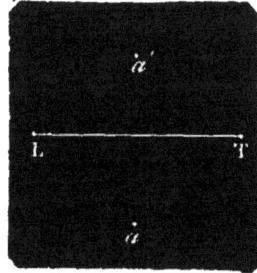

Fig. 3.

8. Remarque. — Dans une *épure*, la
partie située au-dessus de la ligne de terre
renferme la *partie supérieure du plan vertical* et la *partie postérieure du
plan horizontal:* celle qui est au-dessous de la ligne de terre comprend
la *partie antérieure du plan horizontal* et la *partie inférieure du plan
vertical*.

Établissons maintenant la condition nécessaire et suffisante pour
qu'un point de l'espace soit déterminé sur une épure par ses deux projections.

THÉORÈME.

9. *Pour qu'un point de l'espace soit déterminé par ses projections sur une épure, il faut et il suffit que ces projections soient situées sur une même perpendiculaire à la ligne de terre.*

1° *La condition est nécessaire.*

Soient un point A et ses deux projections a et a' (fig. 4).

Le plan aAa', passant par Aa perpendiculaire au plan horizontal, et par Aa' perpendiculaire au plan vertical, est perpendiculaire à la fois à ces deux plans de projection et par suite à leur intersection LT. Inversement, LT est perpendiculaire au plan aAa'; mais cette ligne est coupée par ce plan en un point O; donc elle est perpendiculaire aux lignes Oa et Oa' qui passent par son pied dans le plan.

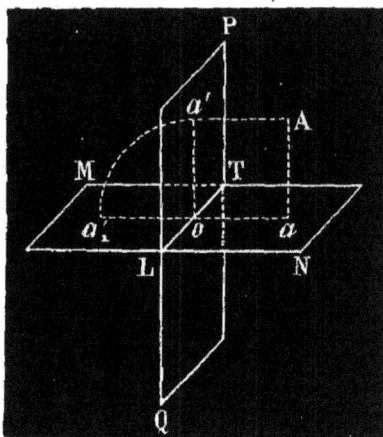

Fig. 4.

La ligne Oa' restera, dans le mouvement du plan vertical, perpendiculaire à LT et viendra alors se rabattre sur le plan horizontal en Oa'_1 perpendiculaire en O à LT et par suite dans le prolongement de Oa. Donc aa'_1 est perpendiculaire à LT.

2° *La condition est suffisante.*

Si on relève le plan vertical dans sa position première, oa'_1 prend la position oa': or les deux droites oa et oa' étant perpendiculaires à la ligne de terre déterminent un plan perpendiculaire à cette ligne et par suite perpendiculaire aux deux plans de projection. Donc, si l'on élève au point a' une perpendiculaire sur le plan vertical et au point a une perpendiculaire sur le plan horizontal, ces deux perpendiculaires seront situées dans le même plan aOa', et comme elles ne seront pas parallèles, elles se rencontreront en un certain point de l'espace; c'est ce point qui est déterminé, par les deux projections a et a'. C. Q. F. D.

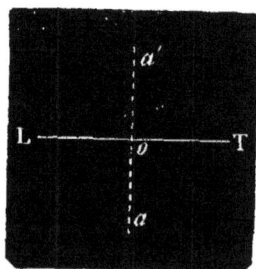

Fig. 5.

Désormais nous ferons l'*épure* d'un point en réunissant ses deux projections par une ligne droite qui sera perpendiculaire à la ligne de terre (fig. 5).

DISTANCE D'UN POINT AUX DEUX PLANS DE PROJECTION.

THÉORÈME.

10. *La distance d'un point au plan horizontal est indiquée sur une épure par la distance de sa projection verticale à la ligne de terre, et sa*

distance au plan vertical est représentée par la distance de sa projection horizontale à la ligne de terre.

En effet, dans la figure 4, le quadrilatère AO*aa'* est un rectangle, car les angles sont droits. (L'angle *a* est droit parce que A*a* étant perpendiculaire au plan MN est perpendiculaire à *a*O qui passe par son pied dans le plan ; l'angle *a'* est droit pour une raison analogue ; et l'angle *a*O*a'* est droit comme étant l'angle plan correspondant du dièdre formé par les deux plans de projection ; le quatrième angle est alors forcément droit.) Or dans un rectangle les côtés opposés sont égaux : donc la ligne A*a* qui mesure la distance du point A au plan horizontal est égale à *a'*O, distance de la projection verticale à la ligne de terre ; enfin la' ligne A*a'*, qui représente la distance du même point au plan vertical, est égale à *a*O, distance de la projection horizontale à la ligne de terre. C. Q. F. D.

DIFFÉRENTES POSITIONS D'UN POINT DANS L'ESPACE.

11. Lorsqu'un point est au-dessus du plan horizontal, sa projection verticale est située sur la partie supérieure du plan vertical, et, dans l'épure, au-dessus de la ligne de terre ; s'il est au-dessous du plan horizontal, sa projection verticale est située sur la partie inférieure du plan vertical, et, par suite, dans l'épure, au-dessous de la ligne de terre.

De même, quand le point est en avant du plan vertical, sa projection horizontale est au-dessous de la ligne de terre ; et quand il est en arrière, sa projection horizontale est au-dessus de la ligne de terre, parce qu'elle est située dans la partie postérieure du plan horizontal.

Il est maintenant facile de se rendre compte de la position respective des projections d'un point situé dans l'un ou l'autre des quatre angles dièdres.

Dans le **1er angle**, *la projection horizontale est au-dessous et la projection verticale au-dessus de la ligne de terre.*

Dans le **2e angle**, *les deux projections sont au-dessus de la ligne de terre.*

Dans le **3e et le 4e angle**, *on a des épures inverses de celles obtenues dans le* 1er *et le* 2e *angle.*

Il y a deux positions pour lesquelles les projections d'un point se confondent, c'est lorsque le point *est situé sur l'un ou l'autre des plans bissecteurs du* 2e *et du* 4e *angle.* En effet, on sait que tout point du plan bissecteur d'un dièdre est à égale distance des faces de ce dièdre ; donc le point sera à égale distance des plans de projection ; par suite, d'après le théorème précédent, ses projections seront à égale distance de la ligne de terre, et comme dans le 2e et le 4e angle, les projections sont du même côté de LT, elles se confondront.

Quand un point est situé dans le plan horizontal, sa projection verticale est sur la ligne de terre. On sait en effet que, quand deux plans sont perpendiculaires, toute droite menée d'un point de l'un d'eux perpendiculairement à l'autre est tout entière située dans le premier. Donc, si on abaisse du point situé dans le plan horizontal une perpendiculaire sur le plan vertical, elle sera tout entière sur le plan horizontal ; le pied de cette perpendiculaire, c'est-à-dire la projection verticale du point, est donc sur les deux plans de projection et par suite sur leur intersection LT.

On ferait une démonstration analogue pour prouver que, *quand un point est dans le plan vertical, sa projection horizontale est sur la ligne de terre.*

Enfin un point situé sur la ligne de terre se confond avec ses deux projections.

Nous résumerons·dans la figure suivante les différentes positions d'un point :

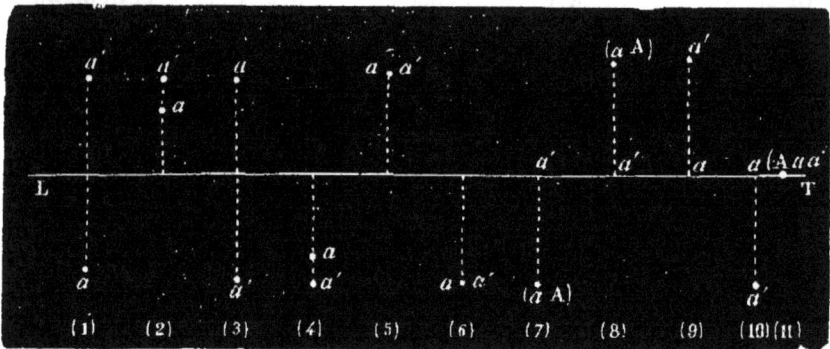

Fig. 6. — LÉGENDE.

(1) Point situé dans le premier angle.
(2) — — le second angle.
(3) — — le troisième angle.
(4) — — le quatrième angle.
(5) — sur le plan bissecteur du second angle.
(6) — sur le plan bissecteur du quatrième angle.
(7) Point situé sur la partie antérieure du plan horizontal.
(8) — sur la partie postérieure du plan horizontal.
(9) — sur la partie supérieure du plan vertical.
(10) — sur la partie inf. du plan vertical.
(11) — sur la ligne de terre.

CHANGEMENT DU PLAN VERTICAL DE PROJECTION.

12. Dans une foule de questions, pour les commodités de l'épure, on est obligé de changer le plan vertical de projection ; le plan horizontal ne se déplace guère que parallèlement à lui-même. On doit se demander ce que deviennent les projections d'un point quand on déplace le plan vertical, le plan horizontal ne changeant pas et le nouveau plan vertical lui restant toujours perpendiculaire (fig. 7).

Soit un point A de l'espace donné par ses deux projections a, a' ; on déplace le plan vertical et LT' est la nouvelle ligne de

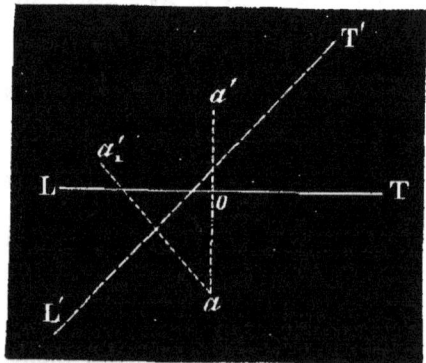

Fig. 7.

terre. Il est clair que la projection horizontale n'a pas changé ; or les deux projections d'un même point sont toujours situées sur une même perpendiculaire à la ligne de terre; la nouvelle projection verticale est donc située sur la perpendiculaire ao' abaissée du point a sur L'T'. Mais la distance du point au plan horizontal n'a pas varié; par conséquent, la distance de la projection verticale à la ligne de terre est constante; portons alors une longueur $o'a'_1$ égale à oa' et nous aurons en a'_1 la nouvelle projection verticale du point.

CHAPITRE II

DE LA LIGNE DROITE

13. On appelle *projection d'une ligne* AB *sur un plan* MN (fig. 8 et 9) le lieu géométrique ab des projections de tous ses points sur ce plan,

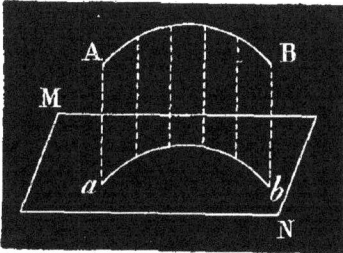

Fig. 8.

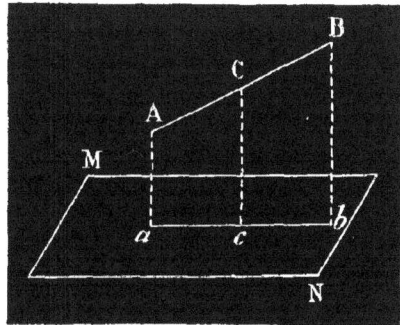

Fig. 9.

THÉORÈME.

14. *La projection d'une ligne droite sur un plan est une ligne droite* (fig. 9).

Soient une droite AB et un plan MN; abaissons du point A une perpendiculaire Aa sur ce plan; le point a est la projection du point A. Les deux lignes AB et Aa déterminent un plan qui coupe le plan MN suivant la ligne droite ab. Je dis que ab est la projection de AB sur le plan MN; il suffit, pour le prouver, de démontrer que la projection d'un point C quelconque de cette ligne est située sur la droite ab. Or le plan BAa, mené suivant une perpendiculaire Aa au plan MN, est perpendiculaire à ce plan; donc la perpendiculaire abaissée d'un point C de ce plan y est contenue tout entière; le pied de cette perpendiculaire, c'est-à-dire la projection du point C, est par suite situé sur ab.   C. Q. F. D.

Conséquence. — Pour trouver la projection d'une ligne droite sur un plan, il suffit de trouver les projections de deux de ses points et de les joindre par une ligne droite.

15. Plan projetant. — On appelle *plan projetant* une ligne droite AB sur un plan MN, le plan BAab passant par cette ligne et qui est perpendiculaire à MN. Le plan projetant une ligne droite contient toutes les perpendiculaires abaissées des différents points de la ligne sur le plan de projection.

16. Épure d'une ligne droite. — Soit une droite AB de l'espace; on trouve ses projections sur les deux plans coordonnés MN et PQ en déterminant les projections horizontales et verticales de deux de ses points A et B, et en joignant par des droites les projections de même nom (fig. 10).

On fait ensuite tourner le plan vertical *d'avant en arrière* autour de la ligne de terre pour le rabattre sur le plan horizontal : la projection $a'b'$ vient en $a'_1 b'_1$ de telle sorte que les deux projections d'un même point de la droite se trouvent sur une même perpendiculaire à la ligne

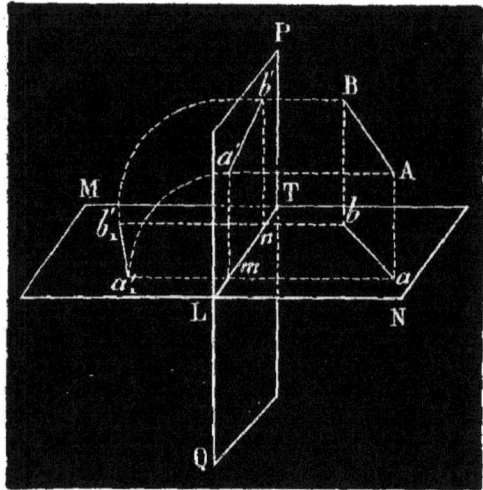

Fig. 10.

de terre. La figure 11 comprenant ces deux projections et la ligne de terre est l'épure de la ligne AB.

On nomme projection horizontale d'une droite sa projection sur le plan horizontal, et projection verticale sa projection sur le plan vertical.

Remarque. — Les projections d'une ligne droite non limitée à deux points sont des droites indéfinies tracées sur les deux plans de projection ; c'est ainsi que l'on représente ordinairement une droite de l'espace (fig. 13).

En général, une droite de l'espace étant donnée, ses deux pro-

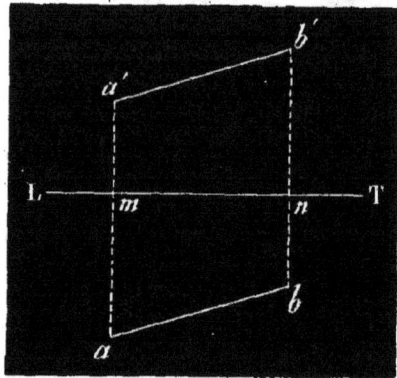

Fig. 11.

jections sont déterminées ; mais à quelle condition deux droites quelconques tracées sur les plans de projection seront-elles les projections d'une droite de l'espace?

THÉORÈME.

17. *Pour qu'une droite de l'espace soit déterminée par deux droites tracées sur les plans coordonnés comme projections, il faut et il suffit qu'aucune de ces projections ne soit perpendiculaire à la ligne de terre.*

1° *La condition est nécessaire* (fig. 12).

Supposons que la projection verticale $a'b'$ soit oblique à la ligne de terre, tandis que la projection horizontale ab est perpendiculaire à cette ligne ; je dis que *ces deux projections ne peuvent représenter aucune droite de l'espace.* En effet, les deux projections d'un même point étant sur une même perpendiculaire à la ligne de terre, tout point de la projec-

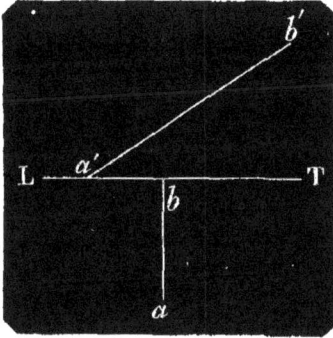

Fig. 12.

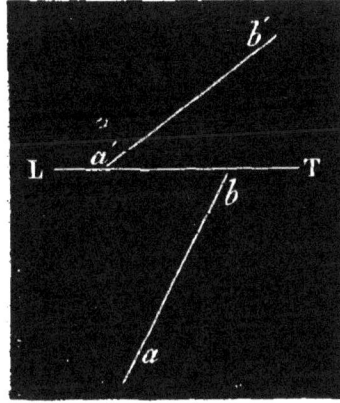

Fig. 13.

tion verticale doit avoir son correspondant sur la projection horizontale, ce qui est impossible dans ce cas.

2o *La condition est suffisante* (fig. 13).

Supposons que les deux projections ab et $a'b'$ soient obliques à la ligne de terre, je dis *qu'elles représentent une droite de l'espace.*

Imaginons que le plan vertical de projection soit ramené dans sa position première ; menons par ab un plan P perpendiculaire au plan horizontal, et par $a'b'$ un plan Q perpendiculaire au plan vertical ; ces deux plans ne sauraient être parallèles ; car si Q était parallèle à P il serait perpendiculaire au plan horizontal, et, comme il l'est déjà au plan vertical, il serait perpendiculaire à la ligne de terre et son intersection $a'b'$ avec le plan vertical serait perpendiculaire à cette ligne, ce qui est contraire à l'hypothèse. P et Q n'étant pas parallèles se coupent suivant une ligne droite ; c'est cette droite que déterminent les deux projections ab et $a'b'$.   C. Q. F. D.

DIFFÉRENTES POSITIONS D'UNE LIGNE DROITE.

18. Une ligne droite peut occuper *trois positions particulières* par rapport aux plans de projection :

1o *La droite est parallèle à l'un des plans de projection, puis à la ligne de terre;*

2o *La droite est perpendiculaire à l'un des plans de projection ;*

3o *La droite est située dans un plan perpendiculaire à* LT.

THÉORÈME.

19. *Lorsqu'une ligne droite est parallèle à l'un des plans de projection, sa projection sur l'autre plan est parallèle à la ligne de terre.*

Soit une droite AB parallèle au plan horizontal, je dis que sa projection verticale est parallèle à la ligne de terre (fig. 14).

La perpendiculaire Aa' abaissée du point A sur le plan vertical est parallèle au plan horizontal; or les deux droites Aa' et AB, qui sont parallèles au plan horizontal, déterminent un plan qui lui est parallèle.

Par conséquent, les deux lignes droites LT et $a'b'$ sont parallèles comme intersections

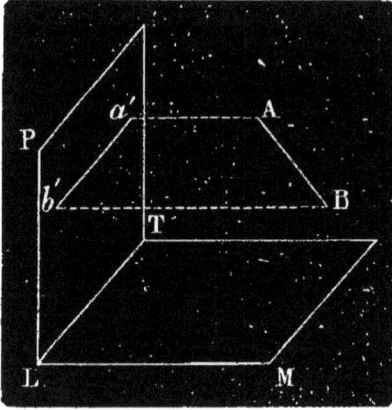

Fig. 14.

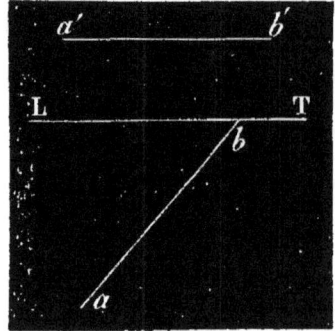

Fig. 15.

de deux plans parallèles par un troisième. La figure 15 est l'épure d'une ligne droite parallèle au plan horizontal.

On démontrerait de la même manière que *si une droite est parallèle au plan vertical, sa projection horizontale est parallèle à la ligne de terre.*

La figure 16 représente une ligne droite parallèle au plan vertical.

20. Remarque I. — Lorsqu'une ligne droite est parallèle à un plan, elle est parallèle à sa projection sur ce plan (car elle ne peut la rencontrer et toutes deux sont situées dans le même plan, le plan projetant la droite donnée). Par suite, si la droite est limitée, elle se projette en vraie grandeur.

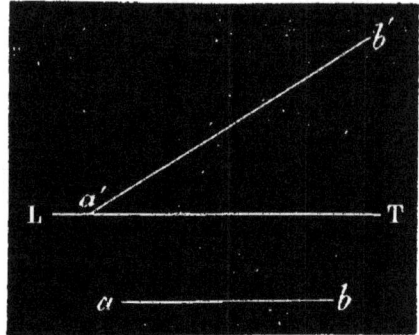

Fig. 16.

Remarque II. — On voit de là que, si une droite est parallèle au plan horizontal, l'angle de la droite et du plan vertical, c'est-à-dire l'angle de la droite et de sa projection verticale, égale l'angle que fait la projection horizontale avec LT. Ces deux angles ont en effet leurs côtés parallèles et de même sens.

De même, la droite parallèle au plan vertical fait avec le plan horizontal un angle égal à celui que fait la projection verticale avec la ligne de terre.

21. Corollaire. — *Lorsqu'une ligne droite est parallèle à la ligne de terre, ses deux projections sont parallèles à cette ligne.*

En effet, quand une droite de l'espace est parallèle à une ligne tracée dans un plan, elle est parallèle à ce plan. Si une ligne de l'espace est parallèle à la ligne de terre, elle est alors parallèle aux deux plans de projection, et par suite ses deux projections sont parallèles à la ligne de terre (19).

THÉORÈME.

22. Si une *ligne est perpendiculaire à l'un des plans de projection, sa projection sur ce plan est un point*, et sur *l'autre c'est une perpendiculaire à la ligne de terre, qui, prolongée, passe par le point* (fig. 17).

Soit la ligne AB perpendiculaire au plan horizontal. La projection horizontale est évidemment le point A ; soit *b'a'* la projection verticale. Le plan AB*b'a'*, qui la détermine, est perpendiculaire aux deux plans de projection, comme passant par des droites perpendiculaires à ces plans, et par suite perpendiculaire à LT. Inversement, LT est perpendiculaire à *a'b'*. La projection verticale est donc perpendiculaire en *a'* à LT et dans le prolongement de *a'*A.

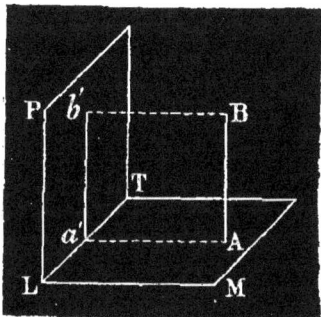

Fig. 17.

Même démonstration pour *une droite perpendiculaire au plan vertical.* C'est la projection horizontale qui est perpendiculaire à LT.

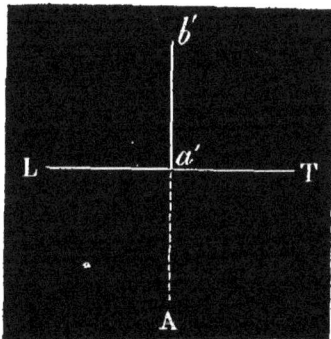

Fig. 18.

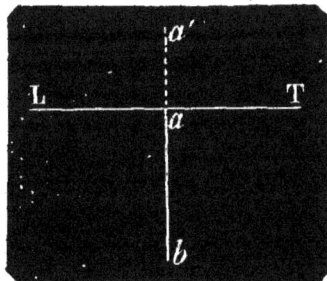

Fig. 19.

Les figures 18 et 19 représentent, la première une perpendiculaire au plan horizontal, la seconde une perpendiculaire au plan vertical.

DROITE SITUÉE DANS UN PLAN PERPENDICULAIRE
A LA LIGNE DE TERRE.

23. Une droite située dans un plan perpendiculaire à la ligne de terre n'est pas déterminée par ses deux projections, car elles se confondent avec une même perpendiculaire à la ligne de terre. On détermine cette droite en donnant les projections de deux de ses points, comme l'indique la figure 20.

24. Remarque. — Un segment de ligne droite peut occuper l'une ou l'autre de ces positions particulières dans l'un quelconque des quatre angles dièdres.

DROITES PARALLÈLES.

THÉORÈME.

25. *Quand deux droites de l'espace sont parallèles, leurs projections de même nom le sont aussi* (fig. 21).

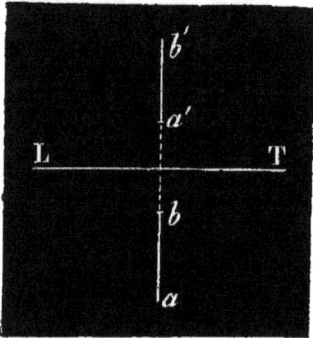

Fig. 20.

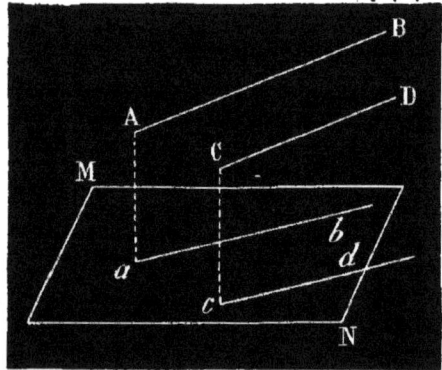

Fig. 21.

Soient AB et CD deux droites parallèles. Je détermine leurs projections ab et cd sur le plan horizontal MN. Je dis que ces deux lignes sont parallèles. En effet, les angles BAa, DCc ont leurs côtés parallèles et dirigés dans le même sens. (AB est parallèle à CD par hypothèse, Aa est parallèle à Cc comme perpendiculaires au plan MN.) Ces angles sont donc égaux et leurs plans parallèles ; ab et cd, intersections de ces plans parallèles par le plan MN, sont par suite des lignes parallèles entre elles. c. q. f. d.

La démonstration serait analogue *pour le plan vertical.*

Réciproquement.
— *Si les projections de même nom de deux droites de l'espace sont parallèles, ces droites sont parallèles.*

Soient deux droites de l'espace AB et CD déterminées par leurs projections ab, $a'b'$; cd, $c'd'$, et supposons que les projections de même nom soient parallèles (fig. 22).

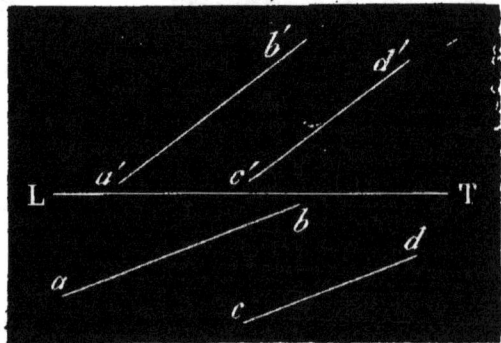

Fig. 22.

Relevons le plan vertical et menons les plans projetants de ces droites ; les plans passant par les projections de même nom sont parallèles.

On forme ainsi deux angles dièdres dont les faces sont parallèles deux à deux.

Les arêtes de ces dièdres, c'est-à-dire les droites AB et CD, sont donc parallèles.　c. q. f. d.

CHANGEMENT DU PLAN VERTICAL.

26. Soient la droite ab, $a'b'$ et LT la nouvelle ligne de terre.

La projection horizontale ne change pas ; pour trouver la nouvelle projection verticale, il suffit de trouver les nouvelles projections de deux points.

La figure 23 indique clairement les constructions à faire.

$$aa'_1 \quad , \quad bb'_1$$

sont perpendiculaires à LT.

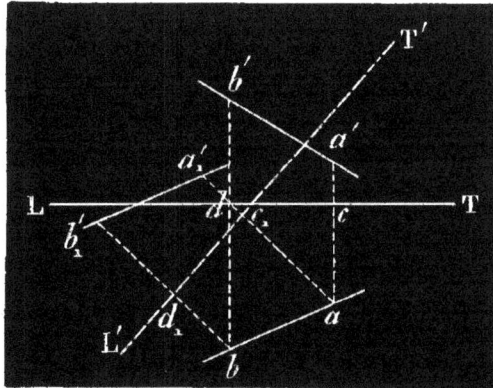

Fig. 23.

$$c_1 a'_1 = ca' \; ; \quad d_1 b'_1 = db'.$$

CHAPITRE III

DU PLAN

27. On appelle **traces d'un plan** les intersections de ce plan avec les deux plans de projection. L'intersection du plan avec le plan horizontal est sa *trace horizontale;* son intersection avec le plan vertical est sa *trace verticale.*

On a démontré en géométrie qu'un plan était déterminé : 1° *par deux droites qui se coupent;* 2° *par une droite et un point;* 3° *par trois points non en ligne droite;* 4° *par deux lignes droites parallèles.* Nous en déduirons qu'en descriptive un plan sera déterminé : 1° *par les projections de deux droites qui se coupent* (à ce propos, remarquons que, sur l'épure, la ligne qui joint les points de rencontre des projections horizontales et des projections verticales doit être perpendiculaire sur LT, car ces deux points de rencontre sont les projections du point de rencontre des droites de l'espace) ; 2° *par les projections d'une droite et celles d'un point;* 3° *par les projections de trois points non en ligne droite;* 4° *par les projections de deux lignes droites parallèles.*

On préfère souvent représenter un plan par ses traces (fig. 24).

Considérons un plan MN qui coupe la ligne de terre en un point α et dònt les traces soient AB et C′D′; ces traces sont deux lignes droites qui passent par le point α.

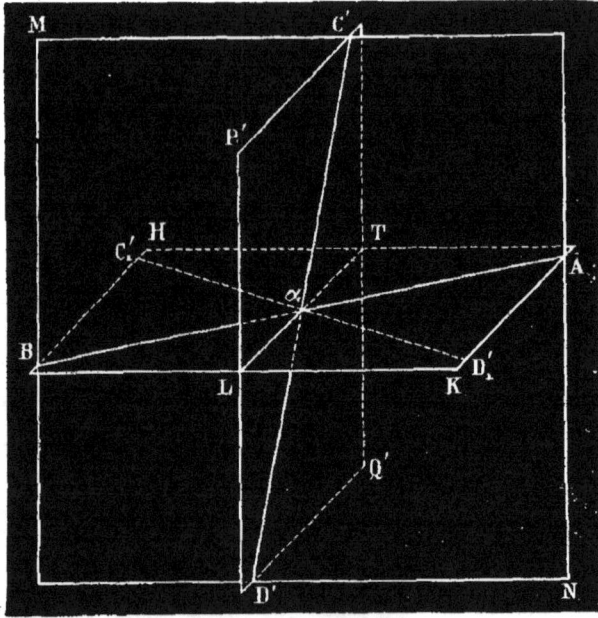

Fig. 24.

Or deux lignes droites qui se coupent déterminent un plan. On peut donc représenter un plan par ses deux traces. Si l'on fait tourner le plan vertical autour de la ligne de terre pour le rabattre sur le plan horizontal, la trace verticale C′D′ du plan vient en C′₁D′₁.

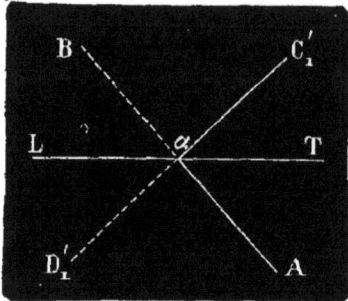

Fig. 25.

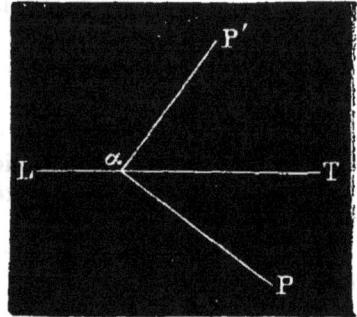

Fig. 26.

L'épure du plan est indiquée dans la figure 25. — Il faut remarquer que l'angle formé par les traces sur l'épure n'est pas le même que celui qu'elles forment réellement dans l'espace. — Pour l'obtenir, il faut relever le plan vertical.

28. Remarque. — Dans bien des cas, on n'a besoin que de la portion du plan située dans le premier angle dièdre; alors on représente le plan par ses traces sur les deux faces de ce dièdre, comme l'in-

dique la figure 26. Le plan est P′ α P. Mais si dans une question on a besoin des autres portions du plan on prolonge les traces.

DIFFÉRENTES POSITIONS D'UN PLAN.

29. Un plan peut passer *par la ligne de terre*, être *parallèle à cette ligne* ou *la couper*.

30. 1° Plan passant par la ligne de terre. — Un pareil plan n'est pas déterminé, car on en peut faire passer une infinité par une ligne droite. On donne alors en outre la projection de l'un de ses points (ex., fig. 27).

31. 2° Plan parallèle à la ligne de terre. — Quand un plan est parallèle à la ligne de terre, ses deux traces sont parallèles à cette ligne, car s'il n'en était pas ainsi, la ligne de terre rencontrerait le plan.

La figure 28 représente un plan parallèle à la ligne de terre.

32. Remarque. — Pour nous rendre compte des différentes positions que peut occuper un plan parallèle à la ligne de terre, coupons les plans de projection par un plan perpendiculaire à la ligne de terre, celui de la feuille par exemple; ces plans seront alors représentés par les lignes droites MN et P′Q′ (fig. 29); la ligne de terre se réduira au point L; quant aux plans parallèles à la ligne de terre, ils seront représentés par leurs traces sur le plan du tableau; leurs traces sur les plans de projection se réduiront à des points.

Soit le plan A B′; il aura, dans l'épure, sa trace horizontale au-dessous de la ligne de terre et sa trace verticale au-dessus.

Faisons-le tourner autour de sa trace verticale B′ jusqu'à ce qu'il devienne parallèle au plan horizontal; il n'aura plus qu'une trace verticale, située au-dessus de la ligne de terre.

Si on l'amène dans la position B′D, ses deux traces sont au-dessus de la ligne de terre.

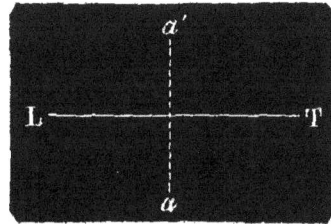

Fig. 27.

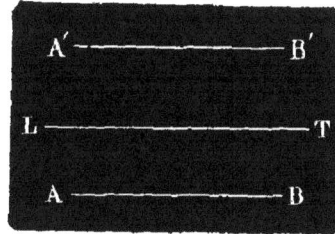

Fig. 28.

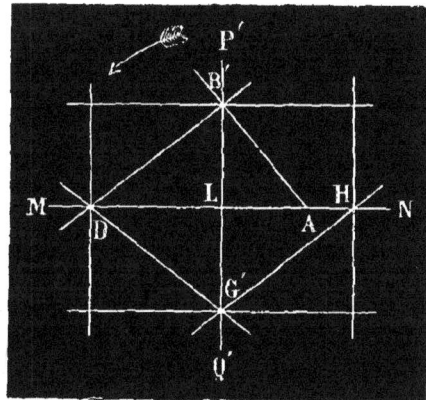

Fig. 29.

Ces traces se confondent quand le plan est perpendiculaire au plan bissecteur du deuxième angle.

En le faisant tourner autour de sa trace horizontale, on l'amène à être parallèle au plan vertical ; il n'a alors plus qu'une trace horizontale, située au-dessus de la ligne de terre.

Enfin il est clair que dans la position DG' la trace horizontale du plan est au-dessus de la ligne de terre et sa trace verticale au-dessous.

Il est facile de continuer ce raisonnement.

33. 3° Le plan coupe la ligne de terre. — Ce cas est le plus général ; nous avons déjà vu qu'on représente le plan par ses deux traces, et que ces traces se coupent en un même point sur la ligne de terre.

Or le plan qui coupe la ligne de terre peut être : 1° *perpendiculaire au plan horizontal;* 2° *perpendiculaire au plan vertical;* 3° *perpendiculaire à la ligne de terre.*

THÉORÈME.

34. *Lorsqu'un plan qui coupe la ligne de terre est perpendiculaire au* plan horizontal, sa trace verticale est perpendiculaire à la ligne de terre (fig. 30).

Soit le plan P'αP perpendiculaire au plan horizontal ; ce plan et le plan vertical étant tous deux perpendiculaires au plan horizontal se coupent suivant une ligne P'α perpendiculaire à ce plan ; cette ligne est donc perpendiculaire à la ligne de terre LT qui passe par son pied dans le plan.

C. Q. F. D.

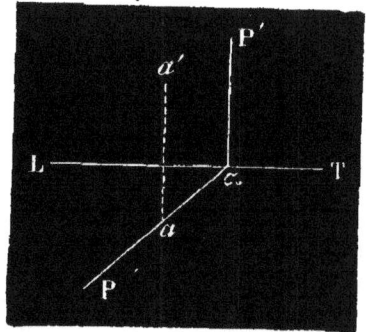

Fig. 30.

Remarque. — Tout point situé dans un plan perpendiculaire au plan horizontal se projette horizontalement sur la trace horizontale de ce plan.

THÉORÈME.

35. *Lorsqu'un plan qui coupe la ligne de terre est perpendiculaire au* plan vertical, sa trace horizontale est perpendiculaire à la ligne de terre.

Démonstration analogue à la précédente (fig. 31).

Remarque. — Tout point situé dans un plan perpendiculaire au plan vertical se projette verticalement sur la trace verticale de ce plan.

THÉORÈME.

36. *Les traces d'un plan perpendiculaire à la ligne de terre se confon-* dent avec une même perpendiculaire à cette ligne (fig. 32).

Cela résulte des deux théorèmes précédents, car le plan est perpendiculaire aux deux plans de projection.

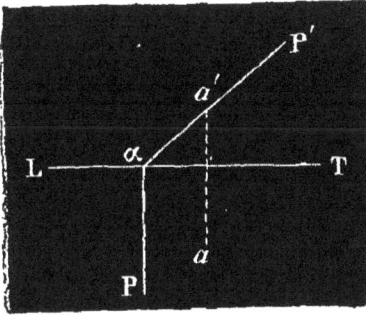

Fig. 31.

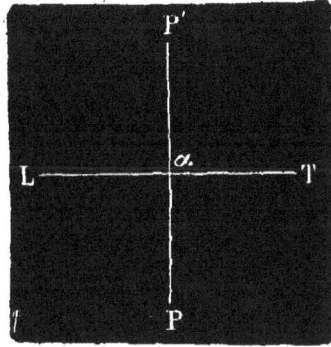

Fig. 32.

37. Changement du plan vertical de projection. —
Soient un plan P′αP et une nouvelle ligne de terre L′T′ (fig. 33).
— Le plan horizontal ne changeant pas, la trace horizontale du plan donné ne change pas. Il n'y a qu'à trouver la nouvelle trace verticale : or le point $α_1$, rencontre de la trace horizontale avec la ligne de terre L″T′, est un point de la nouvelle trace verticale. Pour en déterminer un deuxième, observons que les deux plans verticaux se coupent suivant une ligne perpendiculaire au plan horizontal et qui, dans le premier système de projection, se rabat suivant ab', et dans le deuxième système suivant ab'_1, égale à ab' et perpendiculaire à L′T′. Le point b' appartient au plan donné et aux deux plans verticaux; c'est donc un point de la trace verticale du plan dans les deux cas; joignons alors $α_1$ à b'; nous aurons la nouvelle trace verticale cherchée.

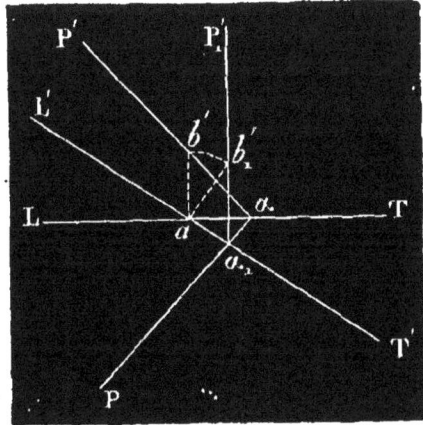

Fig. 33.

Remarque. — On a souvent besoin de rendre un plan donné P′αP perpendiculaire au plan vertical; on déplace alors le plan vertical de manière que la nouvelle ligne de terre L′T′ soit perpendiculaire à la trace horizontale Pα; puis on détermine la nouvelle trace verticale comme précédemment (fig. 34).

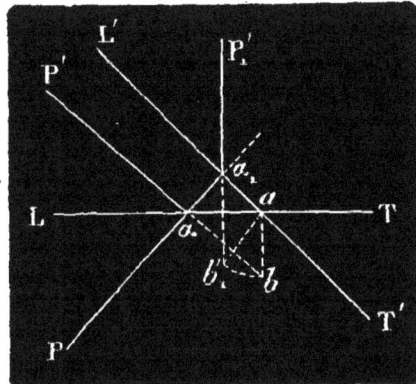

Fig. 34.

CHAPITRE IV

REPRÉSENTATION DES CORPS

38. 1° Projections d'un cube. — Pour trouver les projections du cube ABCDEFGH, plaçons-le de manière que sa face ABCD soit située dans le plan horizontal, et que la face BCFG soit parallèle au plan vertical (fig. 35).

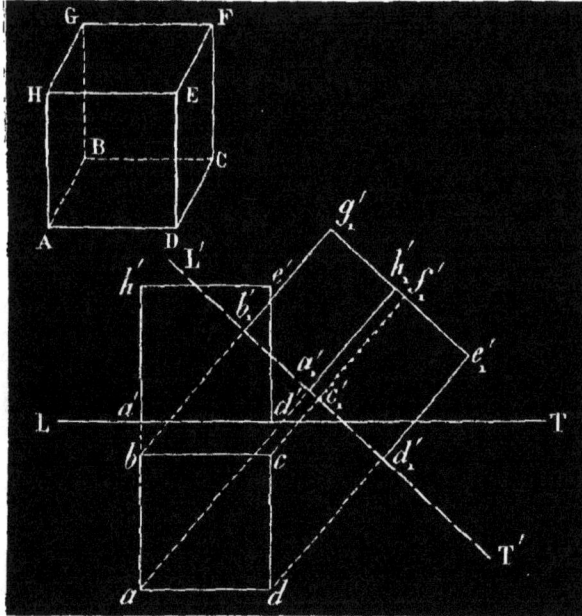

Fig. 35.

2° *Projection horizontale.* — La projection horizontale du cube est un carré *abcd* dont les côtés sont parallèles ou perpendiculaires à la ligne de terre ; ce carré est la projection des deux faces égales ABCD et EFGH. Les quatre sommets *a*, *b*, *c*, *d* sont les projections des quatre arêtes verticales AH, BG, CF, DE. Les côtés *ab*, *bc*, *cd* et *da* sont chacun les projections de deux arêtes du cube ; ainsi *ab* est la projection de AB et de HG ; de même *bc* est la projection de BC et de GF, etc.

3° *Projection verticale.* — La face ABCD, étant dans le plan horizontal se projette verticalement sur la ligne de terre suivant *a'd'* ; quant aux arêtes verticales AH, BG, CF et DE, elles se projettent, suivant des perpendiculaires à la ligne de terre, en *a'h'* et *d'e'* ; la face supérieure HGFE se projette suivant la ligne *h'e'* parallèle à la ligne de terre, puisqu'elle forme un plan parallèle au plan horizontal.

4° *Changement du plan vertical.* — Soit L'T' la nouvelle ligne de terre ; la projection horizontale reste la même ; on obtient la nouvelle projection verticale en observant que les deux projections d'un point se trouvent sur une même perpendiculaire à la ligne de terre, et que la projection verticale est à une hauteur constante au-dessus de cette ligne.

39. Parties vues, parties cachées. — Pour distinguer sur la projection horizontale d'un solide les parties vues et les parties cachées, on suppose le spectateur placé à une distance infinie au-dessus du plan horizontal; de sorte que tous les rayons visuels menés aux différents points du corps deviennent *verticaux*.

Un point est vu sur le plan horizontal lorsque le rayon visuel aboutissant à ce point, c'est-à-dire la verticale qui le contient, ne traverse pas le corps; il est caché dans le cas contraire.

S'il s'agit de la projection verticale, on suppose le spectateur à une distance infinie en avant du plan vertical; les rayons visuels aboutissant au corps sont alors perpendiculaires au plan vertical.

Un point est donc vu sur le plan vertical lorsque la perpendiculaire à ce plan menée par le point considéré ne traverse pas le corps; il est caché dans le cas contraire.

Les arêtes *vues* se mettent en *lignes pleines*, les arêtes *cachées* se représentent par des *lignes formées de points ronds*.

Remarque. — Les *lignes de construction* se représentent par des lignes formées de petits traits égaux, mis à des distances égales les uns des autres. Quand certaines de ces lignes sont très importantes, on met entre les petits traits des points.

40. Projections d'une pyramide triangulaire dont la base repose sur le plan horizontal. — Supposons qu'une pyramide triangulaire repose par sa base sur le plan horizontal; cette base se confond avec sa projection *abc* (fig. 36). Soit *s* la projection horizontale du sommet; les arêtes de la pyramide sont projetées suivant les droites *as*, *bs*, *cs*; elles sont vues toutes les trois sur le plan horizontal, et sont par conséquent tracées en lignes pleines.

La projection verticale de la base est située sur la ligne de terre; la projection verticale du sommet est sur une perpendiculaire à LT menée par *s* et à une distance de cette ligne égale à la hauteur de la pyramide. On ob-

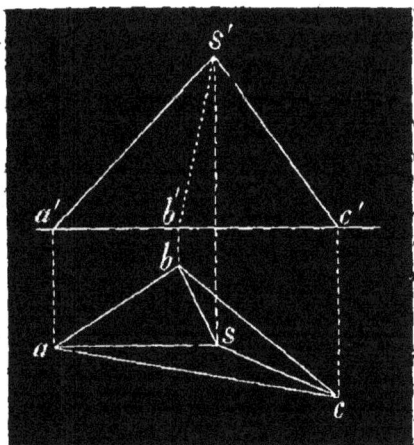

Fig. 36.

tient alors les projections verticales des arêtes en joignant *s'* à *a'*, *b',c'*: *sabc*, *s'a'b'c'* sont les projections du solide (*s'b'* seule est en points).

Pyramide quelconque. — Les projections d'une pyramide quelconque s'obtiennent absolument de la même manière que celles d'une pyramide triangulaire, avec cette différence que la base est un polygone quelconque au lieu d'être un triangle.

Nous laissons au lecteur le soin de faire la figure.

41. Problème. *Trouver les projections d'une pyramide triangulaire, connaissant les longueurs des six arêtes.* (La base est sur le plan horizontal.)

Soit SABC (fig. 37) la pyramide donnée ; la projection horizontale de la base est un triangle *abc* (fig. 38) égal au triangle ABC ; on peut le construire, puisque l'on connaît la longueur de ses trois côtés ; quant à la projection verticale de cette base, elle est située sur la ligne de terre. Pour achever les projections du tétraèdre, il faut connaître la projection horizontale du sommet et la hauteur.

Menons la hauteur SH (fig. 37), et, du point H, la perpendiculaire HI sur AB ; joignons le point I au point S ; la ligne SI est perpendiculaire sur AB (théorème des trois perpendiculaires) ; rabattons la face SAB sur le plan de la base en la faisant tourner autour de AB ; le sommet S se rabattra sur la perpendiculaire HI en S_1. Or nous pouvons connaître S_1 en construisant sur le plan de la base un triangle ABS_1 égal au triangle ABS, dont on connaît les trois côtés ; par suite, si l'on abaisse du point S_1 une perpendiculaire sur AB, elle passe par le pied de la hauteur. Il en serait de même pour une autre face quelconque de la pyramide.

Revenons à la projection (fig. 38) ; si l'on construit les deux triangles abs_1 et bcs_1 respectivement égaux aux triangles ABS, BCS, et que des points s_1 et s_1 on abaisse des perpendiculaires sur les côtés ab et bc, ces perpendiculaires se rencontrent en un point s qui est la projection

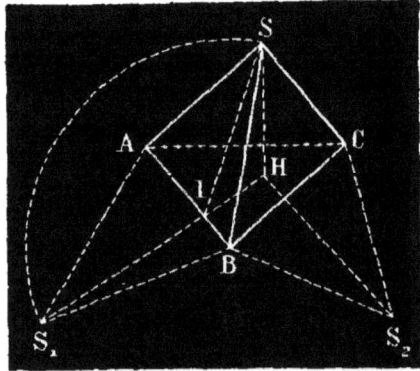

Fig. 37.

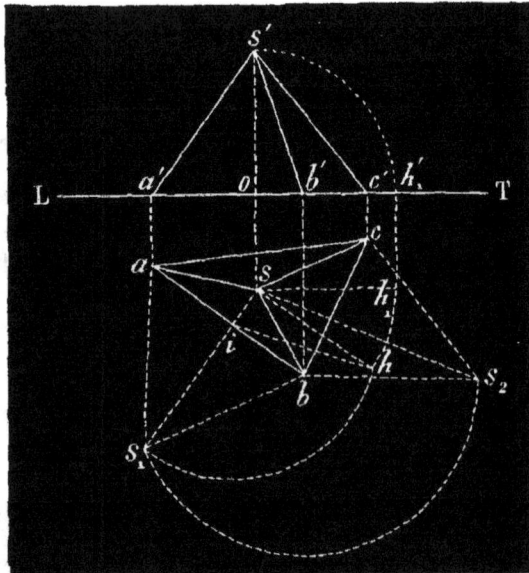

Fig. 38

horizontale du sommet ; on peut alors achever la projection horizontale de la pyramide, *sabc*.

Détermination de la hauteur. — Dans le triangle rectangle SIH, nous connaissons SI $= s_i i$ et IH $= si$; au point s sur si, élevons une perpendiculaire jusqu'à la rencontre en h d'une circonférence décrite de i avec is_i comme rayon. On obtient le triangle sih égal au triangle SIH, et l'on a $sh =$ SH. Portons en os' la longueur sh sur la perpendiculaire menée par s à LT ; s' est la projection verticale du sommet ; $s'a'b'c'$ est la projection verticale de la pyramide.

42. Pyramide quelconque. — Si l'on a une pyramide quelconque dont on puisse mesurer toutes les arêtes, on construit d'abord sur le plan horizontal un polygone égal à la base ; puis, pour déterminer la projection horizontale du sommet et la hauteur, on considère une pyramide triangulaire de même sommet et ayant pour base un triangle formé par trois sommets quelconques du polygone. On opère sur cette pyramide comme dans le cas précédent. Il suffit donc, pour résoudre le problème, de connaître la base et les longueurs de trois arêtes latérales.

43. Projections d'un prisme droit dont la base est sur le plan horizontal. — On construit sur le plan horizontal un polygone égal à la base. Ce polygone est la projection horizontale du solide (fig. 39).

Les arêtes, étant perpendiculaires au plan horizontal, ont leurs projections verticales perpendiculaires à la ligne de terre ; elles se projettent, d'ailleurs, en vraie grandeur. Il suffit de faire par exemple $a'f'$ égale à la hauteur, et de mener par f' une parallèle à LT ; cette parallèle sera la projection verticale de la base supérieure. On limitera à cette base les projections verticales des arêtes.

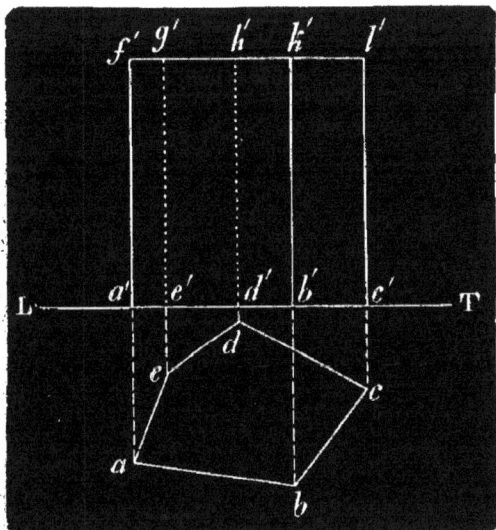

Fig. 39.

44. Développement. — Ouvrons la surface du prisme suivant l'arête a, $a'f'$; faisons tourner la face bc, $b'c'l'k'$ sur l'arête $b,b'k'$ jusqu'à ce qu'elle vienne dans le plan $ab,a'b'k'f'$, les angles en b étant droits, la ligne bc se placera dans le prolongement de ab. Si l'on fait ensuite tourner la face $cd,c'd'h'l'$ sur l'arête $c,c'l'$ jusqu'à ce qu'elle vienne dans le même plan, la droite cd se placera aussi dans le prolongement de bc, etc.

Donc la base du prisme droit se développe suivant une ligne droite à laquelle les arêtes restent perpendiculaires ; la surface latérale du prisme a pour développement un rectangle ayant pour base le péri-mètre de la base du prisme et pour hauteur la hauteur même de ce polyèdre.

Portons sur une ligne indéfinie (fig. 40) les longueurs AB, BC, CD, DE, EA$_1$ respectivement égales à ab, bc, cd, de, ea, élevons aux points

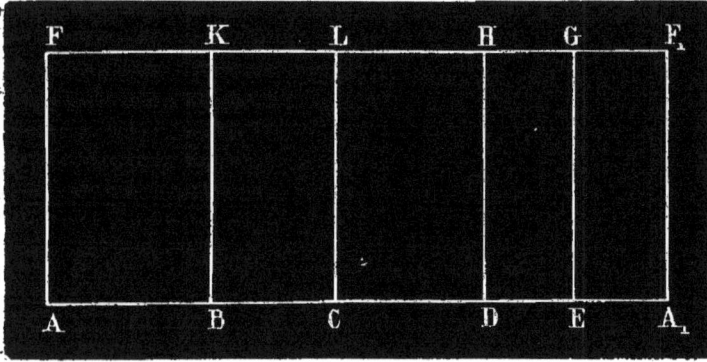

Fig. 40.

A, B, C, D, E, A, des perpendiculaires égales à $a'f'$ et traçons la droite FF$_1$: le rectangle AA$_1$F$_1$F est le développement du prisme ; les per-pendiculaires AF, BK, CL, DH, EG, A$_1$F$_1$ représentent les positions des arêtes sur le développement.

45. Projections d'un prisme oblique dont la base est sur le plan horizontal. — Les faces latérales d'un prisme, étant des parallélogrammes, se pro-jettent sur le plan horizon-tal et sur le plan vertical suivant des parallélogram-mes, car les projections de lignes parallèles sont pa-rallèles.

Si l'une des bases abc repose sur le plan hori-zontal (fig. 41), la base supérieure s'y projette en vraie grandeur suivant un triangle def dont les côtés sont respectivement égaux et parallèles à ceux de abc. Soit $abcdef$ la projection horizontale du solide.

La base abc se projette verticalement sur LT en $a'b'c'$, et la base supérieure en $d'e'f'$ sur une parallèle

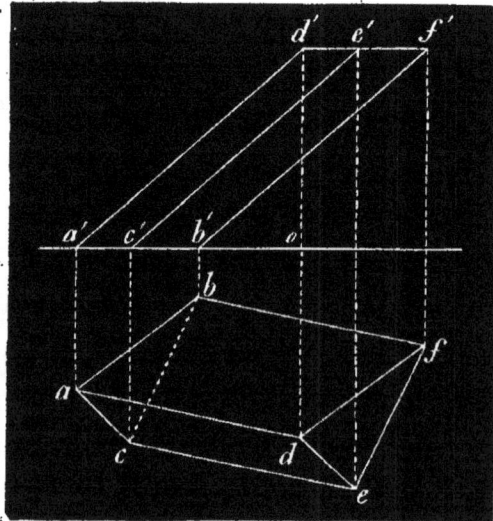

Fig. 41.

à LT, car le plan de cette base est parallèle au plan horizontal.

La distance od' est égale à la hauteur du prisme.

46. Projections d'un tronc de prisme droit (fig. 42). — Supposons que le tronc de prisme repose par sa base sur le plan horizontal ; la projection horizontale de tout le solide est un triangle *abc* égal à la base ; les sommets *a*, *b* et *c* sont les projections des arêtes verticales ; les côtés *ab*, *bc* et *ac* sont les projections des autres arêtes appartenant à la face supérieure et à la face inférieure.

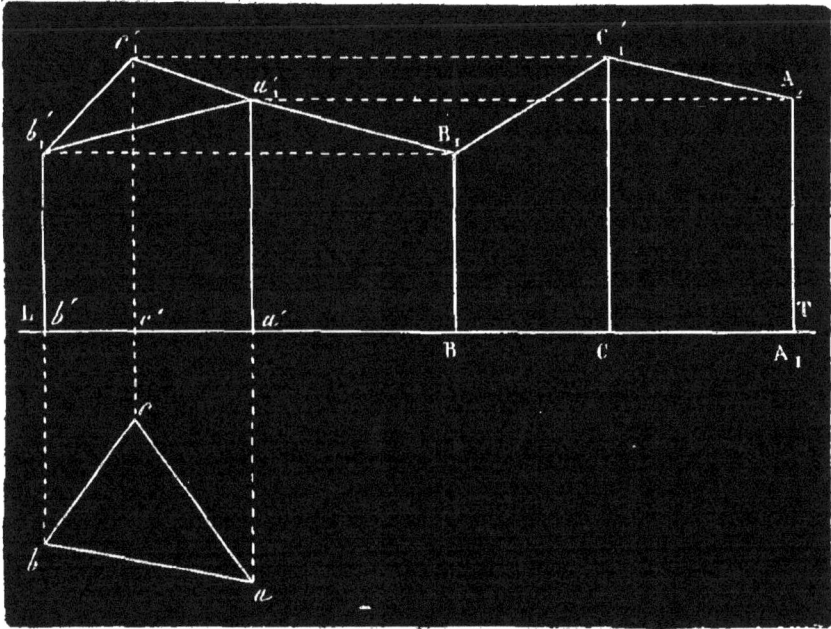

Fig. 42.

La projection verticale de la base est sur la ligne de terre en $a'b'c'$. Les projections verticales des arêtes latérales sont des perpendiculaires à la ligne de terre élevées aux points a', b' et c'. Ces arêtes étant parallèles au plan vertical s'y projettent en vraie grandeur. On fait donc $a'a'_1$, $b'b'_1$, $c'c'_1$, respectivement égales aux arêtes latérales du tronc et l'on trace les droites $a'_1b'_1$, $b'_1c'_1$, $a'_1 c'_1$. Le triangle $a'_1b'_1c'_1$ est la projection verticale de la face supérieure.

Remarquons que l'arête $c'_1c'c'_1$ est cachée sur le plan vertical.

47. Développement. — On développe la base *abc* sur une ligne droite en faisant successivement $a'B = ab$, $BC = bc$, $CA_1 = ca$; puis on élève aux points a', B, C, A_1 des perpendiculaires $a'a'_1$, BB_1, CC_1, A_1A respectivement égales à $a'a'_1$, $b'b'_1$, $c'c'_1$, $a'a'_1$ qui représentent les longueurs des arêtes latérales, on joint les points a'_1, B_1, C_1, A_2, et l'on a le développement de la surface latérale du tronc de prisme.

L'ouvrier chargé de recouvrir d'une feuille métallique un pareil solide n'a qu'à découper une feuille égale au développement $a'a'_1B_1C_1A_1A_1$; elle est capable de recouvrir exactement le tronc du prisme donné.

48. Projections d'une pyramide régulière (fig. 43). — Soient à trouver les projections d'une pyramide régulière ayant pour base un hexagone régulier tracé dans le plan horizontal. Plaçons-la de manière que l'une de ses arêtes latérales soit parallèle au plan vertical; il suffit, pour cela, que l'un des côtés de la base soit parallèle à la ligne de terre.

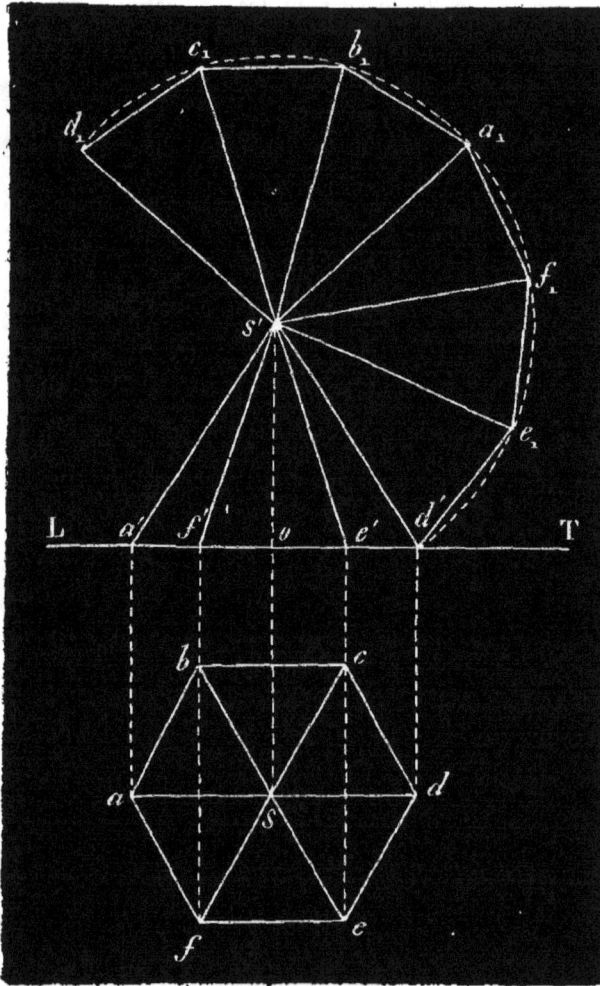

Fig. 43.

La perpendiculaire abaissée du sommet tombe au centre du polygone de base. Il en résulte que ce point est la projection horizontale du sommet, et que les projections des arêtes sont les droites as, bs, cs, ds, es et fs.

La base $abcdef$ se projette verticalement sur la ligne de terre. Si l'on abaisse du point s une perpendiculaire sur LT et qu'on prenne ensuite os' égale à la hauteur de la pyramide, le point s' est la projection verticale du sommet. Il n'y a plus qu'à joindre s' aux points $a'f'e'd'$ pour avoir la projection verticale de la pyramide.

Toutes les arêtes sont vues sur le plan horizontal; les deux arêtes qui aboutissent aux points b et c sont cachées sur le plan vertical; mais comme elles ont même projection que SF et SC, on ne peut les représenter en pointillé.

49. Développement. — Toutes les faces latérales sont des triangles isocèles égaux. En les faisant tourner autour des arêtes on peut les amener successivement dans le même plan, où elles forment alors un secteur polygonal régulier.

L'arête sd, $s'd'$ se projette en vraie grandeur sur le plan vertical. Décrivons du point s' comme centre un arc de cercle ayant $s'd'$ pour rayon ; à partir du point d', portons sur cet arc six longueurs égales à l'un des côtés de la base, joignons ensuite s' aux points c_1, f_1, a_1, b_1, c_1, d_1 ainsi obtenus, nous aurons le développement s' $d'e_1$ f_1 a_1 b_1 c_1 d_1 de la pyramide. ∙

50. Projections d'un tronc de pyramide à bases parallèles (fig. 44). — On obtient un tronc de pyramide en représen-

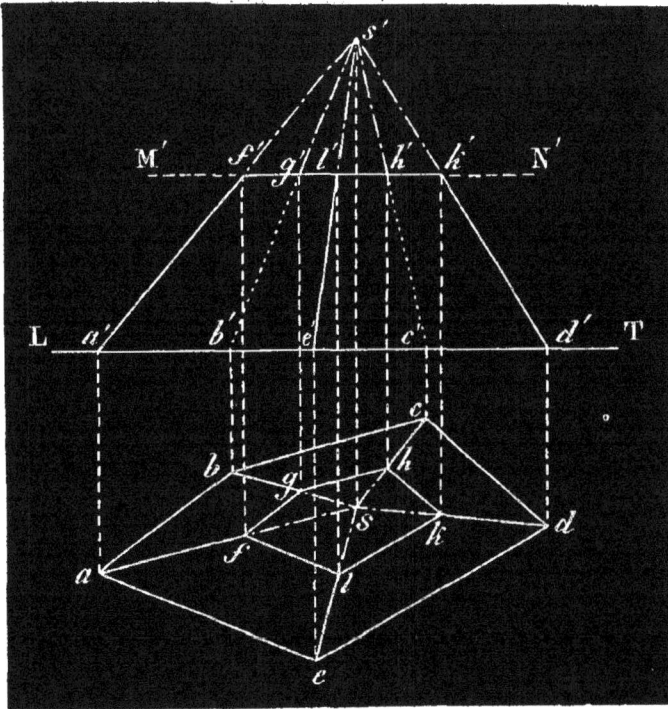

Fig. 44.

tant d'abord une pyramide entière par ses projections $sabcde$, $s'a'b'c'd'e'$ et en la coupant ensuite par un plan horizontal M'N'. Les projections verticales des sommets de la base supérieure sont à la rencontre de M'N' avec les projections verticales des arêtes, c'est-à-dire aux points f', g', h', k', l' ; on en déduit facilement les projections horizontales ; il suffit d'abaisser de ces points des perpendiculaires sur LT jusqu'aux projections horizontales des arêtes, ce qui donne les points f, g, h, k, l. On a ainsi les deux projections $abcdefghkl$ $a'b'c'd'e'f'g'h'k'l'$ du tronc de pyramide.

On emploie le tronc de pyramide seul, ou associé au prisme et à la pyramide, dans nos constructions : les obélisques qui supportent les

chaînes des ponts suspendus ou qui ornent certaines places publiques
sónt des troncs de pyramides régulières surmontés habituellement de
pétites pyramides très aplaties. Les lanternes des réverbères ont la forme
d'un tronc de pyramide surmonté d'une coupole en fer. Enfin, si l'on
place une bougie sur une table rectangulaire, tout l'espace situé dans
l'ombre forme une pyramide tronquée dont la base supérieure est la surface de la table.

51. Projections d'un cylindre circulaire droit (fig. 45).
— Nous admettons que l'on connaisse le diamètre de la base et la hauteur
du cylindre.

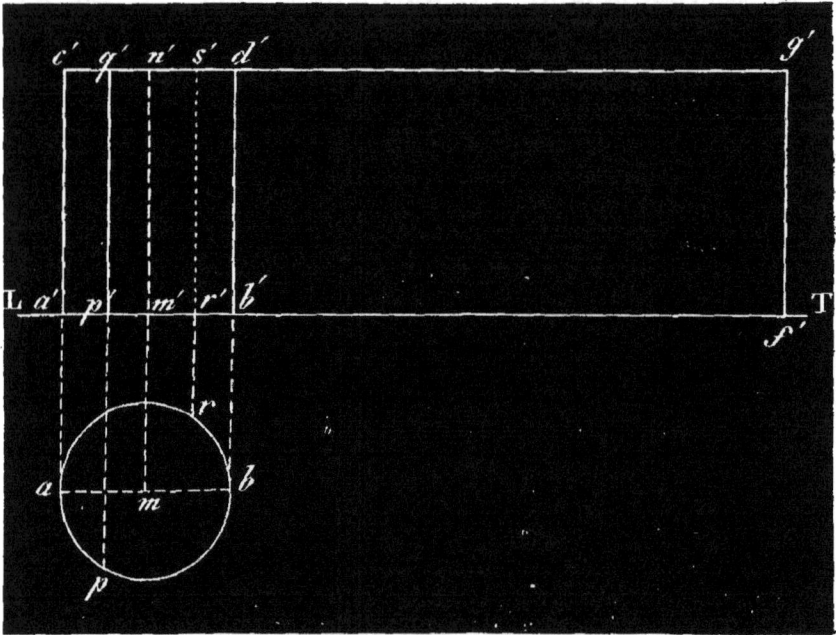

Fig. 45.

Nous prendrons pour plan horizontal, le plan de la base et nous tra-
cerons le cercle *ab* égal à cette base; tous les points de la surface du
cylindre se projetteront sur cette circonférence puisque les génératrices
sont perpendiculaires au plan de la base.

Si l'on imagine un plan parallèle au plan vertical et passant par l'axe
du cylindre, il coupe ce corps suivant un rectangle, dont l'un des côtés
est le diamètre *ab* parallèle à la ligne de terre; deux autres côtés sont
les génératrices aboutissant aux points *a* et *b*, le quatrième est l'intersection du plan sécant avec la base supérieure. Ce rectangle ayant tous
ses côtés parallèles au plan vertical se projette sur ce plan en vraie
grandeur en *a'b'd'c'*.

Tous les points de la surface du cylindre se projettent verticalement à
l'intérieur de ce rectangle; la figure *a'b'd'c'* est donc la projection verticale du cylindre. Toutes les génératrices aboutissant à l'arc *apb* situé
en avant de *ab* sont vues sur le plan vertical; celles qui aboutissent à

l'arc arb sont cachées; les premières sont tracées en lignes pleines, les secondes en lignes pointillées, telles sont les génératrices p, $p'q'$; r, $r's'$.

Les génératrices a, $a'c'$; b, $b'd'$, qui séparent sur le corps les parties vues des parties cachées, forment le *contour apparent* du cylindre sur le plan vertical.

52. Développement. — Le cylindre circulaire droit étant la limite d'un prisme droit inscrit et développable, si l'on ouvre sa surface suivant la génératrice b, $b'd'$ et qu'on l'étende sur le plan vertical, on obtient un rectangle $b'f'g'd'$ qui a pour base le développement de la circonférence ab et pour hauteur la hauteur même du cylindre.

53. Application. — Beaucoup de corps employés dans nos constructions ont la forme cylindrique; tels sont les tuyaux de poêle des appartements, les colonnes en fonte, quelquefois celles en pierre, la plupart des voûtes, les mesures de capacité, etc.

Les charpentiers et les tailleurs de pierres, pour exécuter des colonnes cylindriques en bois ou en pierre, commencent par confectionner un prisme ayant pour base un polygone régulier circonscrit à la base du cylindre; puis ils abattent les arêtes de ce prisme, de manière à doubler le nombre des faces; en doublant ainsi un certain nombre de fois les faces, ils arrivent à faire un prisme ayant un très grand nombre de faces très étroites, et qui diffère extrêmement peu d'un cylindre.

Lorsqu'on veut façonner un cylindre de révolution avec une grande exactitude, on emploie le tour; quand le cylindre a un très faible diamètre comme les fils de fer ou de cuivre, on emploie un instrument appelé *filière*. C'est une simple lame d'acier bien trempée et percée d'une série de trous circulaires de diamètres différents dans lesquels on fait passer successivement le métal que l'on veut réduire en fil.

Les poêliers, les ferblantiers, les boisseliers, les cartonniers, etc., mettent à profit la propriété du développement du cylindre pour construire des tuyaux, des vases, des bois cylindriques. Ils découpent une feuille en tôle, de fer-blanc, flexible, de manière qu'elle soit égale au développement de la surface cylindrique à construire; ils enroulent ensuite cette feuille sur un moule cylindrique d'un diamètre convenable, jusqu'à ce que les deux côtés opposés du rectangle se rejoignent. Il est évident d'ailleurs qu'il faudra donner à ce rectangle une largeur un peu supérieure à la circonférence de base du cylindre, pour que les deux bords se recouvrent et qu'on puisse les agrafer, les souder, les clouer, ou les coller l'un à l'autre. Quand le cylindre doit être fermé à l'une des extrémités, on y adapte ensuite un fond circulaire.

54. Projections d'un cylindre oblique (fig. 46). — On connaît la base du cylindre, sa hauteur et la pente des génératrices. Prenons pour plan horizontal de projection le plan de l'une des bases et pour plan vertical de projection un plan parallèle aux génératrices du cylindre. Les projections horizontales des génératrices seront toutes parallèles à LT, et tout le cylindre se projettera entre deux tangentes fg et hk à la base, menées parallèlement à LT. Si l'on fait passer par l'axe du cylindre un plan parallèle au plan vertical, il coupe le corps suivant deux génératrices aboutissant aux points a et b de la base; on obtient leurs projections verticales en projetant ces points sur LT en a' et b' et

en menant des droites *a'c'*, *b'd'* inclinées sur la ligne de terre d'un
angle égal à celui qui correspond à la pente des génératrices. C'est entre
ces parallèles
que se projette-
ront verticale-
ment toutes les
génératrices du
cylindre.

La base su-
périeure aura
pour projection
verticale une
ligne *c'd'* paral-
lèle à LT et me-
née à une dis-
tance de cette
ligne égale à la
hauteur du cy-
lindre, qui est
connue. La li-
gne *c'd'* est égale
au diamètre de

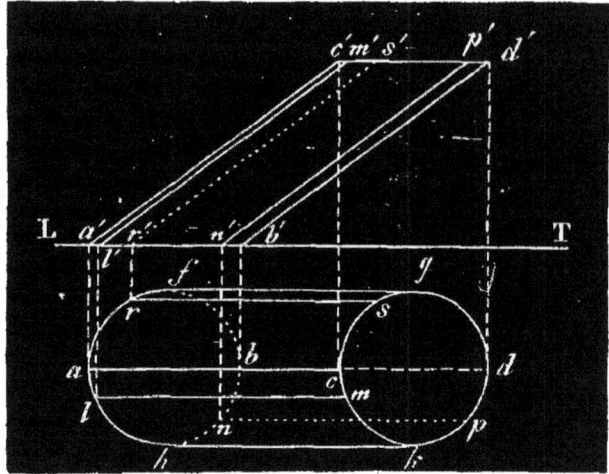

Fig. 46.

la base supérieure; ce diamètre se projette en vraie grandeur suivant *cd*;
il n'y a plus qu'à décrire une circonférence sur *cd* comme diamètre et la
représentation du cylindre est complète.

Il faut remarquer que la circonférence *cd* est égale à *ab* et tangente
aux droites *fg* et *hk*.

Les arêtes projetées horizontalement suivant *fg* et *hk* sont les génératrices de contour apparent horizontal; toutes celles qui sont au-dessus,
c'est-à-dire qui aboutissent à l'arc *fah* sont vues; les autres sont cachées;
telles sont 1° *lm*, *l'm'*, qui est vue, 2° *np*, *n'p'*, qui est cachée.

De même *ac*, *a'c'* *bd*, *b'd'*, sont les génératrices de contour apparent
vertical; toutes celles qui aboutissent à l'arc *ahb* sont vues sur le plan
vertical; les autres sont cachées; ainsi *lm*, *l'm'* est vue sur le plan vertical; il en est de même de *np*, *n'p'*, mais *rs*, *r's'* est cachée.

Remarquons qu'une même génératrice peut être vue sur l'un des
plans de projection et cachée sur l'autre; ainsi *np*, *n'p'* est vue sur le
plan vertical et cachée sur le plan horizontal; *rs*, *r's'* est vue sur le
plan horizontal et cachée sur le plan vertical.

55. Projections d'un cône circulaire droit (fig. 47). —
Un cône circulaire droit est déterminé quand on connaît le diamètre de
sa base et sa hauteur.

Prenons pour plan horizontal de projection le plan de la base; tra-
çons-y un cercle *ab* égal à cette base. Les génératrices du cône se projettent entièrement à l'intérieur de ce cercle et concourent au centre *s*
qui est la projection du sommet. Le cône a donc pour projection horizontale le cercle *ab*.

Imaginons maintenant un plan parallèle au plan vertical et contenant
l'axe du cône, il coupe ce corps suivant deux génératrices qui aboutissent
aux points *a* et *b*.

Si l'on projette *a* et *b* sur la ligne de terre et le sommet *s* en *s'* en faisant os' égale à la hauteur du cône et qu'on joigne s' aux points a' et b', le triangle isocèle est la projection verticale du cône; $a'b$ est la projection verticale de la base, $a's'$ et $b's'$ les projections verticales des génératrices de *contour apparent.* Toutes les génératrices qui aboutissent à l'arc amb situé en avant de ab sont vues sur le plan vertical; celles qui aboutissent à l'arc anb sont cachées; ms, $m's'$ est vue; ns, $n's'$ est cachée.

Toutes les arêtes sont d'ailleurs vues sur le plan horizontal.

56. Développement. — Une pyramide régulière se développe suivant un secteur polygonal régulier dont le rayon est l'arête de la pyramide et le périmètre la somme des côtés de la base (n° 49). Or un cône circulaire droit est la limite vers laquelle tend une pyramide régulière inscrite dont le nombre des côtés va en augmentant indéfiniment. Il en résulte que la surface convexe de ce cône se développe sui-

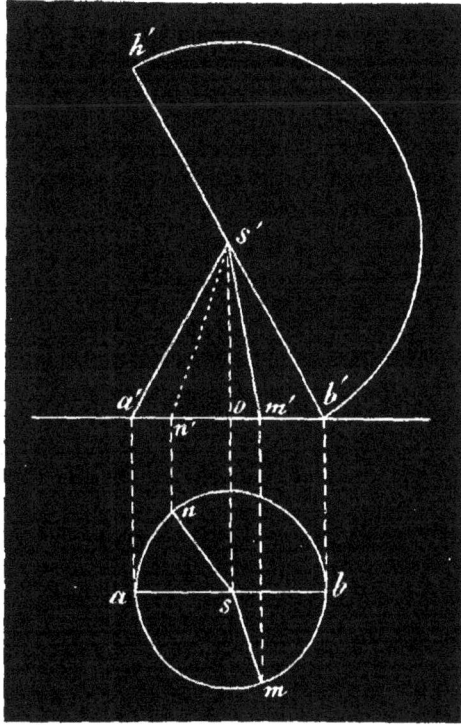

Fig. 47.

vant un secteur circulaire ayant pour rayon son arête et pour périmètre un arc égal à la longueur de la circonférence de base. Du point s' comme centre, décrivons un arc de cercle de rayon $s'b'$; portons sur cet arc, à partir du point b', une longueur $b'h'$ égale à la circonférence ab; le secteur $b's'h'$ est le développement du cône.

Remarquons que deux circonférences sont entre elles comme leurs rayons; si sb est la moitié, le tiers, ou le quart de $s'b'$, la circonférence sb est aussi la moitié, le tiers, ou le quart de toute la circonférence $s'b'$.

57. Projections d'un tronc de cône droit à bases circulaires (fig. 48). — Pour obtenir un tronc de cône, il suffit de couper par un plan horizontal $c'd'$ un cône droit circulaire sab, $s'a'b'$ représenté en projections comme au n° 55. L'intersection déterminée par le plan $c'd'$ est un cercle qui forme la petite base du tronc et qui se projette en vraie grandeur sur le plan horizontal. Le diamètre de ce cercle parallèle au plan vertical a pour projection sur ce plan $c'd'$; on en déduit la projection horizontale en abaissant de c' et de d', des perpendiculaires sur LT jusqu'à ab. On décrit alors du point s comme centre, le cercle de diamètre cd; c'est la projection horizontale de la petite base du tronc.

Développement. — Le développement du tronc de cône est évidemment la différence entre les développements des deux cônes *sab*, *s'a'b'*; *scd*, *s'c'd'*, c'est-à-dire une portion de couronne circulaire *b'f'g'd'*.

58. Applications. — C'est à l'aide du développement de la surface du cône et du tronc de cône que les ouvriers fabriquent, avec des feuilles de métal ou de carton, les tuyaux de poèle en forme de tronc de cône, les seaux en fer-blanc ou en zinc qui ont la même forme, les abat-jour, les formes coniques en cuivre ou en tôle dans lesquelles on fait cristalliser le sucre, les entonnoirs, etc.

59. Projections d'un cône oblique (fig. 49). — Prenons pour plan horizontal de projection le plan de

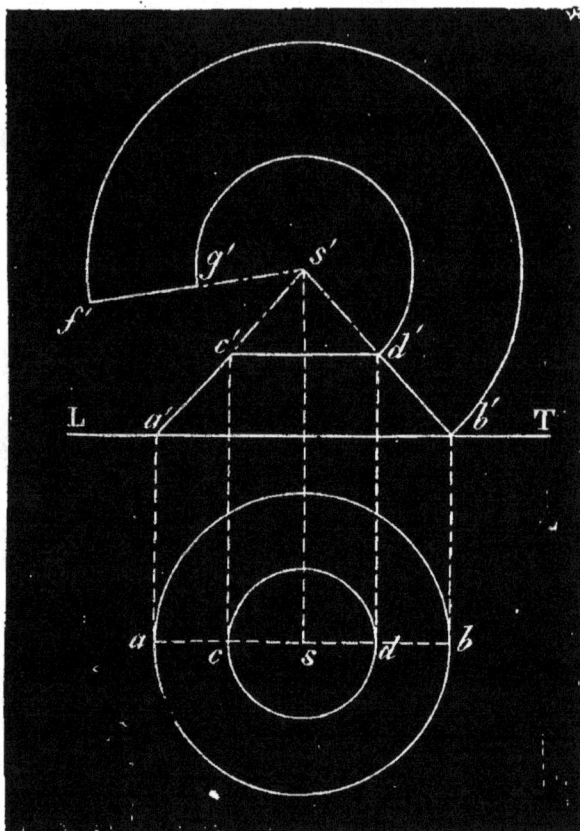

Fig. 48.

la base, et pour plan vertical un plan parallèle à la droite qui joint le sommet au centre de la base.

On trace, dans le plan horizontal, un cercle *ab* égal à la base, et on lui mène par le point *s*, projection du sommet, deux tangentes *sc* et *sd*, l'on a *scad* pour projection horizontale du cône.

Le plan parallèle au plan vertical qui contient l'axe du cône, coupe le solide suivant deux génératrices passant par les points *a* et *b*; ces génératrices se projettent en vraie grandeur sur le plan vertical; pour obtenir leurs projections on détermine d'abord la projection verticale du sommet, en faisant *h s'* égale à la hauteur du cône, puis on abaisse des perpendiculaires sur LT des points *a* et *b*, ce qui donne les points *a'* et *b'*. Si l'on trace maintenant les droites *s'a'* et *s'b'*, on a les projections des génératrices considérées. Tous les points de la surface du cône se projettent à l'intérieur du triangle *s'a'b'*, qui est alors la projection verticale du cône.

Les droites *sd*, *s'd'*; *sc*, *s'd'*, sont les génératrices de contour apparent horizontal. Toutes les génératrices qui aboutissent à l'arc *cad* sont vues sur le plan horizontal, celles qui aboutissent à l'arc *cbd* sont cachées.

Les droites as, $a's'$, bs, $b's'$ sont les génératrices de contour apparent vertical. Toutes les génératrices qui aboutissent à l'arc acb sont cachées.

Une même génératrice peut être vue sur l'un des plans de projection et caché sur l'autre plan, comme l'indique la figure.

60. Projections d'une sphère (fig. 50). — Soient o et o' les deux projections du centre de la sphère.

Imaginons un cylindre vertical circonscrit à cette sphère; tous les points de la surface sphérique se projetteront sur le plan horizontal, à l'intérieur de ce cylindre; or ce cylindre coupe le plan hori-

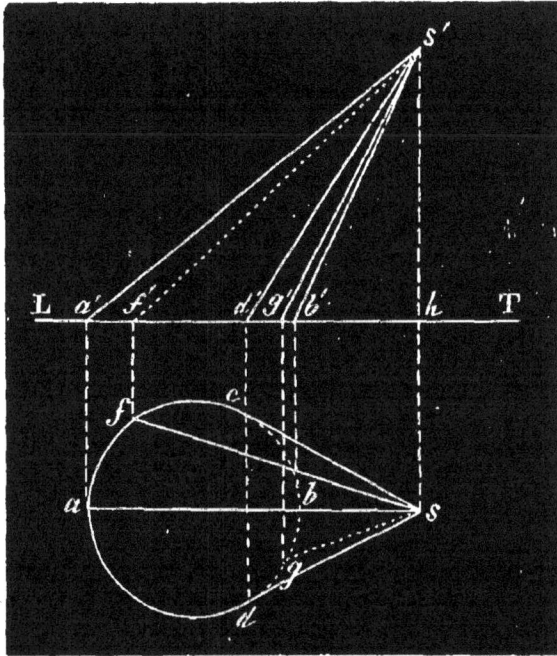

Fig. 49.

zontal qui est perpendiculaire à son axe suivant un cercle ayant pour centre le point o et pour rayon le rayon même de la sphère.

Ce cercle représentera donc la projection horizontale de la sphère et on aura de même la projection verticale.

61. Projections de quelques assemblages. — On appelle **assemblage** la réunion de deux pièces de bois. Les pièces sont généralement des parallélipipèdes rectangles à section droite carrée. Cette section porte le nom d'**équarrissage**. On assemble les pièces de bois de manière que leurs axes se rencontrent; les faces parallèles au plan des axes s'appellent **parements**; les autres sont dites **faces d'assemblage.**

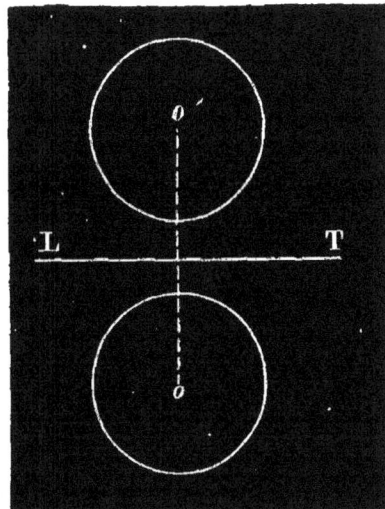

Fig. 50.

On représente un assemblage par ses projections sur deux plans rectangulaires; le plan horizontal est parallèle aux faces de parements, et le plan vertical parallèle aux faces d'assemblage.

Au lieu de projeter les pièces d'assemblage sur un plan vertical, les charpentiers leur donnent **quartier**, c'est-à-dire les font tourner d'un angle de 90° autour d'une arête et les dessinent ensuite sur le même plan. Cette opération, on le voit aisément, est identique à une projection verticale.

62. Assemblage oblique à mi-bois (fig. 51). — Cet assemblage se compose de deux pièces A et B entaillées chacune jusqu'en son milieu suivant une échancrure qui a pour projection horizontale *abcd*.

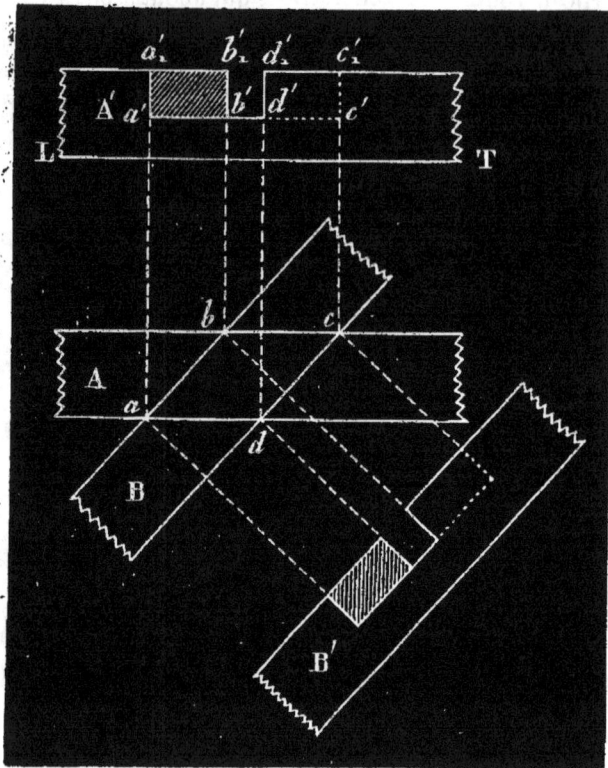

Fig. 51.

Pour déterminer exactement la forme de l'entaille pratiquée dans la pièce A on lui donne quartier ou on la projette sur un plan vertical LT parallèle aux faces d'assemblage de cette pièce, on obtient alors la figure a' b' c' d', a'_1 b'_1 d'_1 c'_1 On fait la même opération pour la pièce B.

Avec un pareil dessin, le char-

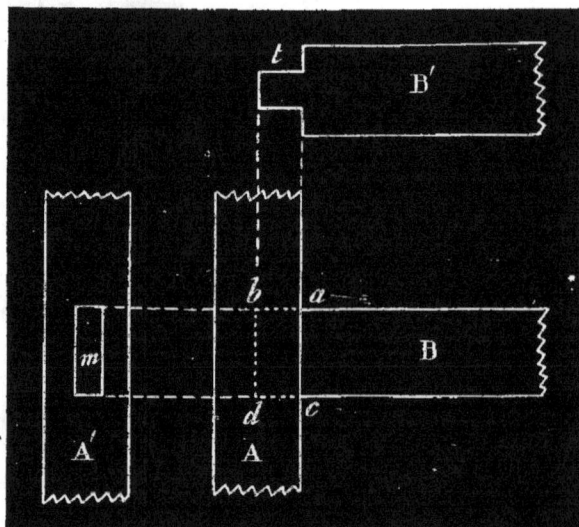

Fig. 52.

pentier peut construire exactement en bois l'assemblage représenté.

63. Re-marque. — Dans le dessin des assembla-ges, on a l'ha-bitude de met-tre des hachu-res sur les parties vues qui ne sont pas parallèles aux fibres du bois.

64. As-semblage à tenon droit et mortaise (fig. 52). — Les pièces de

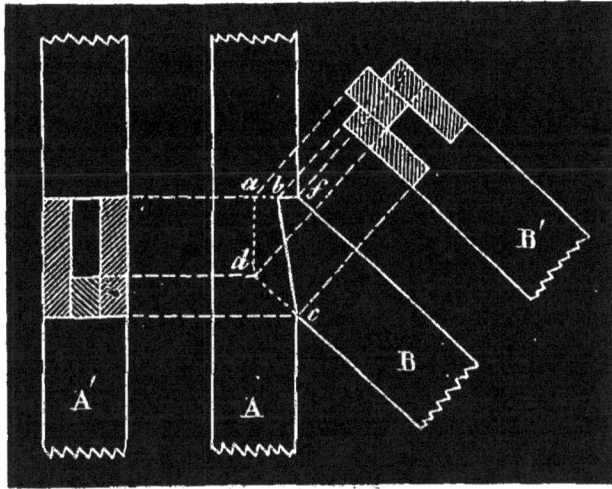

Fig. 53.

l'assemblage ont pour projections horizontales A et B. La pièce A présente une cavité *abdc* appelée *mortaise* dans laquelle s'engage un appendice de même forme appartenant à la pièce B et que l'on appelle *tenon*.

Si l'on donne maintenant quartier aux deux pièces, on voit exactement la forme de la mortaise en *m* et celle du tenon en *t*.

65. Assemblage oblique à tenon et mortaise avec embrèvement (fig. 53). — Pour augmenter la solidité d'un assem-blage à tenon et mortaise on fait pé-nétrer dans la pièce A non seulement le tenon de B, mais en-core une partie de cette pièce; cette partie *bfc* qui a la forme triangulaire s'appelle *embrève-ment*. Le tenon a alors la forme *a b c d* que l'on conçoit plus nettement après a-voir donné quartier à la pièce B.

Donnons également quartier à la pièce A de manière à voir la mortaise.

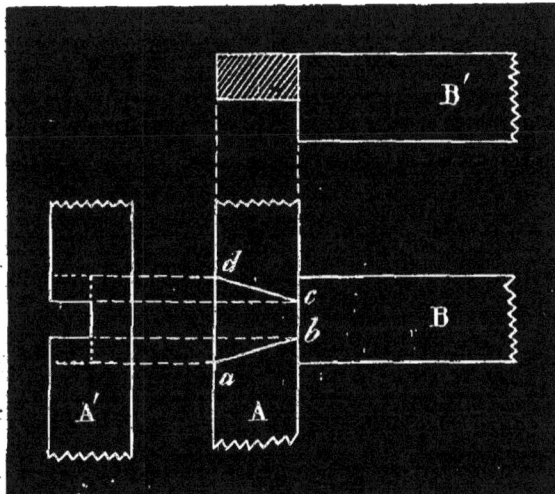

Fig. 54.

La partie occupée par l'embrèvement sur les deux bords de la mortaise reçoit des hachures, puisqu'elle n'est pas parallèle aux fibres du bois.

66. Assemblage à queue d'aronde (fig. 54). — Les axes des deux pièces A et B se rencontrent le plus souvent à angle droit. Le tenon est un prisme dont la base *abcd* est un trapèze et qui a pour hauteur la moitié de l'épaisseur de la pièce B. La mortaise de A a évidemment la même forme. B′ représente la pièce B projetée sur un plan vertical ou à laquelle on a donné quartier. De même A′ représente la pièce A projetée sur un plan vertical parallèle à son axe. Cet assemblage s'appelle aussi **à queue d'aronde.**

67. Moises (fig. 55). — On appelle moises deux pièces jumelles qui embrassent d'autres pièces principales pour les relier solidement entre elles.

A et B sont les deux pièces à relier par des moises M. Cha-

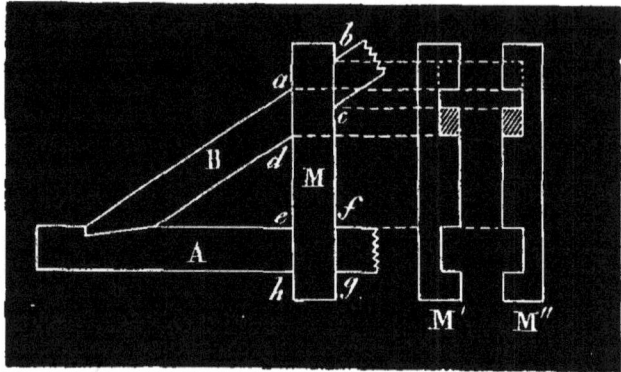

Fig. 55.

que moise est entaillée à mi-bois suivant le parallélogramme *abcd* et suivant le rectangle *efgh*.

En projetant les deux moises sur un plan vertical parallèle à leurs faces d'assemblage et en élevant légèrement l'une d'elles, on a les figures M′ et M″ qui donnent une idée exacte de la forme des deux pièces. Ajoutons qu'elles sont solidement boulonnées entre elles.

68. Entures (fig. 56). — On appelle **entures** les entailles pratiquées dans deux pièces de bois pour les réunir dans le prolongement l'une de l'autre. Citons le **trait de Jupiter** destiné à relier deux pièces horizontales.

La pièce A est entaillée suivant la ligne brisée *abcdef* et la pièce B suivant *feghba*.

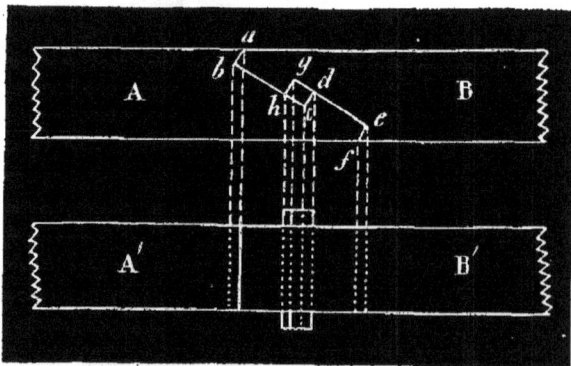

Fig. 56.

Les deux entailles laissent entre un espace vide *cdgh* destiné à recevoir une clef introduite de force quand les deux pièces sont en place.

A′B′ représente la projection verticale de l'assemblage.

69. Projections d'un boulon (fig. 57). — Un boulon se compose d'un cylindre fileté surmonté d'une tête prismatique à base carrée ou hexagonale. Si l'on prend pour plan horizontal de projection un plan perpendiculaire à l'axe du cylindre, celui-ci se projette horizontalement suivant un cercle $a b$, et le prisme formant la tête suivant un hexagone régulier $cdefgh$. La projection verticale du cylindre est un rectangle $a'b'n'm'$ dont la hauteur $a'm'$ est la hauteur même du cylindre. Les deux faces horizontales du prisme se projettent verticalement suivant des parallèles $d'g'$, $d'_1 g'_1$ à la ligne de terre; la distance de ces parallèles est égale à l'épaisseur du prisme.

On détermine facilement les projections des arêtes verticales en abaissant sur LT des perpendiculaires jusqu'aux parallèles $d'g'$, $d'_1 g'_1$. Les arêtes d, $d'd'_1$; c, $c'c'_1$; h, $h'h'_1$; g, $g'g'_1$ sont vues sur le plan vertical, tandis que e, $e' e'_1$; f, $f' f'_1$ sont cachées.

Le cylindre est entièrement caché sur le plan horizontal.

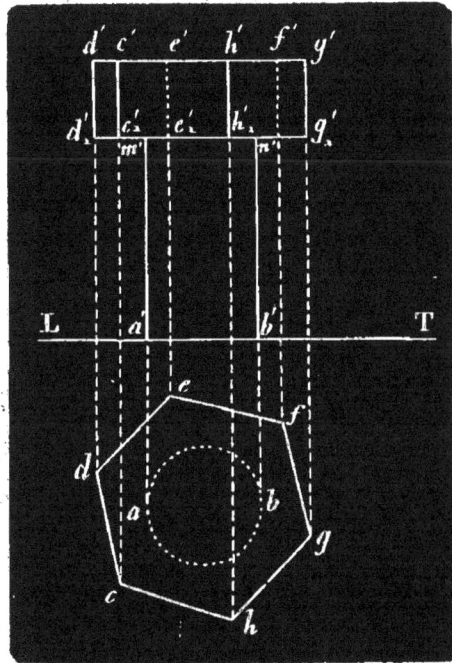

Fig. 57.

70. Projection d'une manivelle en fer (fig. 58). — Une

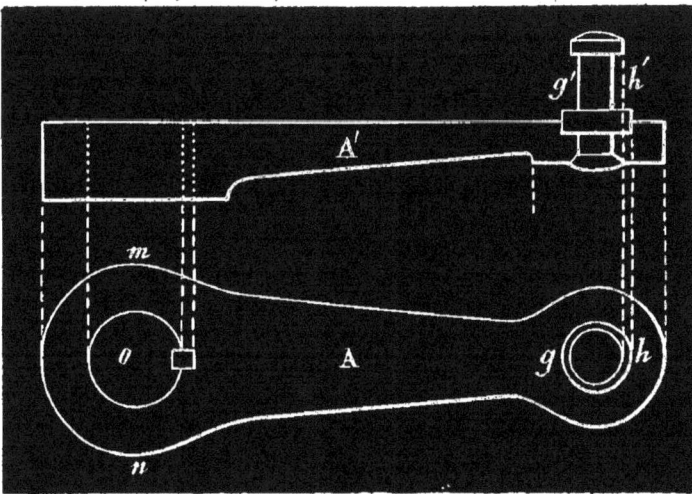

Fig. 58.

manivelle est un organe de machine calé sur un arbre auquel on veut communiquer un mouvement de rotation. La figure A′ est la projection verticale de cet organe, A en est la projection horizontale. On y distingue une partie renflée *mn* percée d'une ouverture circulaire *o* dans laquelle s'engage l'arbre de couche. La manivelle et l'arbre sont rendus solidaires par une clavette qui pénètre à la fois dans l'un et dans l'autre. Le corps de la manivelle va en s'amincissant jusqu'à l'extrémité, qui porte un nouveau renflement plus petit que le premier et auquel est fixé un cylindre *gh*, *g′h′* appelé *bouton*.

Le bouton de la manivelle est destiné à s'engager à frottement doux dans une ouverture pratiquée à la tête de la bielle, autre organe de transmission, afin de pouvoir y tourner librement.

71. Projections d'une bielle (fig. 59). — On appelle *bielle* un organe de transmission qui sert à relier la tige du piston avec le bouton

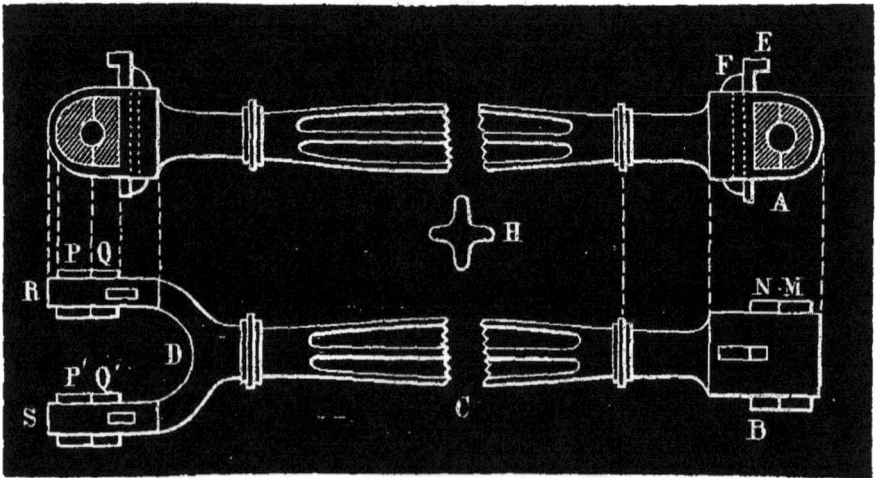

Fig. 59.

de la manivelle. La figure A représente une bielle vue de côté ou sa projection verticale ; la figure B représente la même bielle vue en dessus ou sa projection horizontale. B est la tête, C le corps, et D la fourche de la bielle. Le bouton de la manivelle s'engage dans la tête B entre deux coussinets M et N qui ont pour projection verticale la partie de la figure A qui présente des hachures. Ces coussinets sont plus ou moins serrés à l'aide d'une clavette E et d'une contre-clavette F. Le corps de la bielle est renflé en son milieu, et présente des nervures comme l'indique la section H. La fourche D présente deux parties jumelles R et S contenant chacune deux coussinets P, Q où P′, Q′ serrés par une clavette et une contre-clavette comme dans la tête de la bielle. Enfin un petit cylindre passe dans les deux branches de la fourche et la tête de la tige du piston pour les relier ensemble.

VIS A FILET TRIANGULAIRE.

72. Considérons un triangle isocèle *a′b′c′* (fig. 60) dont la base *a′c* coïncide toujours avec une arête d'un cylindre droit à base circulaire et

dont le plan passe par l'axe de ce cylindre. Imaginons que le triangle
considéré tourne autour de cet axe en s'élevant de quantités proportionnelles aux angles de rotation, de telle sorte qu'après une révolution

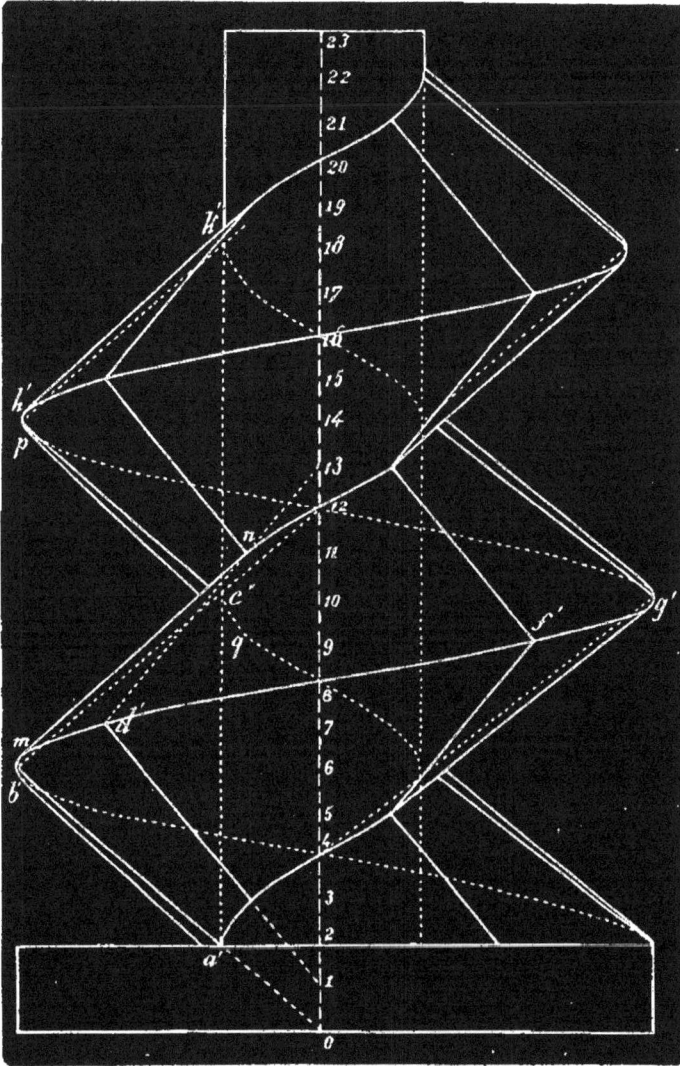

Fig. 60.

complète il ait parcouru verticalement une quantité égale à $a'c'$. Le solide
qu'il engendre est le **filet** de la vis dont le cylindre primitif est le **noyau**.

D'après cela, le sommet b' du triangle décrit une hélice enroulée sur
un cylindre concentrique avec le premier et dont le pas est $a'c'$.

Les côtés $a'b'$, $b'c'$ qui s'appuient sur cette hélice et rencontrent l'axe
en faisant avec lui un angle constant engendrent des hélicoïdes gauches
dont la *nappe supérieure* de l'un forme la *face inférieure* du filet, tandis
que la *face supérieure* de ce filet appartient à la *nappe inférieure* de l'autre
hélicoïde.

Pour faire le dessin, nous avons d'abord tracé l'hélice décrite par *b*

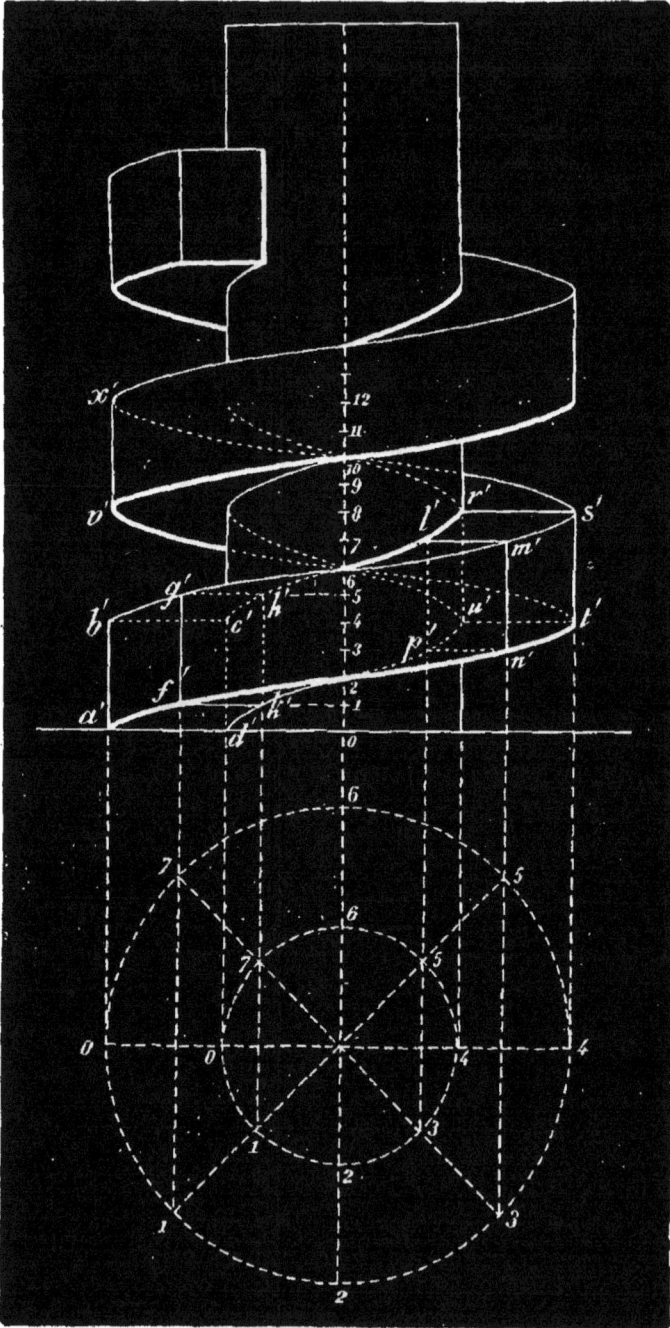

Fig. 61.

en divisant le pas en huit parties égales, ainsi que la base du cylindre correspondant. Les côtés du triangles prolongés jusqu'à l'axe comprenant

un nombre exact de divisions du pas, nous avons pu placer ce triangle
dans les positions successives $ob'12$, $1d'13$, $2,8,14$; $3f'15$, $4g'16$, etc. ; re-
marquant ensuite que les points a' et c' décrivent sur le cylindre primitif
une hélice unique ayant même pas $a'c'$, nous avons tracé cette hélice afin
de limiter au cylindre donné les côtés du triangle générateur.

L'hélice décrite par a' et par c' forme l'arête rentrante de la vis; celle
de b' en est l'arête saillante.

Le contour apparent des faces du filet n'est pas formé par les côtés
du triangle dans les positions où il est parallèle au plan vertical; ce contour se compose de deux courbes mn et pq qui sont les enveloppes des
diverses positions des génératrices. Vu le peu d'étendue des surfaces
hélicoïdales, ces courbes peuvent être remplacées par des droites tangentes l'une aux deux arcs d'hélice $4b'd'$, $8c'12$ et l'autre aux arcs $8c'12$ et
$15h'16$; il faut remarquer que la tangente mn recouvre une partie de
l'autre pq. On observe la même règle pour la droite du dessin.

VIS A FILET CARRÉ.

73. Le *filet* de la **vis à filet carré** (fig. 61) est engendré par un
rectangle $a'b'c'd'$ dont l'un des côtés $c'd'$ coïncide constamment avec une
génératrice d'un cylindre droit à base circulaire, de telle sorte que l'axe
de ce cylindre se trouve toujours dans le plan du rectangle. Ce rectangle
tourne autour du cylindre en s'élevant de quantités proportionnelles aux
angles de rotation.

Dans ce mouvement, les points a' et b' décrivent deux hélices égales
dont le pas $a'v'$ ou $b'x'$ doit être au moins égal au double de $a'b'$. Les
points d' et c' engendrent aussi deux hélices égales enroulées sur le cylindre donné et dont le pas est le même que celui des premières.

Les côtés $a'd'$ et $b'c'$ qui s'appuient sur ces hélices et sur l'axe qu'ils
coupent à angle droit engendrent chacun un **hélicoïde gauche** à
plan directeur, tandis que $a'b'$ décrit une zone cylindrique qui limite la
face extérieure du filet.

Pour dessiner la projection verticale de la vis, nous avons d'abord
tracé les hélices décrites par les points a' et b' en divisant le pas et la
base du cylindre correspondant en huit parties égales. Ensuite nous
avons tracé sur le noyau les hélices des points d' et c' après avoir divisé
la base de ce cylindre également en huit parties égales; on a alors indiqué les positions successives $a'b'c'd'$, $f'g'h'k'$, $l'm'n'p'$, $r's't'u'$ du rectangle
générateur.

Le dessin montre clairement les parties vues et les parties cachées,
c'est-à-dire les lignes qui doivent être pleines et celles qui doivent être
pointillées.

PLAN, ÉLÉVATION, COUPE, PROFIL.

74. Quoique les deux projections d'un corps suffisent à le déterminer,
on en considère souvent d'autres pour éviter une trop grande complication
dans les figures; c'est surtout dans les dessins d'architecture et dans les
dessins de machine qu'on emploie ainsi plus de deux projections.

On appelle **plan** la projection horizontale d'un bâtiment ou d'une

machine; souvent on emploie plusieurs plans; ainsi pour représenter
une maison, les architectes dessinent le plan du rez-de-chaussée, et

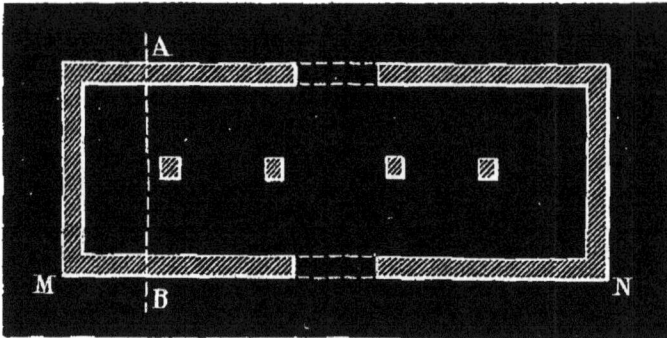

Fig. 62.

celui de chaque étage. Chacun de ces plans représente la figure que l'on
obtiendrait en coupant le bâtiment par un plan horizontal à la hauteur
choisie.

On appelle **élévation**
d'un bâtiment ou d'une machine sa projection sur un
plan parallèle à l'une de ses
faces principales; l'élévation
prend le nom de **profil** si
le plan projetant est perpendiculaire à l'une des faces
principales.

Enfin, on appelle **coupe**
la figure qu'on obtiendrait en
coupant l'objet par un plan
déterminé; ce plan est presque toujours vertical ou horizontal, et l'on doit alors
indiquer sur le plan ou sur

Fig. 63.

Fig. 64.

l'élévation la ligne suivant laquelle on a fait cette coupe. Nous donnons ici le plan d'une grange (fig. 62), une coupe verticale faite suivant AB (fig. 63) et enfin l'élévation suivant la face verticale MN (fig. 64). On comprend sans peine qu'avec ces trois figures faites à une échelle connue, le maçon, le charpentier, le couvreur, pourront bâtir la grange, en lui donnant exactement les dimensions et la forme voulues par l'architecte.

CYLINDRE DE MACHINES À VAPEUR.

(Fig. 65 et 66.)

75. Si l'on se contentait de faire une projection horizontale et une projection verticale de l'appareil de distribution de la vapeur dans une machine, on n'aurait aucune idée de sa forme intérieure, ce qui est la chose importante. Il en est autrement quand on y pratique une ou plusieurs coupes. La figure 65 représente une figure longitudinale, la fig. 66 une coupe transversale. Dans la première, A est le cylindre, B la boîte à vapeur, C le tiroir, D le tuyau d'arrivée de la vapeur, a et b sont les lumières par lesquelles la vapeur pénètre dans le cylindre, c est le tuyau d'échappement de la vapeur, P est le piston, T est la tige du tiroir qui communique avec l'excentrique calé sur l'arbre de couche, T est la tige du piston qui est articulée avec la fourche de la bielle.

La coupe transversale montre la forme du cylindre A, celle du tuyau d'échappement cc; la section du tiroir est C.

Les deux figures permettent donc de se rendre exactement compte de la forme des différentes pièces et de leur agencement.

Voici maintenant la théorie de cet appareil :

Dans la position actuelle du tiroir (fig. 65), la vapeur pénètre par la lumière a à gauche du piston et

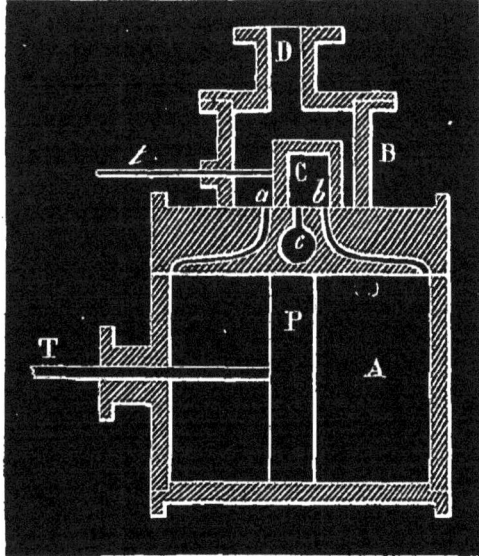

Fig. 65.

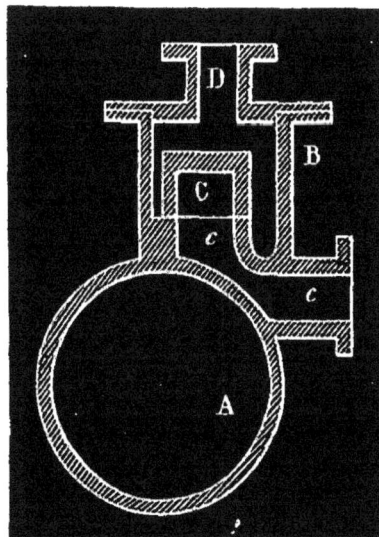

Fig. 66.

le fait mouvoir vers la droite. La vapeur du coup précédent s'échappe dans l'atmosphère ou dans le condenseur par la lumière b et le tuyau c. Pendant ce temps le tiroir revient sur ses pas par suite du mouvement de l'excentrique et découvre la lumière b en couvrant la lumière a et le canal c; alors la vapeur pénètre par b sur la droite du piston et le pousse vers la gauche; en même temps la vapeur qui se trouve sur la gauche du piston, s'échappe par a et par le canal c. Le tiroir a donc pour effet d'amener la vapeur successivement sur les deux faces du piston et de communiquer à celui-ci un mouvement rectiligne alternatif. Ce mouvement rectiligne alternatif est transformé en mouvement circulaire continu de l'arbre de couche par l'intermédiaire de la bielle et de la manivelle.

CHAPITRE V

DES OMBRES

76. La théorie des ombres repose sur le problème suivant :

Problème. — *Trouver les traces d'une ligne droite dont on a les projections.*

On appelle **trace horizontale** d'une ligne droite l'intersection de cette ligne avec le plan horizontal, et **trace verticale** son intersection avec le plan vertical.

Soit à trouver les traces de la droite a'b', ab (fig. 67).

1° *Recherche de la trace horizontale.* — La trace horizontale est *un point de la droite et du plan horizontal.* La projection verticale de ce point est donc sur la ligne de terre et sur la projection verticale de la droite, c'est-à-dire en h', rencontre de a'b' avec LT.

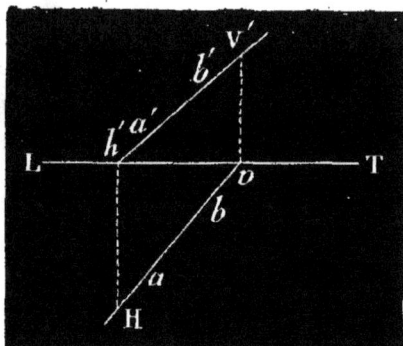

Fig. 67.

Les deux projections d'un même point de l'espace sont sur une même perpendiculaire à la ligne de terre; la trace horizontale est donc sur la perpendiculaire menée par h' à LT; elle est aussi sur la projection horizontale ab, et par suite à leur rencontre en H.

On peut en déduire la règle suivante :

Pour trouver la trace horizontale d'une ligne droite, prolongez la projection verticale jusqu'à la ligne de terre; au point obtenu, élevez une perpendiculaire sur la ligne de terre jusqu'à la projection horizontale : le point de rencontre est la trace horizontale cherchée.

2° *Recherche de la trace verticale.* — La trace verticale est *un point qui appartient au plan vertical et à la droite;* sa projection horizontale est donc située sur la ligne de terre et sur la projection horizontale ab, c'est-à-dire à l'intersection v de ces deux lignes; quant à la projection verticale, c'est-à-dire à la trace verticale même, elle se trouve à l'intersec-

tion, V' de la projection verticale $a'b'$ et de la perpendiculaire à la ligne de
terre menée par le point.

D'où la règle suivante :

*Pour trouver la trace verticale d'une ligne droite, prolongez la projec-
tion horizontale jusqu'à la ligne de terre ; au point obtenu, élevez une perpendiculaire sur la ligne de terre jusqu'à la projection verticale : le point
de rencontre est la trace verticale cherchée.*

77. Ombre propre, ombre portée d'un corps. — Lors-
qu'un corps opaque est placé dans le voisinage d'une source de lumière,
il intercepte une partie des rayons lumineux envoyés en ligne droite par
cette source dans tous les sens ; il en résulte que certaines faces du
corps sont éclairées, tandis que d'autres restent obscures ; celles-ci con-
stituent **l'ombre propre** du corps. Les arêtes qui séparent les parties éclairées de celles qui sont obscures, portent le nom d'**arêtes de
séparation d'ombre et de lumière.** — Supposons maintenant
le corps placé près d'un plan, les rayons lumineux qui frappent les parties éclairées n'arrivent pas à ce plan, tandis que ceux qui passent par
les *arêtes de séparation d'ombre et de lumière* et tous ceux qui se trouvent
en dehors le rencontrent et l'éclairent.

Les points du plan qui ne reçoivent aucune lumière de la source lu-
mineuse, par suite de l'interposition du corps, forment **l'ombre portée de ce corps.**

Ombre au soleil, ombre au flambeau. — Il y a deux espèces d'ombre, suivant que les rayons sont *parallèles* ou *concourent en
un même point.*

Dans le *premier cas*, on suppose le foyer lumineux à l'infini ; c'est ce
que l'on appelle **ombre au soleil ;** car cet astre est assez éloigné de
nous pour que les rayons qu'il nous envoie puissent être, sans erreur
sensible, considérés comme parallèles ; dans *le second cas*, le foyer lumineux est à une distance finie et envoie des rayons concourants, comme
le ferait un flambeau que l'on tiendrait à la main : de là le nom d'**ombre au flambeau** . Pour éviter la question de la **pénombre**, on
suppose toujours le flambeau réduit à un point.

78. Direction des rayons lumineux. — La direction des
rayons lumineux, dans le cas où ils sont
parallèles, est arbitraire ; néanmoins,
dans les épures de géométrie descriptive, cette direction est toujours, à
moins de conditions particulières nettement formulées, celle de la diagonale
AB, A'B (fig. 68), dirigée de gauche à
droite, d'un cube A'F'BD, ADBC, dont
une face coïncide avec le plan horizontal et une autre face avec le plan
vertical. Il en résulte que les deux projections d'un même rayon lumineux
sont inclinées à 45° sur la ligne de terre.

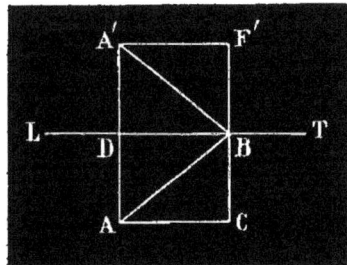

Fig. 68.

Dans le cas de l'*ombre au flambeau*, la direction des rayons est déterminée par la position du point lumineux.

THÉORÈME.

79. L'ombre portée d'une ligne droite sur un plan est une ligne droite.

1° *Les rayons lumineux sont parallèles* (fig. 69).

Soient une ligne droite matérielle AB et un plan MN placé dans le voisinage. Si l'on fait glisser sur cette droite un rayon lumineux mn parallèlement à lui-même, il prend successivement la position de tous les rayons aboutissant à la droite; si l'on trouve ensuite à chaque instant son intersection avec le plan MN, on aura l'ombre de tous les points de la ligne. L'ensemble des points obtenus est l'ombre de la ligne; or dans ce mouvement, le rayon mn décrit un plan dont l'intersection nn" avec MN n'est pas autre chose que l'ombre de la droite; donc cette ombre est une ligne droite.

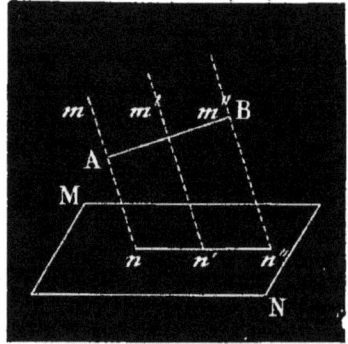

Fig. 69.

2° *Les rayons lumineux sont concourants* (fig. 70).

Soient une ligne droite AB et un point lumineux S; tous les rayons émanés du point S et qui s'appuient sur la droite AB forment un plan dont l'intersection A'B' avec le plan MN forme l'ombre portée par AB sur ce plan.

C. Q. F. D.

Conséquence. — Pour construire l'ombre d'une ligne droite, il suffit de trouver l'ombre de deux de ses points et de les joindre par une ligne droite; en particulier,

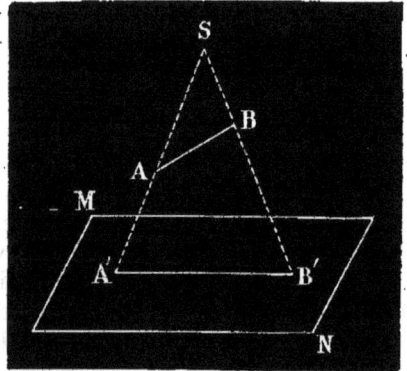

Fig. 70.

si l'on connaît la trace de la droite sur le plan donné, on n'a qu'à trouver l'ombre d'un point de la droite, car la trace est elle-même un point de l'ombre.

80. Problème I. — *Trouver l'ombre portée par une ligne droite sur les deux plans de projection.*

1° *Ombre au soleil.* — Pour trouver l'ombre portée sur le plan horizontal par la ligne droite AB (fig. 71), il suffit de déterminer l'ombre du point a, a' et celle du point b, b', et de joindre par une droite les deux points obtenus.

Soit M, M' la direction des rayons lumineux. Le rayon passant par a, a est une parallèle à M, M'; l'ombre du point a, a' est la trace horizontale A_1 de cette ligne. On détermine de la même manière l'ombre B_1 du point b, b'; alórs l'ombre portée par la droite donnée sur le plan horizontal est la droite A_1B_1 qui coupe la ligne de terre au point c. L'ombre

portée par la même droite sur le plan vertical s'obtient en cherchant les traces verticales F' et D' des rayons lumineux passant par a, a' et b, b' et en menant la ligne $F'D'$.

Les deux droites $A_1 B_1$ et $F'D'$ doivent couper la ligne de terre en un même point c, parce que ce sont les traces du plan formé par les rayons parallèles passant par la droite donnée.

Ces deux ombres portées n'existent pas entièrement; la portion A_1c située dans la partie an-

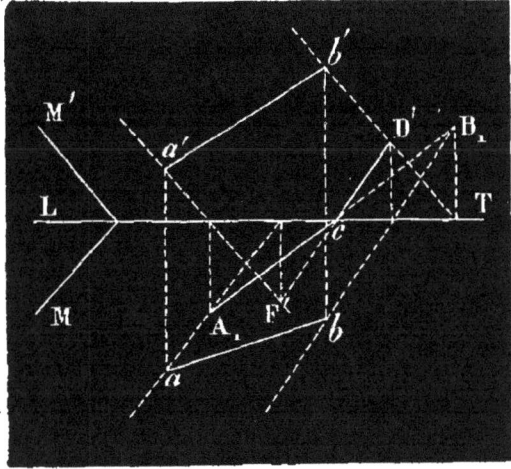

Fig. 71.

térieure du plan horizontal et la partie cD' située dans la partie supérieure du plan vertical sont seules réelles. De sorte que l'ombre portée par la droite AB sur les deux plans de projection est la ligne brisée A_1cD'.

Remarque. — On aurait pu se dispenser de déterminer le point F'; il suffisait de joindre le point c au point D'.

2° *Ombre au flambeau.* — Soient S, S' le point lumineux et AB la ligne donnée (fig. 72). L'ombre portée sur le plan horizontal par le point a, a' est la trace horizontale A_1 du rayon Sa_1, $S'a'$.

L'ombre portée par le point b, b' sur le même plan est la trace horizontale B_1 du rayon Sb, $S'b'$; par suite, l'ombre de la droite sur le plan horizontal est la ligne droite A_1B_1 qui coupe la ligne de terre en c.

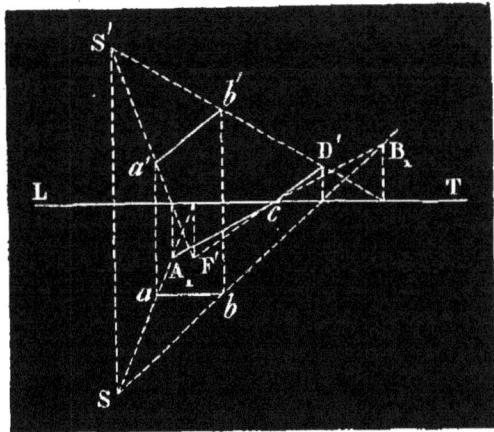

Fig. 72.

Le point c est en même temps un point de l'ombre sur le plan vertical. Cherchons la trace verticale D' du rayon Sb, $S'b'$. Nous aurons l'ombre du point b, b' qui sera un deuxième point de l'ombre sur le plan vertical; en menant la droite cD', nous avons cette ombre. Alors l'ombre totale de la droite est la ligne brisée A_1cD'.

81. Problème II. — *Trouver l'ombre d'une ligne droite perpendiculaire au plan horizontal.* — Considérons la droite a, $a'b'$ perpendiculaire au plan horizontal (fig. 73). Le point *a*, trace horizontale de la droite, est un point de l'ombre; cherchons celle du point *a*, *b'* en menant le rayon *ac*, *b'c'* et en déterminant sa trace horizontale F. La droite *a*F serait l'ombre cherchée si le plan vertical n'existait pas; or le rayon *ac*, *b'c'* coupe le plan vertical au point *c'*, qui est l'ombre de AB sur ce plan. D'où il résulte que *acc'* est l'ombre de la droite sur les deux plans de projection.

Remarquons que les rayons parallèles, s'appuyant sur la droite verticale *aa'b'* forment un plan vertical dont la trace horizontale est *ac* et la trace verticale la ligne *cc'* perpendiculaire à la ligne de terre.

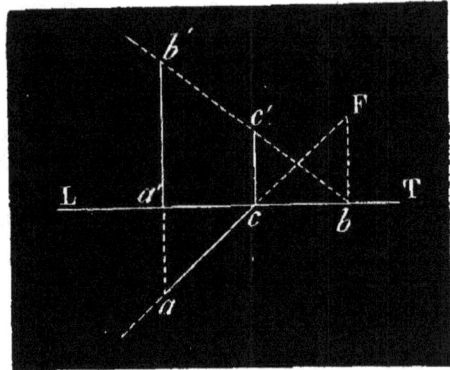

Fig. 73.

Remarque. — Les rayons lumineux concourants formeraient également un plan vertical, et l'ombre au flambeau serait analogue à la précédente.

82. Problème III. — *Trouver l'ombre portée par une ligne perpendiculaire au plan vertical.*

Il est clair que dans ce cas les rayons lumineux parallèles ou concourants forment un plan perpendiculaire au plan vertical, dont la trace verticale est la ligne *b'c'* (fig. 74), et la trace horizontale la ligne *cc'* perpendiculaire à la ligne de terre. De sorte que l'ombre de la droite est *b'c'c*.

83. Problème IV. — *Trouver l'ombre portée par une droite parallèle à la ligne de terre.*

On voit facilement que les rayons lumineux forment un plan

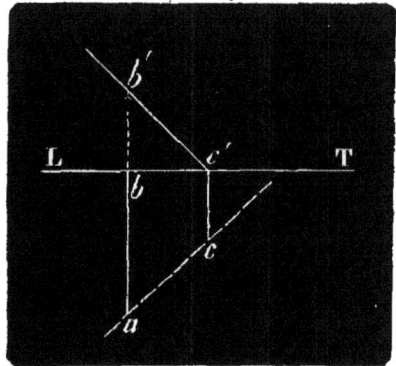

Fig. 74.

parallèle à la ligne de terre; or les traces d'un pareil plan sont parallèles à cette ligne. Donc l'ombre de la ligne donnée est une parallèle à la ligne de terre située sur le plan vertical.

84. Problème V. — *Trouver l'ombre propre et l'ombre portée sur les deux plans de projection par un parallélipipède rectangle dont les faces sont parallèles ou perpendiculaires au plan horizontal et au plan vertical* (fig. 75).

1° *Ombre au soleil.* — Imaginons qu'un des rayons de lumière se déplace parallèlement à lui-même en s'appuyant constamment sur le polyèdre donné, il suivra successivement les arêtes B, B'F'; BC, F'; CD, F'G'

D, G/A'; ce sont les arêtes de séparation d'ombre et de lumière. Les faces situées en avant de ces arêtes sont éclairées; celles qui sont derrière, c'est-à-dire les faces BC, B'F', CD, F'G', sont obscures et forment l'ombre propre du corps.

2° *Ombre portée.* — Pour obtenir les limites de l'*ombre portée* sur les plans de projection, il faut chercher l'ombre portée par les arêtes de séparation d'ombre et de lumière. L'ombre de l'arête verticale B, B'F' est B*aa'* (n° 81); celle de l'arête BCF' s'obtient en cherchant l'ombre *b'* du point C, F' et en

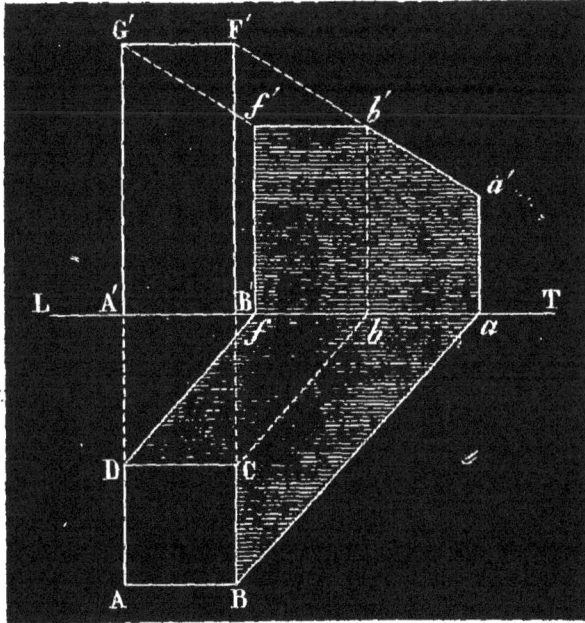

Fig. 75.

joignant les deux points *a'* et *b'*; menons maintenant un rayon lumineux

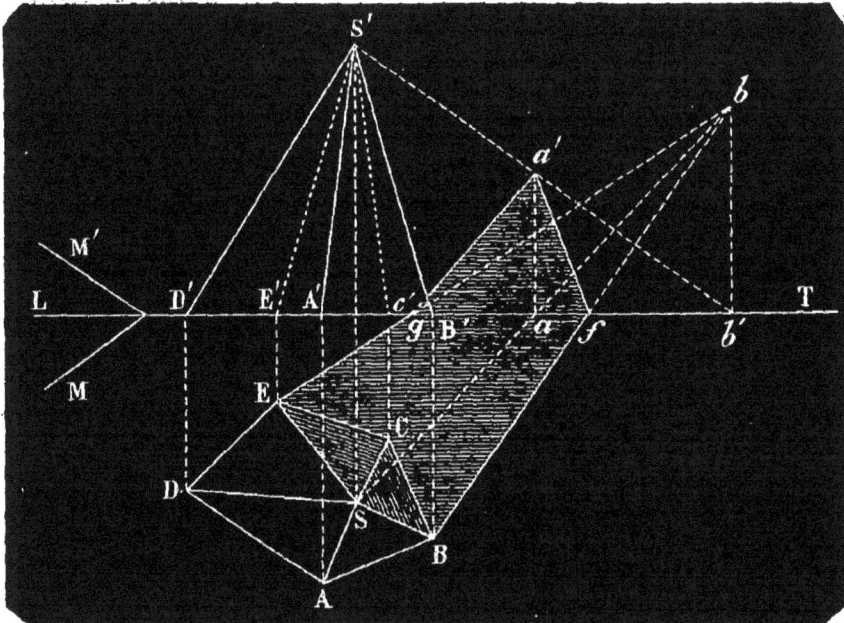

Fig. 76.

par D, G'. On détermine le point *f'*, d'où il résulte que *b'f'* est l'ombre de CD, F'G'; cette ligne *b'f'* est, comme on l'a vu, parallèle à la ligne de terre; enfin l'ombre *f'f*D de l'arête D, A'G' s'obtient comme précédemment.

85. Problème VI. — *Trouver l'ombre d'une pyramide* (fig. 76).

La direction des rayons lumineux étant MM', il est facile de voir que les arêtes de séparation d'ombre et de lumière sont SB, S'B'; SE, S'E', et que les faces qui forment l'ombre propre de la pyramide sont projetées horizontalement suivant SBC, SCE.

Pour obtenir l'ombre portée, menons un rayon lumineux par le sommet S, S' et cherchons ses traces *b* et *a'*. L'ombre de l'arête SB, S'B' est, sur le plan horizontal, la droite B*b*, et, sur les deux plans de projection, la ligne brisée B*fa'*. On trouve de même que l'ombre portée par l'arête SE, S'E' est la ligne E*ga'*; de sorte que l'ombre portée par la pyramide elle-même est le polygone B*fa' g*E.

OMBRE PORTÉE DES SOLIDES SUR D'AUTRES SOLIDES.

86. 1° Ombre portée d'un prisme quadrangulaire sur un prisme hexagonal. (Fig. 77.) —ABCDEF, *a'a'*₁, *d'd'*₁, etc., sont les projections du prisme hexagonal, *mnpq*, *p'q'q'₁p'₁*, celles du prisme quadrangulaire posé sur le premier. On veut l'ombre portée de ce dernier prisme sur l'autre.

Pour cela, on cherche :

1° L'ombre portée sur le prisme hexagonal du point *q*, *q'*, l'un des sommets du prisme quadrangulaire. L'arête *mq*, *q'* portera ombre sur la face AF, *a'f'f'₁a'₁*. Par *q*, *q'* on mène une parallèle à la direction des rayons lumineux jusqu'à sa rencontre avec cette face. Ce point s'obtient en *r*, *r'*. L'ombre est limitée sur le plan vertical en *v'r'*.

2° Il faut le point de la ligne *qp*, *q'p'* portant ombre sur l'arête F, *f'₁* du prisme. Il n'y a qu'à faire passer, par la projection horizontale F

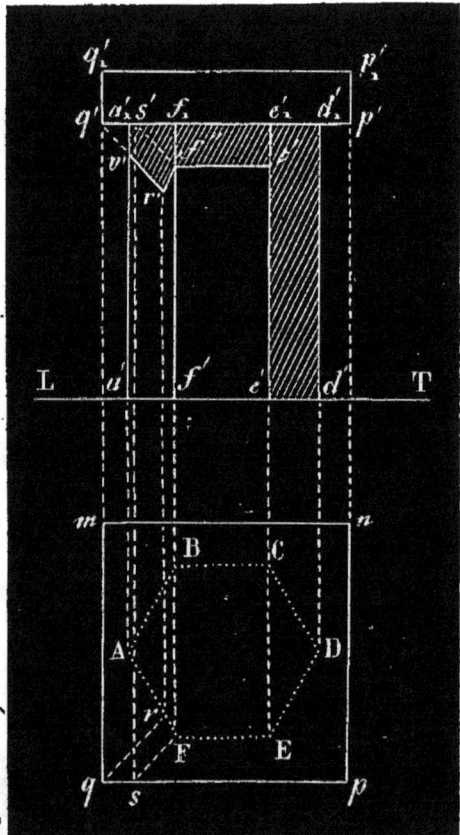

Fig. 77.

de cette arête, la projection d'un rayon lumineux, dont la rencontre avec *qp*, *q'p'* déterminera le point s, s'. On détermine ensuite l'ombre portée de ce point; on l'a en f''.

$r'f''$ est l'ombre portée de qp, $q'p'$ sur la face AF, $a'ff_1a'_1$.

3° Il reste à déterminer l'ombre portée de qp, $q'p'$ sur la face FE, $f'e'$ $e'_1f'_1$ parallèle au plan vertical. Cette ombre est évidemment parallèle à $q'p'$ et passe par f. C'est $f''t'$.

L'ombre portée est donc :

$$a'_1v'r'f''t'e'_1a'_1.$$

Il est facile de voir que l'ombre propre est $e'd'd'_1e'_1$. C'est la seule portion vue sur le plan vertical.

87. 2° **Ombre portée d'un prisme quadrangulaire sur un cylindre.** (Fig. 78.) — On détermine, de même que tout à l'heure,

l'ombre portée du point q, q'. On l'a en a''; $V'a''$ est l'ombre portée de mq, q' sur la projection verticale du cylindre.

On détermine ensuite l'ombre portée de quelques points de pq, $p'q'$, soit des points e, e'; g, g', etc., (g est le point où la tangente au cercle inclinée à 45° rencontre qp). Les ombres de ces points s'obtiennent en

$$c'', \quad d''...$$

Le rayon lumineux qui passe par g, g' étant tangent à la projection horizontale du cylindre, l'ombre portée de ce point est sur la ligne de séparation d'ombre et de lumière.

L'ombre portée est :

$$k'_1V'a''c''d''d'_n$$

La partie visible de l'ombre propre est

$$d'd'_1o_1'o'.$$

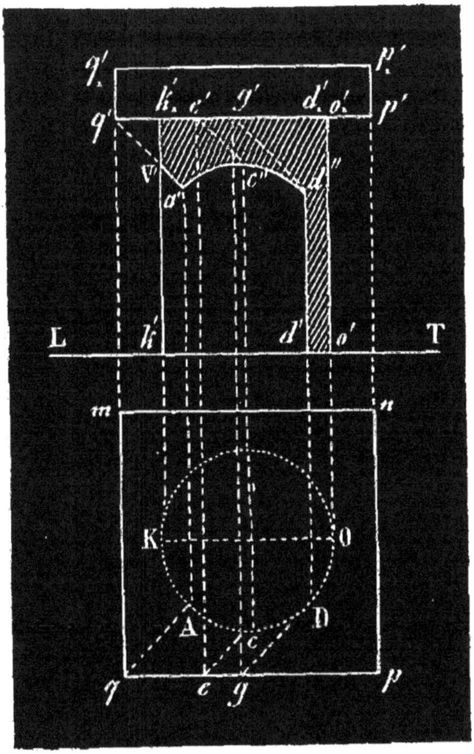

Fig. 78.

88. **Ombre portée par un cylindre sur un autre cylindre.** (Fig. 79.)

Les deux cylindres ont même axe; le premier est ab, $a'b'd'c'$; le deuxième est fg; $f'g'k'h'$. Les rayons lumineux qui s'appuient sur la circonférence fg, $h'k'$ et qui rencontrent le cylindre ab, $a'b'd'c'$ limitent sur celui-ci l'ombre portée par le premier.

On détermine d'abord le point de la circonférence fg, $h'k'$ qui projette son ombre sur la génératrice a, $a'c'$ de contour apparent. Pour cela on mène par a une parallèle al aux projections horizontales des rayons lumineux, et l'on cherche la projection verticale l'' du point l; le point cherché est l, l'; son ombre est a''.

Traçons maintenant le rayon pq tangent à la projection horizontale du cylindre et déterminons la projection verticale p' du point p. L'ombre du point p, p' s'obtient en q, q'. Il est clair que q, q' est la limite extrème de l'ombre portée, et qu'à partir de là aucun rayon ne rencontre plus la surface du cylindre : la génératrice $q, r'q'$ est donc une génératrice de séparation d'ombre et de lumière.

Cela posé, on détermine l'ombre de quelques points situés entre l, l' et p, p'. La figure indique seulement l'ombre n' du point m, m'. La courbe d'ombre portée est $a''n'q'$.

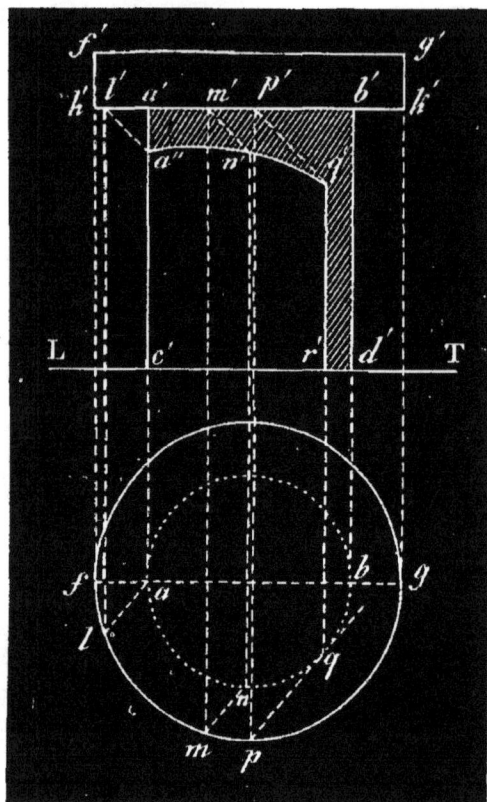

Fig. 79.

CHAPITRE VI

SECTION PLANE DE QUELQUES CORPS[i]

89. Problème I. — *Trouver l'intersection d'une droite ab, a'b' avec un plan P'αP perpendiculaire au plan vertical, et rabattre ce plan avec l'intersection sur l'un ou l'autre des plans de projection (fig. 80).*

1° Intersection. — L'intersection d'une droite et d'un plan est **un point.** Ce point étant situé dans un plan perpendiculaire au plan vertical, sa projection verticale est située sur la trace verticale P'α de ce plan; le même point appartenant à la droite ab, $a'b'$, sa projection verticale se trouve sur $a'b'$; elle est donc située à l'intersection m' de la trace verticale P'α et de la projection verticale $a'b'$. Quant à la projection horizontale, elle se trouve sur ab, projection horizontale de la droite, et sur une perpendiculaire à la ligne de terre abaissée du point m', c'est-à-dire à l'intersection m de ces deux lignes.

L'intersection cherchée est donc le point m, m'.

2° **Rabattement.** — Appelons M le point d'intersection dont les projections sont m, m'.

Si l'on abaisse du point m la perpendiculaire md sur αP et que l'on mène dM, cette ligne, d'après le théorème des trois perpendiculaires, est perpendiculaire sur αP; elle est donc parallèle au plan vertical et s'y projette suivant $\alpha m'$.

Les trois droites Mm, md, dM forment un triangle rectangle dont la projection verticale est, en vraie grandeur, $\alpha om'$.

Faisons maintenant tourner le plan $P'\alpha P$ autour de sa trace horizontale αP, pour le rabattre, avec ce qu'il contient,

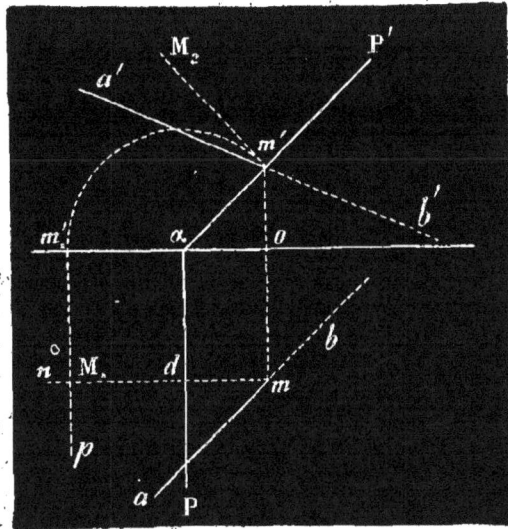

Fig. 80.

sur le plan horizontal; la droite dM reste perpendiculaire à αP et se rabat sur le prolongement de md; le point M tombe sur cette ligne à une distance dM_1 égale à dM ou $\alpha m'$.

Remarque. — On peut encore rabattre autour de $\alpha P'$ sur le plan vertical, la droite Mm' est perpendiculaire sur le plan vertical et, par suite, sur $\alpha P'$; elle se rabat donc suivant $m'M_2$, perpendiculairement à $\alpha P'$, et le point M tombe en M_2, de telle sorte que $m'M_2 = mo$.

90. Problème II.
— *Trouver l'intersection d'une droite ab, $a'b'$ et d'un plan $P'\alpha P$ perpendiculaire au plan horizontal, et rabattre ce plan avec l'intersection sur l'un ou l'autre des plans de projection.*

Démonstration absolument identique à la précédente (fig. 81).

91. Problème III.
— *Trouver l'intersection d'une pyramide et d'un plan perpendiculaire au plan vertical; déterminer ensuite la vraie grandeur de l'intersection.*

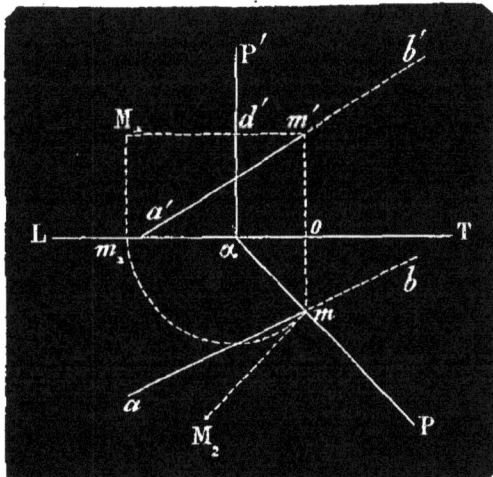

Fig. 81.

Soit une pyramide $SABC$, $S'A'B'C'$ (fig. 82), coupée par un plan $P'\alpha P$ perpendiculaire au plan vertical; l'intersection est un polygone dont les sommets sont les intersections des arêtes de la pyramide avec le plan sécant.

Déterminons ces sommets. D'après le problème I, l'intersection de l'arête AS, A'S', avec le plan P'αP est le point a, a'; on détermine de la

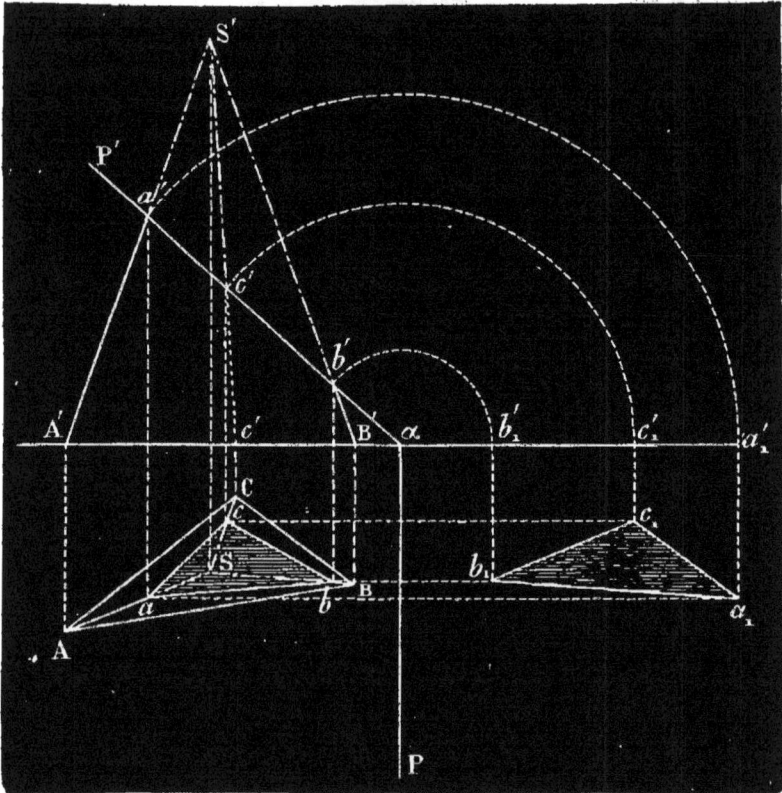

Fig. 82.

même manière les autres points b, b' et c, c'; de sorte que la projection horizontale de l'intersection est le polygone abc, tandis que la projection verticale est tout entière située sur P'α suivant $a'b'$.

Vraie grandeur. — Pour obtenir la vraie grandeur de l'intersection, il suffit de rabattre le plan sécant sur le plan horizontal en le faisant tourner autour de sa trace horizontale.

Chaque sommet du polygone d'intersection se rabat comme il a été dit dans le problème I; on obtient ainsi le triangle $a_1b_1c_1$.

92. Cas où le plan sécant est perpendiculaire au plan horizontal. — Soient la pyramide SABC, S'A'B'C' et le plan sécant P'αP perpendiculaire au plan horizontal (fig. 83). Ce plan coupe l'arête SB, S'B' au point b, b'; l'arête AB, A'B' au point a, a', et l'arête BC, B'C' au point c, c'; de sorte que l'intersection est un triangle projeté horizontalement suivant abc et verticalement suivant $a'b'c'$.

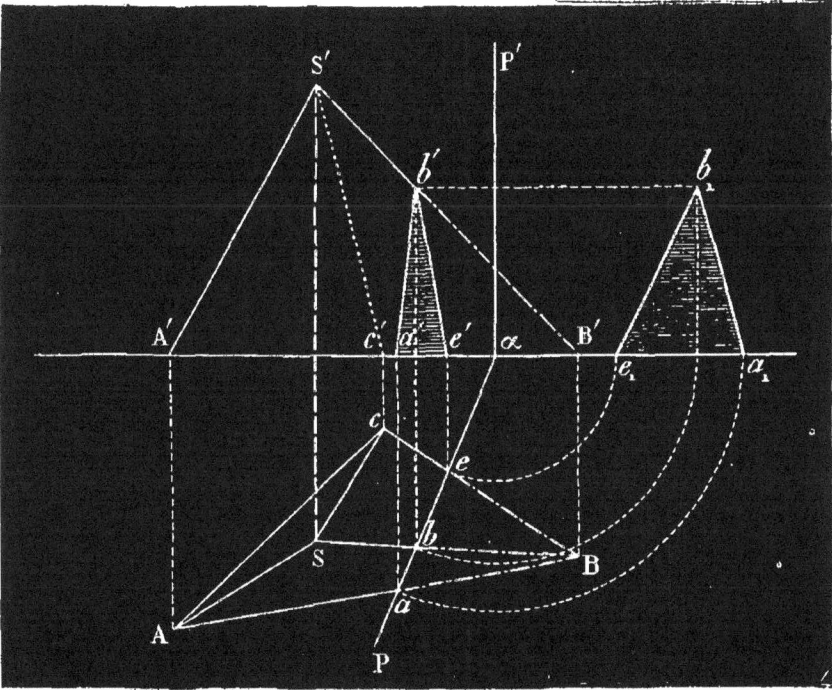

Fig. 83.

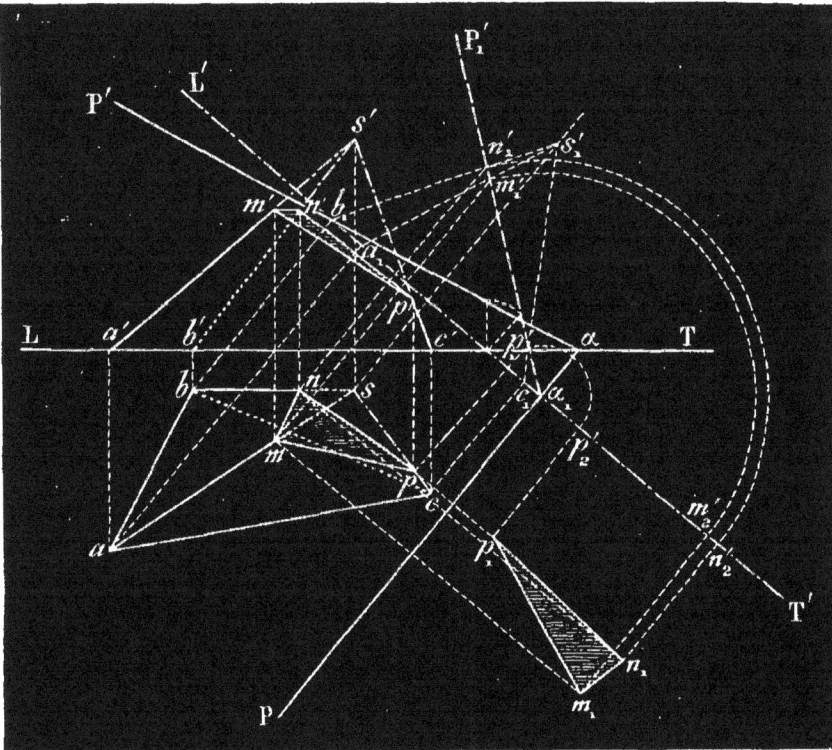

Fig. 84.

Vraie grandeur. — Il suffit de rabattre le plan P′αP sur le plan vertical; en observant les constructions du problème I, on trouve que la vraie grandeur est le triangle $a_1 b_1 e_1$.

93. Problème IV. —*Intersection d'une pyramide et d'un plan quelconque.*

Soit la pyramide $sabc$, $s'a'b'c$, coupée par le plan P′αP (fig. 84). On ramène ce cas au précédent en rendant le plan vertical perpendiculaire au plan donné.

On mène pour cela une nouvelle ligne de terre L′T′ perpendiculaire à αP; on cherche d'après les constructions connues les nouvelles traces du plan. Le plan devient $P'_1 α_1 P$ perpendiculaire au plan vertical. On détermine ensuite les nouvelles projections de la pyramide, soient $sabc$, $s'_1 a'_1 b'_1 c'_1$. $P'_1 α_1$ rencontre $s'_1 a'_1$, $s'_2 b'_2$, $s'_2 c'_2$ en m'_1, n'_1, p'_1: d'où mnp sur le plan horizontal, et, par suite, $m'n'p'$ sur l'ancien plan vertical. L'intersection est mnp, $m'n'p'$.

On en a la véritable grandeur $m_1 n_1 p_1$ en rabattant le plan $P'_1 α'_1 P$ autour de $α_1 P$ sur le plan horizontal.

94. Intersection d'un prisme droit par un plan perpendiculaire au plan vertical. (Fig. 85).

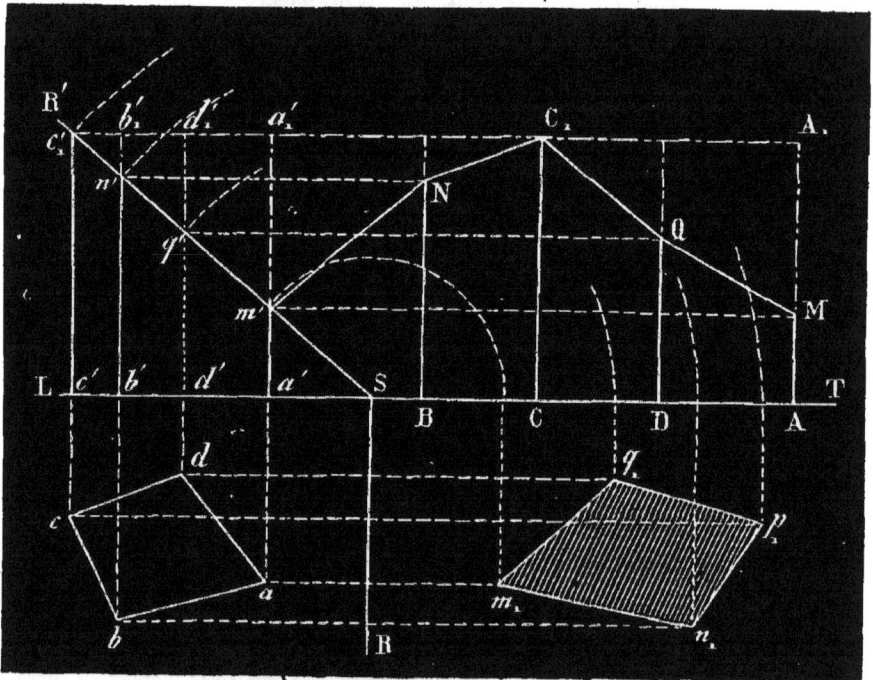

Fig. 85.

Les projections du prisme sont $abcd$; et $a'b'c'd'$ a'_1, b'_1, c'_1, d'_1. Le plan est R′SR.

Les intersections de ce plan avec les arêtes sont projetées verticalement en m', n', c' et q' et horizontalement en a, b, c, d.

La vraie grandeur de l'intersection s'obtient en rabattant le plan R'SR sur le plan horizontal, ce qui donne le quadrilatère $m_1 n_1 p_1 q_1$.

Développons le prisme en l'ouvrant suivant l'arête $a, a'a'_1$. On fait successivement $a'B = ab$, $BC = bc$; $CD = cd$, $DA = da$, et l'on élève aux points B, C, D et A des perpendiculaires sur $a'A$ égales à la hauteur du prisme: ce sont les positions des arêtes sur le développement; si l'on fait ensuite $BN = b'n'$, $CC_1 = c'c'_1$, $DQ = d'q'$, $AM = a'm'$, et qu'on trace la ligne brisée $m'NCQM$, cette ligne est le développement ou la transformée de l'intersection.

Il est clair que si l'on taille une feuille de tôle ou de carton suivant la forme $a'm'NC_1QMA$, elle est capable de recouvrir exactement le tronc de prisme droit $abcd$, $a'b'c'd'm'n'c'q'$.

95. Intersection d'une pyramide régulière par un plan perpendiculaire au plan vertical. (Fig. 86.) — Soient $sabcdef$, $s'a'b'c'd'$ et $P'\alpha P$ la pyramide et le plan donnés. La pyramide est placée, de manière que l'une de ses arêtes sa, $s'a'$ soit parallèle au plan vertical.

L'intersection de l'arête sa, $s'a'$ avec $P'\alpha P$ est projetée verticalement en m'; on en déduit la projection horizontale m; même opération pour toutes les arêtes latérales. L'intersection de la pyramide et du plan est $mnpqrk$ $m'n'p'q'$.

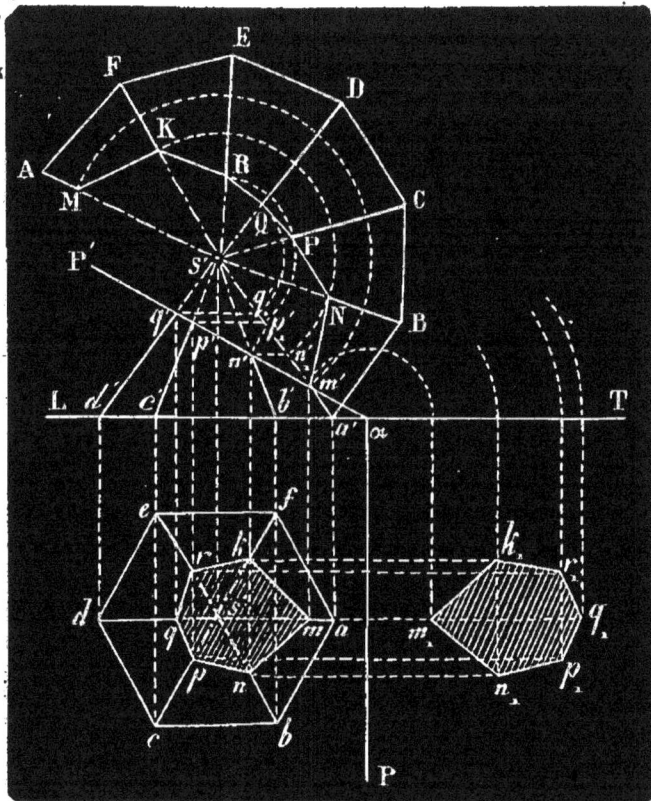

Fig. 86.

La vraie grandeur de cette intersection est en $m_1 n_1 p_1 q_1 r_1 k_1$ obtenue par le rabattement du plan $P'\alpha P$, sur le plan horizontal. Quant au développement de la surface latérale, nous savons que si l'on ouvre la pyramide suivant l'arête sa, $s'a'$, on obtient un secteur polygonal régulier sa' BCDEFA qui a $s'a'$ pour rayon et dont les côtés du périmètre sont

égaux aux côtés de la base de la pyramide (n° 48), Il s'agit maintenant
de fixer sur le développement les points d'intersection des arêtes avec le
plan. Considérons l'arête sb, $s'b'$ qui vient en S'B. Si l'on fait tourner cette
arête autour d'un axe vertical passant par le sommet jusqu'à ce qu'elle
vienne se confondre avec sa, $s'a'$, le point n, n' reste constamment à la
même hauteur au-dessus du plan horizontal, n' se meut donc sur une
parallèle $n'n'_1$ à LT et vient en n'_1. L'arête considérée étant alors parallèle au plan vertical se projette en vraie grandeur sur ce plan. La longueur $s'n'_1$ est donc la vraie longueur de sn, $s'n'$. Décrivons du point s
comme centre un arc de cercle ayant $s'n'_1$ pour rayon, jusqu'à la droite
s'B ; on détermine le point N qui est le point cherché. On fera la même
construction pour les autres arêtes, en observant, toutefois, que les distances du sommet aux points d'intersection des arêtes sont égales deux à
deux et que le même arc de cercle décrit de s' comme centre détermine
deux points du développement de l'intersection.

Après avoir construit le secteur $s'a'$ BCDEFA, si on le coupe suivant
la ligne brisée m'NPQRKM, la figure $a'm'$NPQRKMAFEDCB est capable de
recouvrir exactement le tronc $abcdefmnpqrk$, $a'b'c'd'q'm'$.

SECTION PLANE D'UN CYLINDRE.

96. Problème. — *Construire :* 1° *l'intersection d'un cylindre droit
vertical et d'un plan perpendiculaire au plan vertical ;* 2° *la tangente en un
point de la courbe d'intersection ;* 3° *la vraie grandeur de l'intersection ;*
4° *le développement du cylindre et la transformée de l'intersection avec sa
tangente.*

1° Soit à trouver l'intersection du cylindre droit AB, A'B'C'D' avec le
plan P'αP perpendiculaire au plan vertical (fig. 87).

Chaque point de la courbe d'intersection étant situé sur la surface du
cylindre se projette horizontalement sur la trace horizontale AFBG de ce
corps ; comme il est aussi dans le plan sécant P'αP perpendiculaire au
plan vertical, il se projette verticalement sur la trace verticale αP' de ce
plan.

Il résulte de là que l'intersection a pour projection horizontale la
courbe AFBG et pour projection verticale la droite $a'b'$.

97. Vraie grandeur de l'intersection. — Rabattons le plan
sécant sur le plan vertical ; si l'on considère le point m, m', il se rabat sur
la perpendiculaire $m'm_1$, élevée au point m' sur αP' ; prenons sur cette
ligne une longueur $m'm_1$ égale à la distance mm', du point considéré au
plan vertical ; le point m_1 est le rabattement du point m, m'. On peut trouver ainsi le rabattement d'autant de points que l'on veut et par suite
construire la courbe.

98. Développement (fig. 88). — Le cylindre tronqué compris
entre le plan de la base et de la section peut être développé sur un plan.
Ce développement peut être utile dans certains cas. Imaginons qu'on ouvre le cylindre suivant une génératrice quelconque B, B'D' par exemple et
qu'on l'étende sur un plan. On obtient ainsi un rectangle BB₁D'D'' dont la
base BB₁ est égale au développement de la section droite AFBG et la hauteur BD'' est celle du cylindre lui-même.

Il s'agit maintenant de construire sur ce développement la *transformée* de la courbe d'intersection. Pour cela, commençons par déterminer les points de cette courbe dont les projections horizontales B, n, F, m, A, q, G, p, divisent en huit parties égales la circonférence AFBG. Divisons également en huit parties égales la base BB_1 du rectangle ; il est clair que la droite $B_1 n_1$ est le déve-

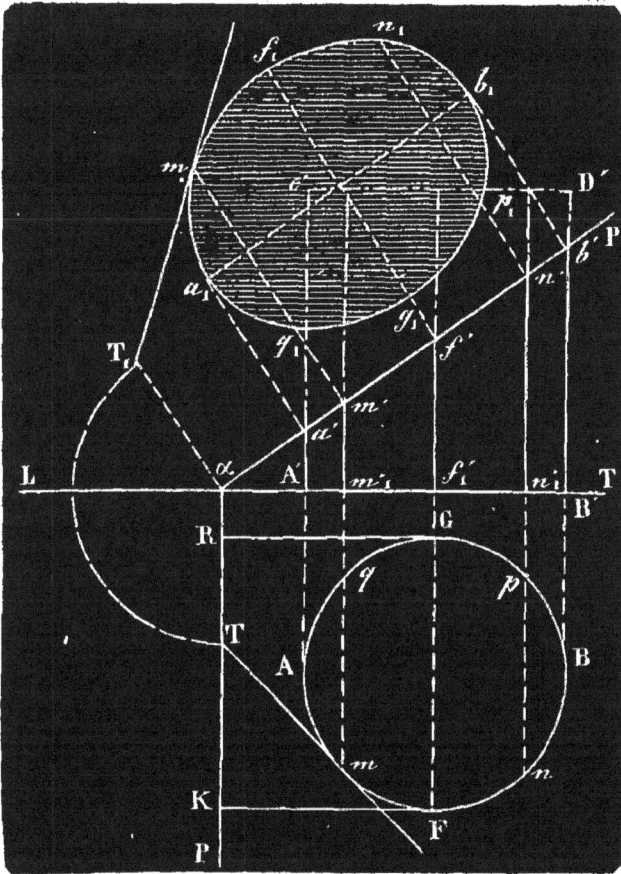

Fig. 87.

loppement de l'arc Bn ; si l'on élève au point n_1 sur BB_1 une perpendi-

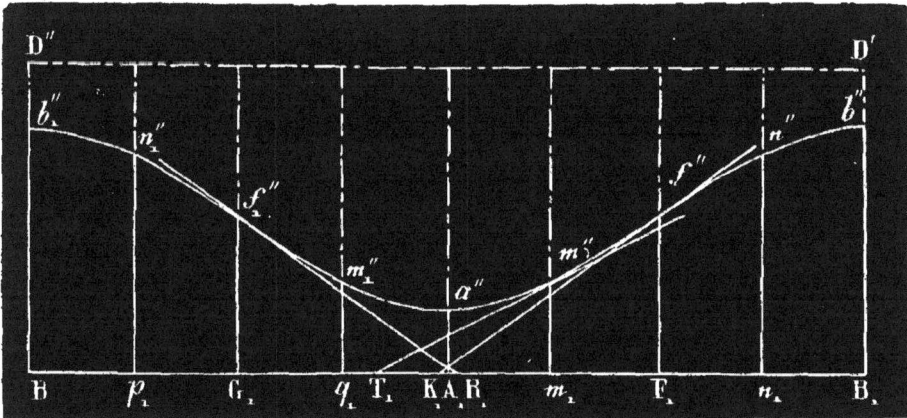

Fig. 88.

culaire $n_1 n''$ égale à $n'_1 n'$, le point n'' est la position du point n, n' sur la transformée. On obtiendra de la même-manière les points correspondants aux autres divisions ; en les unissant par une courbe continue $b''f'a''f''_1b''_1$, on a la transformée de l'intersection.

99. Tangentes. — Il est bon de construire des tangentes en certains points du rabattement et du développement de la courbe d'intersection. Soit à mener en particulier la tangente au point M. Cette tangente a pour projection horizontale une tangente menée au cercle en m ; on prolonge cette tangente jusqu'à sa rencontre en T avec la trace αP ; T est le point où la tangente en question, située dans le plan P'αP vient rencontrer le plan horizontal. Pour avoir le rabattement de cette tangente sur le plan vertical, on observe que ce rabattement passe en m_1 rabattement de M de l'espace ; il suffit donc de trouver d'ailleurs le rabattement de T. Or la ligne αP perpendiculaire à αP' se rabat sur une perpendiculaire αT$_1$ menée au point α à cette ligne sur le plan vertical. On prend αT$_1 = \alpha$T. T$_1$ est le rabattement de T. En traçant T$_1 m_1$, on a le rabattement de la tangente de l'espace sur le plan vertical.

Pour construire la tangente au développement de la courbe au point M, on observe que la tangente étant le prolongement d'un élément de la courbe, se rabat avec celle-ci sur le plan du développement ; elle est encore sur ce plan le prolongement d'un élément de la courbe ouverte, c'est-à-dire une tangente à cette courbe. Dans l'espace, au-dessus de la base du cylindre, la tangente MT, la verticale Mm et la ligne mT, forment un triangle rectangle dont on a deux côtés M$m = m'm'_1$ et mT. Les deux côtés Mm, mT, situés dans le plan vertical MmmT, se placent en vraie grandeur sur le développement ; la génératrice Mm est déjà marquée en m_1m'' ; la tangente mT se confond avec la circonférence développée en ligne droite ; elle commence en m_1. On prend m_1T$_1 = m$T et on joint T$_1$ à m''. T$_1 m''$ est la position que prend la tangente MT dans le développement. C'est la tangente à la courbe développée.

100. Section plane d'un cône circulaire droit (fig. 89). — Soit un cône circulaire droit $sab, s'a'b'$ coupé par le plan P'αP, perpendiculaire au plan vertical.

Détermination de la courbe par points. — 1re *Méthode.* Tout plan $s'c'c$ perpendiculaire au plan vertical et passant par le sommet du cône, coupe ce corps suivant deux génératrices $sc, s'c'$; $sc_1, s'c'$ et le plan sécant P'αP suivant une droite dd_1, d' perpendiculaire au plan vertical.

Ces lignes se rencontrent en deux points d, d' ; d_1, d', qui sont deux points de l'intersection.

Pour l'opération ultérieure du développement on a mené les plans sécants qui divisent la base ag_1bg en huit parties égales.

2° *Méthode.* Tout plan horizontal M'N' coupe le cône suivant un cercle qui se projette en vraie grandeur sur le plan horizontal ; le rayon de ce cercle est r'N' ou sN ; on peut donc le décrire ; le même plan coupe P'αP suivant une horizontale ff_1, f' ; cette ligne rencontre le cercle sN en deux points f, f' ; f_1, f', qui sont deux points de l'intersection.

Remarque. La première méthode devient inapplicable, lorsque le plan sécant auxiliaire est perpendiculaire à la ligne de terre.

101. Détermination des axes de l'ellipse. — L'intersection étant une ellipse, on peut en construire les axes ; ce sont les diamètres parallèles aux plans de projection. L'un d'eux est projeté en vraie grandeur sur le plan vertical suivant $h'k'$; sa projection horizontale est hk ; les points h et k sont donc deux sommets de la courbe. Le deuxième axe se projette horizontalement suivant une perpendiculaire ff_1 au milieu de ab et verticalement en un point f', situé au milieu de $h'k'$. Il s'agit maintenant d'en déterminer la longueur.

Si l'on mène par f' un plan horizontal M'N', il coupe le cône suivant un cercle projeté en sN, et le plan, P'$_\alpha$P suivant la droite ff_1, f' ; le cercle rencontre cette droite

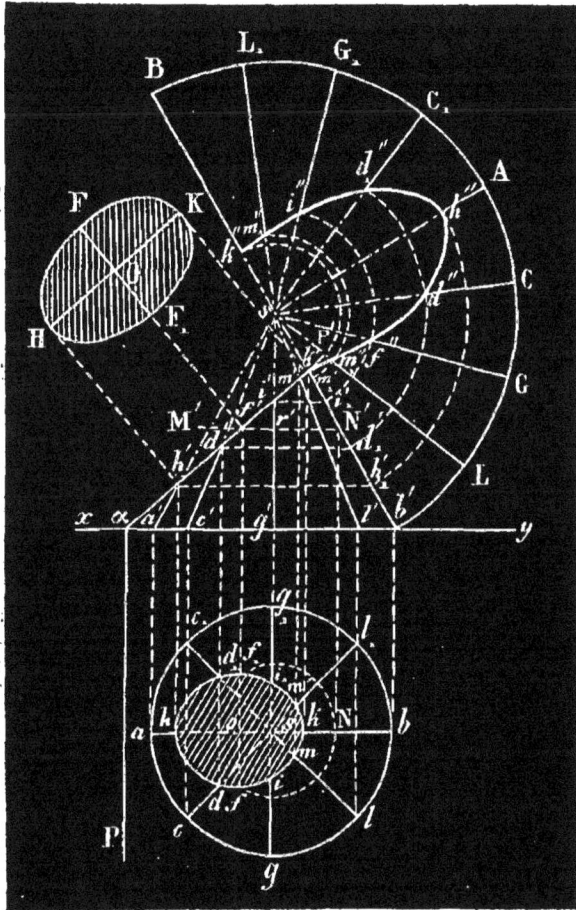

Fig. 89.

aux deux points f,f' ; f_1, f'. Il en résulte que ff_1 est le petit axe de l'ellipse et que les points f et f_1 sont deux sommets de la courbe.

102. Vraie grandeur. — Pour obtenir la vraie grandeur de l'intersection nous avons rabattu le plan sécant sur le plan vertical et cherché le rabattement des axes. On les a obtenus en HK et F$_1$F. De sorte que l'ellipse HFKF$_1$ est la vraie grandeur de l'intersection.

103. Développement. — Nous savons (n° 56) que le cône circulaire droit se développe suivant un secteur circulaire qui a pour rayon l'arête du cône et pour arc le développement de la circonférence de sa base. Ouvrons le cône suivant la génératrice $sb,s'b'$

Nous avons pris, à dessein, $s'b' = 2sb$. Le développement du cône est donc égal à la moitié du cercle du rayon $s'b'$. La circonférence ag_1bg étant divisée en huit parties égales par les points b, l, g, c, a, c_1, g_1, l_1 on divise également en huit parties égales la demi-circonférence b'AB, par les points b', L, G, C, A, C$_1$, G$_1$, L$_1$, B; alors, les droites $s'b'$, $s'L$, $s'G$, $s'C$...... etc. sont, sur le développement, les positions des génératrices ayant pour projections horizontales sb, sl, sg...... etc.

Il faut fixer maintenant sur ces lignes les points de la courbe qu'elles contiennent. Considérons, par exemple, sl, $s'l'$ qui contient le point m, m'; on la fait tourner autour d'un axe vertical passant par le sommet du cône, jusqu'à ce qu'elle vienne coïncider avec sb, $s'b'$; le point m, m' reste constamment à la même hauteur, au-dessus du plan horizontal; la projection verticale m' de ce point décrit donc une parallèle à la ligne de terre et vient m'_1 sur $s'b'$; alors $s'm'_1$ est la vraie longueur de sm, $s'm'$. Décrivons du point s' comme centre avec $s'm'_1$ pour rayon, un arc de cercle jusqu'à sa rencontre avec $s'L$, on obtient en m'' la position du point m, m' sur le développement. Il faut remarquer que le même arc de cercle donne sur $s'L_1$ la position m''_1 du point m_1m'.

On fait des constructions analogues pour les autres points de la courbe comme l'indique la figure. En unissant les points obtenus par une courbe continue $k'm''c''d''h''d''_1i''_1m''_1k''$ on a la transformée de l'intersection.

L'ouvrier chargé de recouvrir d'une feuille métallique le tronc de cône à bases non parallèles, situé entre le plan horizontal et le plan sécant P'αP, taillera une feuille ayant la forme du développement compris entre la demi-circonférence b'AB et la transformée $k'h''k''$; elle sera capable de recouvrir le tronc de cône.

CHAPITRE VII

INTERSECTION DE SURFACES

INTERSECTION DE DEUX CYLINDRES DE RÉVOLUTION DE MÊME RAYON DONT LES AXES SE RENCONTRENT. — SUPPOSER CHAQUE CYLINDRE LIMITÉ A SON INTERSECTION AVEC L'AUTRE, ET DÉVELOPPER LES SURFACES.

104. Les cylindres donnés sont représentés en projections (fig. 90.) Les cercles égaux R$_1$ et T$_1$ en sont les sections droites rabattues sur le plan horizontal.

Pour déterminer l'intersection de ces cylindres, il suffit de les couper par des plans auxiliaires horizontaux.

Soit P'H' l'un de ces plans; il rencontre les sections droites R$_1$ et T$_1$ suivant P'$_1$N'$_1$ et H'$_1$L'$_1$ parallèles aux lignes AB et FG.

Les génératrices d'intersection sont donc PK, P'$_1$ ou PK, P'K'; HK, H'$_1$ ou HK, H'K'; MN, N'$_1$ ou MN, M'N' et LM, L'$_1$ ou LM, L'M'; elles se rencontrent en deux points K, K' et M, M' qui appartiennent à l'intersection.

On peut donc de cette manière construire la courbe par points.

Auparavant nous allons prouver que cette courbe est une ellipse située dans le plan vertical dont la trace est CD.

Le point K déterminé par l'intersection des droites PK et HK est à égale distance des côtés BD et DG de l'angle BDG, car BP = GH d'après la construction; ce point est donc situé sur la bissectrice CD de cet angle. Il en serait de même de tous les autres : donc la courbe est plane. On sait d'ailleurs que l'intersection d'un cylindre circulaire par un plan est une ellipse. On en conclut que l'intersection des deux cylindres est une ellipse.

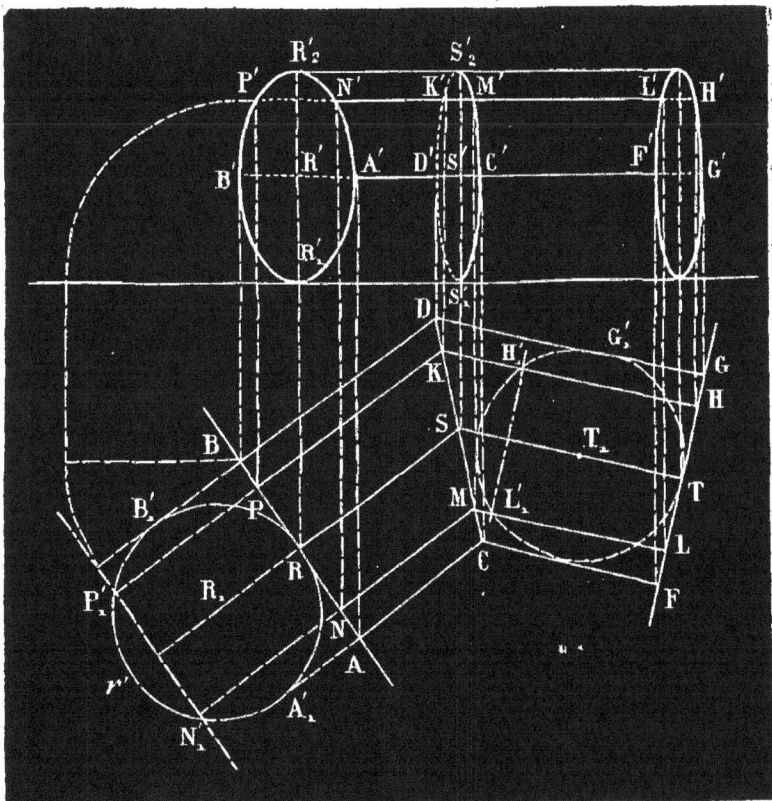

Fig. 90.

La projection horizontale de cette courbe est la ligne droite CD. Quant à sa projection verticale, c'est une ellipse dont le grand axe égale le diamètre du cylindre, et le petit axe la projection C'D' du diamètre horizontal CD.

Remarque. — L'intersection de deux pareils cylindres porte le nom d'*arêtier*.

105. Développement du cylindre ABCD. — On divise la section droite R_1 en huit parties égales, puis on cherche les longueurs des génératrices correspondant aux points de division ; elles se projettent en vraie grandeur sur le plan horizontal.

On trace une ligne droite $b'_1b''_1$ (fig. 91) égale au développement de la circonférence R_1 ; on la divise en huit parties égales et l'on élève aux points de division des perpendiculaires égales aux génératrices mesurées sur la figure 90. On joint leurs extrémités par la courbe dcd_1 ; c'est la transformée de l'intersection.

En développant l'autre cylindre, on trouverait une courbe *égale* à la première.

Si maintenant l'on taille deux feuilles de papier ou de tôle égales aux développements obtenus et qu'on leur donne la forme cylindrique, on a deux cylindres se rencontrant suivant un plan. On en trouve de fréquents exemples dans les tuyaux de poêle employés dans les appartements.

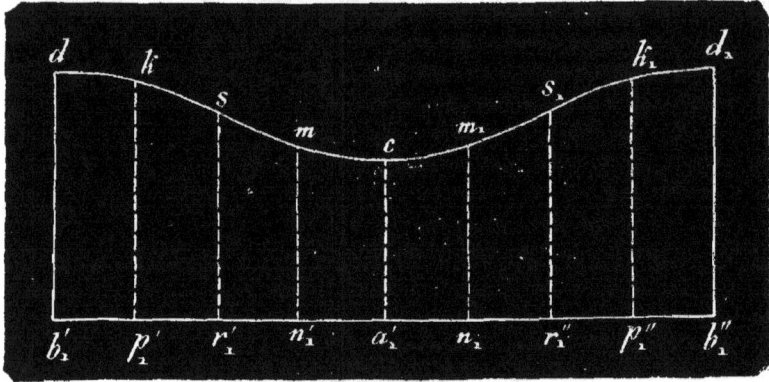

Fig. 91.

106. Intersection d'un cylindre et d'un cône dont les axes coïncident. (Fig. 92.) — Prenons un plan horizontal de projection perpendiculaire à l'axe commun aux deux solides. Soient sab, $s'a'b'$ les projections du cône de révolution ayant pour axe la verticale s, $r's'$ et cd, $c'd'g'f'$ celles du cylindre de révolution ayant même axe. Si l'on mène, par le sommet du cône, un plan parallèle au plan vertical, il coupe le cône suivant la droite sb, $s'b'$, et le cylindre selon d, $d'g'$; ces droites se rencontrent en un point d, n', qui est commun aux deux surfaces.

Faisons maintenant tourner les deux droites sb, $s'b'$; d, $d'g'$ autour de l'axe s, $r's'$, la première engendre le cône, la seconde engendre le cylindre, le point d, n' engendre la courbe commune aux deux surfaces, c'est-à-dire leur intersection. Cette intersection est donc un cercle de rayon sd.

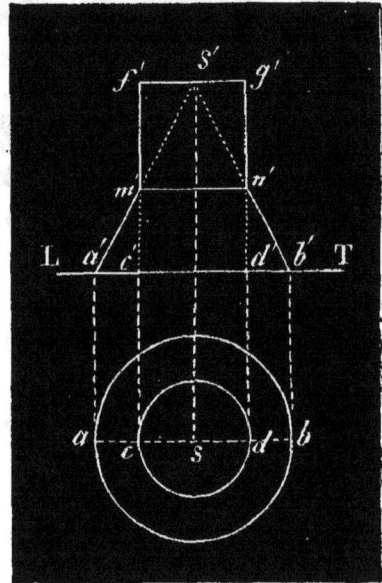

Fig. 92.

107. Applications. — Les bouchons de liége ou de cristal ont généralement la forme de troncs de cône, et les goulots des bouteilles et des flacons ont la forme cylindrique ; il en résulte que si l'on met un bouchon dans le goulot d'une bouteille, la circonférence intérieure du goulot pourra s'appliquer exactement sur le bouchon, et produira ainsi une fermeture hermétique.

Les poëliers ont souvent à faire des tuyaux formés d'un tronc de cône et d'un cylindre droit de même axe, (fig. 93); l'intersection des deux surfaces est une circonférence de cercle.

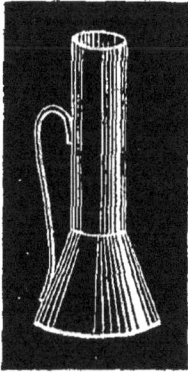

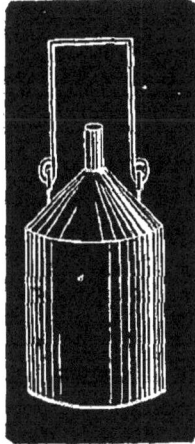

Fig. 93.　　　　　　　Fig. 94.

On emploie pour le lait et l'huile des boîtes ou bidons en fer-blanc, composés d'un tronc de cône entre deux cylindres de diamètres différents (fig. 94) : la surface conique coupe les deux surfaces cylindriques suivant des circonférences de cercle.

Pour construire ces instruments, on développe les surfaces coniques et cylindriques qui les composent, on taille des feuilles de métal ayant même forme que ces développements, et on les enroule sur des moules ayant exactement les dimensions de l'objet que l'on veut construire.

108. Intersection d'un cylindre de révolution et d'une sphère dans le cas où l'axe du cylindre passe par le centre de la sphère. (Fig. 95.) — Soient ab, $a'b'$; cd, $c'd'f'g'$ les projections de la sphère et du cylindre. Pour que l'axe du cylindre passe par le centre de la sphère, il faut, comme l'indique la figure, que les projections horizontales des deux corps soient deux cercles concentriques.

Coupons tout le système par un plan parallèle au plan vertical et qui contienne l'axe du cylindre; ce plan coupe le cylindre suivant les deux droites c, $c'g'$; d, $d'f'$ et la sphère suivant un grand cercle projeté verticalement en $a'b'$ et horizontalement en ab; ce cercle coupe les deux droites en quatre points d, m'; d, n'; c, p'; c, q' qui sont communs aux deux surfaces. Si l'on fait tourner les deux droites et le cercle considérés autour de l'axe o, $r's'$, les droites engendrent le

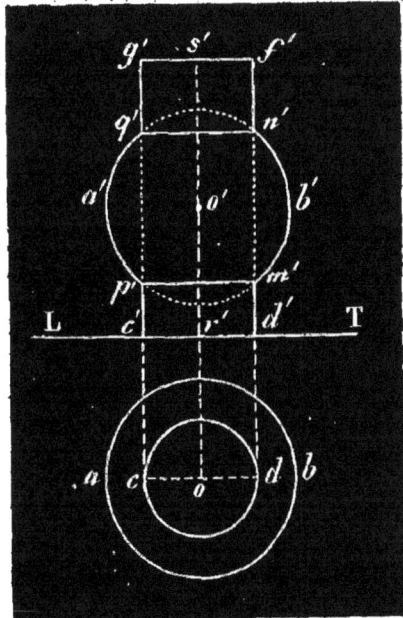

Fig. 95.

cylindre, le cercle engendre la sphère. Les deux points d, m' et c, p' décrivent un même cercle; il en est de même des points d, n' et c', q

qui engendrent un deuxième cercle. Donc l'intersection des deux solides se compose de deux cercles égaux ayant même diamètre que le cylindre.

109. Applications. — Les tuyaux de poêle pénètrent quelquefois dans une sphère, de manière que l'axe du tuyau passe par le centre de la sphère ; l'intersection est alors une circonférence de cercle ; ordinairement deux tuyaux débouchent dans une même sphère, qui remplit ainsi l'office de tuyau coudé (fig. 96).

Pour s'assurer qu'une boule est bien sphérique, on peut la présenter à l'orifice d'un cylindre creux d'un diamètre plus petit ; il faudra alors qu'elle puisse s'y adapter exactement dans toutes les positions, et fermer exactement l'ouverture du cylindre.

Dans beaucoup de pompes, on emploie comme soupape une sphère d'un diamètre plus grand

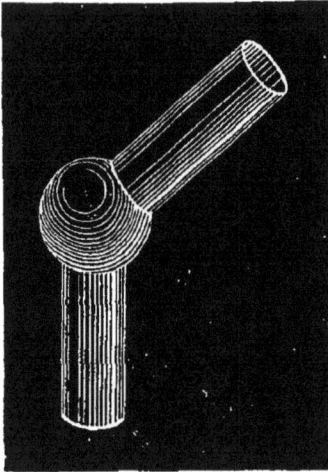
Fig. 96.

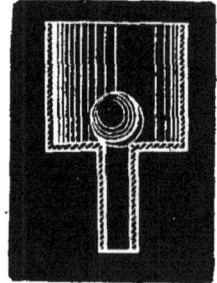
Fig. 97.

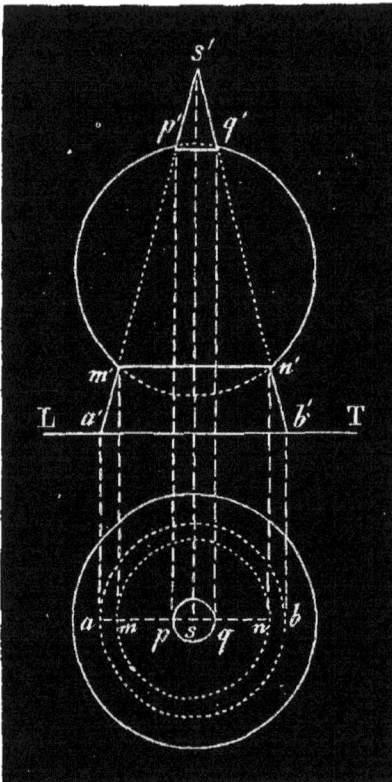
Fig. 98.

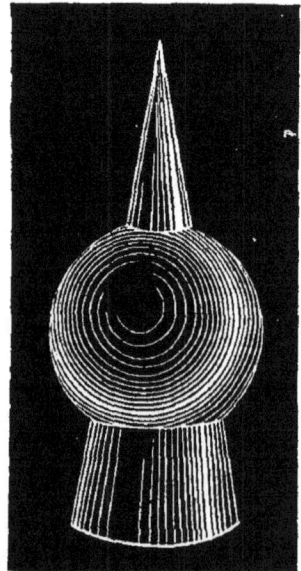
Fig. 99.

que l'ouverture du tuyau que l'on veut fermer; si la sphère est bien tra-
vaillée, et si l'ouverture est exactement circulaire, la sphère la fermera
parfaitement (fig. 97).

**110. Intersection d'un cône de révolution et d'une
sphère dans le cas où l'axe du cône passe par le centre de la sphère.** (Fig. 98.) — On démontre, comme dans le cas
précédent, que l'intersection se compose de deux cercles inégaux dont
l'un a pour projections mn, $m'n'$ et l'autre pq, $p'q'$.

111. Applications. — Les ferblantiers ont quelquefois à exécuter
des ornements composés d'un cône droit coupé par une sphère dont le
centre est sur l'axe; les courbes d'intersection sont alors des circonférences de cercle. (Fig. 99.)

On pratique souvent dans les dômes sphériques des ouvertures ébra-
sées qu'on appelle lunettes; elles sont obtenues en coupant la surface
du dôme par des surfaces coniques droites, ayant pour sommet le centre de la sphère; l'intersection des deux surfaces, c'est-à-dire le bord
intérieur de la lunette, est alors une circonférence de cercle.

DEUXIÈME PARTIE

CHAPITRE PREMIER

PLANS COTÉS

112. Lorsqu'il s'agit de représenter des corps occupant horizontale-ment une grande étendue et verticalement une étendue relativement moindre, le système de projection sur deux plans devient défectueux. Les figures sont nettes sur le plan horizontal, mais sur le plan vertical les points sont très rapprochés, se superposent presque, et il y a confu-sion. Cette remarque s'applique surtout aux ouvrages de fortification et aux surfaces topographiques.

Dans ce cas, on emploie la méthode dite des *plans cotés*.

113. Plan coté. — Lorsqu'on représente un point par ses projec-tions orthogonales sur deux plans rectangulaires, la hauteur de ce point au-dessus du plan horizontal est égale à la distance de sa projection ver-ticale à la ligne de terre. Dans la méthode des plans cotés, on supprime le plan vertical et l'on remplace la projection verticale par un nombre placé à côté de la projection horizontale et qui exprime la distance du point au plan horizontal.

Ce nombre est la *cote* du point. Le plan horizontal porte alors le nom de **plan de comparaison**. La cote s'appelle **altitude** lorsque le plan de comparaison est le niveau des mers.

Un plan coté est donc un plan horizontal sur lequel les points de l'espace sont représentés par leurs projections accompagnées de leurs cotes.

Tout plan coté contient l'échelle du dessin.

DU POINT.

114. Un point A situé à 5 mètres du plan de comparaison MN se représente par sa projection *a* sur ce plan, à côté de laquelle on met entre parenthèses le chiffre 5 (fig. 100).

Remarque. — Le plan de comparaison est généralement situé au-dessous du point le plus bas à représenter. Quand il n'en est pas ainsi, les cotes des points au-dessus du plan sont positives et les cotes des points au-dessous négatives.

Ainsi le point b, accompagné de la cote négative (-13) (fig. 101), indique un point B situé à 13 mètres au-dessous du plan de comparaison.

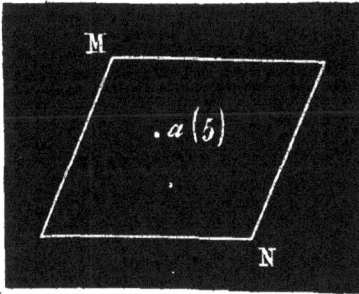

Fig. 100.

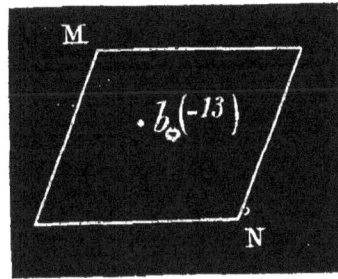

Fig. 101.

DE LA LIGNE DROITE.

115. On représente une ligne droite AB par sa projection ab sur le plan de comparaison en plaçant à côté des points a et b les cotes des points A et B (fig. 102).

116. Problème I. — *Trouver la vraie longueur d'une ligne droite déterminée par sa projection et les cotes de deux de ses points* (fig. 103).

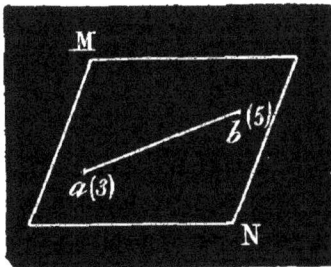

Fig. 102.

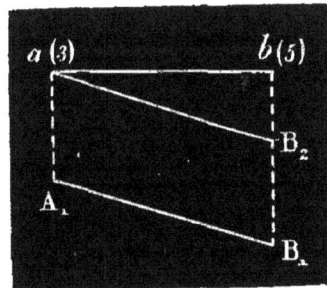

Fig. 103.

La ligne de l'espace AB, sa projection ab et les perpendiculaires Aa, Bb forment un trapèze rectangle que l'on peut rabattre sur le plan de comparaison en le faisant tourner autour de ab. Il suffit d'élever sur ab des perpendiculaires aA$_1$, bB, respectivement égales à Aa, Bb, qui ont 3 mètres et 5 mètres, et de mener la ligne A$_1$B$_1$. Cette droite est la vraie grandeur de la ligne donnée.

Remarque. — Pour que la figure occupe moins de place dans le dessin, on rabat souvent le plan vertical de la droite sur le plan horizontal passant par le point le plus bas. Sur la perpendiculaire bB$_1$, à ab, on porte bB$_2 = (5-3)$ et l'on joint le point a au point B$_2$. La ligne aB$_2$ est la vraie grandeur cherchée.

117. Problème II. — *Trouver sur une droite donnée la cote d'un point dont la projection est donnée.*

Soit une droite *ab* (fig. 104) déterminée par sa projection et les cotes (4,2) et (6,7) des points *a* et *b*.
Proposons-nous de trouver la cote du point *m*. Je rabats la droite sur le plan horizontal passant par *a* (n° 116, Remarque); elle vient en aB_1; le point M, dont la projection est *m*, se rabat sur aB_1, et sur une perpendiculaire à *ab* passant par *m*, c'est-à-dire en M_1. La droite mM_1, mesure la hauteur du point M au-

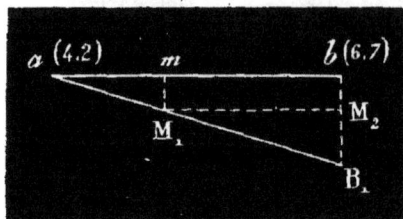

Fig. 104.

dessus du plan horizontal considéré. Il suffit donc de mesurer cette droite à l'échelle du dessin et d'ajouter le nombre trouvé à la cote du point *a* et l'on aura la cote du point *m*.

Remarque. — Ce problème peut se résoudre par le calcul.
Les triangles amM_1 et abB_1, sont semblables; on a donc

$$\frac{mM_1}{bB_1} = \frac{am}{ab};$$

d'où

$$mM_1 = \frac{am \times bB_1}{ab};$$

$bB_1 = (6,7-4,2)$; on mesure *am* et *ab* à l'échelle du dessin et on a mM_1.

118. Problème III. — *Trouver sur une droite donnée un point d'une cote donnée.*

Pour déterminer sur la droite *ab* (fig. 104) un point dont la cote soit 5, on la rabat sur le plan horizontal passant par *a*. Sur bB_1 on porte bM_2 égal à 5 — 4,2 ou 0,8 et l'on mène par M_2 une parallèle à *ba*; elle rencontre aB_1 en M_1 qui est le rabattement du point cherché; sa projection est *m* sur *ab* et sur la perpendiculaire abaissée de M_1 sur cette ligne.

Remarque. — Ce problème peut aussi se résoudre par le calcul. On a en effet

$$\frac{am}{ab} = \frac{mM_1}{bB_1};$$

d'où

$$am = \frac{mM_1 \times ab}{bB_1};$$

la droite bB_1 est la différence (6,7 — 4,2) des cotes des points *a* et *b*; on mesure *ab*; mM_1 est égal à (5 — 4,2); on obtient facilement ainsi *am*.

119. Graduation d'une droite. — Graduer une droite, c'est indiquer sur la projection horizontale les points ayant des cotes entières.

Intervalle. — On appelle **intervalle** la distance horizontale qui sépare deux points de la droite dont les cotes diffèrent de 1 mètre ; c'est la distance entre les projections de ces points.

Pour graduer une droite, il suffit de connaître l'intervalle et un point de cote entière. On porte à partir de ce point un certain nombre de fois l'intervalle et l'on place les cotes dans le sens convenable.

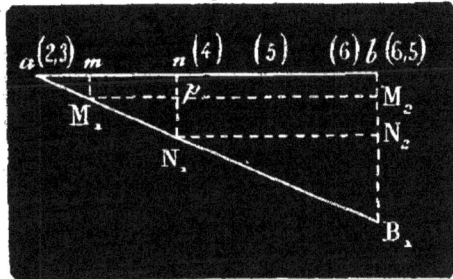

Soit la droite ab (fig. 105), dont les points A et B ont pour cotes (2,3) et (6,5) ; on rabat la droite en AB_1, (n° 116) et l'on détermine le point m de cote 3 (n° 118). A partir de M_2 sur bB_2, on porte une longueur M_2N_2, égale à 1^m,

Fig. 105.

puis on trace la parallèle M_2N_2 et l'on trouve la projection n du point N_1 ; le point n a pour cote 4 et mn est l'intervalle. On obtient alors facilement les points de cotes 5, 6, 7, etc.

Remarque. — On peut déterminer l'intervalle par le calcul.

En effet (fig. 105), les triangles M_1pN_1 et abB_1, sont semblables ; on a donc

$$\frac{M_1p}{ab} = \frac{pN_1}{bB_1} ;$$

d'où

$$M_1p = \frac{ab \times pN_1}{bB_1} ;$$

or

$$M_1p = mn. \qquad pN_1 = 1 ;$$

donc

$$mn = \frac{ab}{bB_1}.$$

L'intervalle est par conséquent égal au quotient de la distance horizontale de deux points connus par la différence de leurs cotes.

120. Pente d'une droite. — On appelle pente d'une droite la tangente trigonométrique de l'angle qu'elle forme avec le plan de comparaison. L'angle de la droite AB (fig. 105) avec le plan horizontal est rabattu en vraie grandeur suivant baB_1 ; sa tangente trigonométrique, c'est-à-dire la pente de la droite, est $\frac{bB_1}{ab}$.

Il résulte de là que *la pente d'une droite est égale au quotient de la différence des cotes de deux de ses points par leur distance horizontale.*

Remarque. — Les deux rapports $\frac{ab}{bB_1}$ et $\frac{bB_1}{ab}$ sont inverses l'un de l'autre. La pente est donc l'inverse de l'intervalle. Si l'intervalle est i et la pente p, on a la relation $p = \frac{1}{i}$ ou $i = \frac{1}{p}$.

APPLICATIONS.

121. Problème I. — Graduer la droite ab (fig. 106), sachant que la pente est 0,8 et que la cote du point a égale 4,3.

L'intervalle est $\dfrac{1}{0,8} = 1,25$.

La distance horizontale du point a au point de cote 5 est les 0,7 de 1,25 ou $1,25 \times 0,7 = 0,875$. Portons sur ab une longueur $am = 0,875$, nous obtenons le point m de cote 5. Il n'y a plus

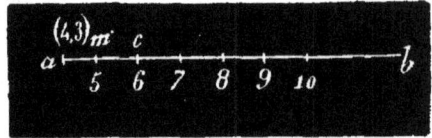
Fig. 106.

qu'à porter à partir de m un certain nombre de fois l'intervalle 1,25 pour avoir les points de cotês 6, 7, 8, etc.

Remarque. — Le problème a deux solutions, car la graduation peut être faite en sens inverse. Si l'on porte à droite de a une longueur am égale aux 0,3 de l'intervalle, c'est-à-dire $1,25 \times 0,3 = 0,375$, et que l'on affecte le point m de la cote 4, les cotes des points suivants seront 3, 2, 1.

Ainsi, par un même point de l'espace, il y a deux droites inclinées en sens inverse ayant même projection et même pente.

122. Problème II. — *Trouver sur une droite graduée la cote d'un point dont la projection est donnée.*

Soit à trouver la cote du point m situé sur la droite graduée ab (fig. 107). On partage l'intervalle (3,4) en 10 parties égales. Si m se trouve entre

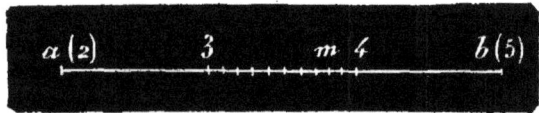
Fig. 107.

la 7e et la 8e division, la cote de ce point est 3,7 à moins de 0,1 près.

123. Problème III. — *Trouver sur une droite graduée ab (fig. 107) un point m dont la cote soit 3,7.*

On divise l'intervalle (3,4) en 10 parties égales et l'on marque un point m à la 7e division à partir de a; ce point est le point cherché.

124. Problème IV. — *Une droite ab (fig. 108) étant donnée par les projections et les cotes de deux de ses points, trouver sa trace sur le plan de projection.*

1° Solution graphique. — Rabattre la droite sur le plan de

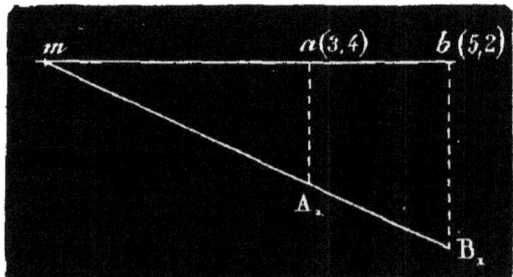
Fig. 108.

comparaison (n° 116). Prolonger B_1A_1 jusqu'à sa rencontre m avec ba. Le point m appartient à la droite et au plan de comparaison. C'est donc le point cherché.

    2° **Solution algébrique.** — On calcule la distance am. Les triangles semblables maA_1 et mbB_1 donnent

$$\frac{am}{mb} = \frac{aA_1}{bB_1};$$

d'où

$$\frac{am}{mb - am} = \frac{aA_1}{bB_1 - aA_1}$$

ou

$$\frac{am}{ab} = \frac{aA_1}{bB_1 - aA_1};$$

enfin

$$am = \frac{ab \times aA_1}{bB_1 - aA_1}.$$

On mesure ab sur le dessin; supposons que $ab = 4^m,30$, alors $am = \dfrac{4,3 \times 3,4}{5,2 - 3,4} = 8^m.12$.

125. Problème V. — *Par un point donné c (4,25), mener une parallèle à une droite donnée ab* (fig. 109).

    Les projections des deux droites parallèles sont parallèles. La projection de

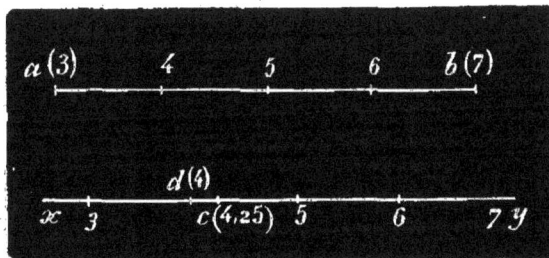

Fig. 109.

la droite cherchée est donc une parallèle xy à ab menée par le point c. Or deux lignes parallèles sont également inclinées sur le plan de comparaison; les deux droites ont par conséquent même pente, même intervalle, et sont graduées dans le même sens. Mesurons l'intervalle de ab, prenons-en les 0,25 et portons-la longueur trouvée au-dessous du point c pour avoir sur xy le point d de cote 4. Il n'y aura plus qu'à porter à partir de d un certain nombre de fois l'intervalle.

    126. Problème VI. — *Deux droites étant données par les projections cotées de deux de leurs points, trouver la condition pour qu'elles se coupent; et, si cette condition est remplie, trouver la cote du point d'intersection.*

    Deux cas peuvent se présenter :

    1° *Les projections se rencontrent dans les limites de l'épure.* On gradue les deux droites, et on voit si sur chacune d'elles le point de rencontre a la même cote. C'est à cette condition que les deux droites se coupent; la cote commune est la cote du point d'intersection.

    2° *Les projections ne se rencontrent pas dans les limites de l'épure.* Supposons les deux droites graduées (fig. 110) (*il faudrait commencer par le faire s'il en était autrement*), on joint les points de même cote. Les lignes 44, 55, etc., doivent être parallèles, car ce sont les projections d'horizontales du plan des deux droites. Admettons qu'il en soit ainsi et cherchons la cote du point de rencontre. A cet effet, on mesure les lignes 55, 44; soient 7ᵐ,20 et 5ᵐ,20. Pour une différence de hauteur de 1 mètre, l'horizontale diminue de 7,20 — 5,20 ou de 2 mètres; l'horizontale doit être nulle au point de rencontre; il faut donc qu'elle diminne de 5ᵐ,20 à partir de 44. Il y aura donc une différence de hauteur égale à $\frac{5,20}{2}$ ou 2ᵐ,60. La cote du point de rencontre sera alors 4ᵐ — 2ᵐ,60 ou 1ᵐ,40.

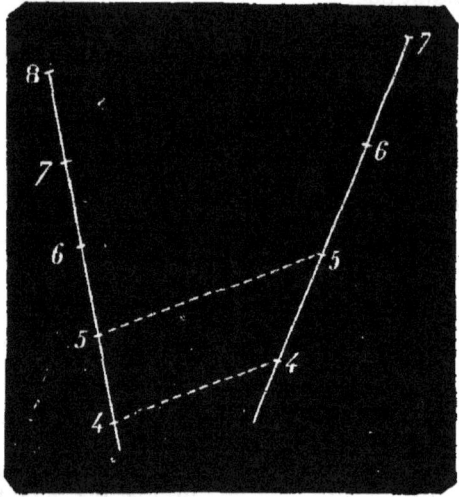

Fig. 110.

DU PLAN.

127. Un plan peut être représenté : 1° par les projections cotées de deux droites qui se coupent; 2° par la projection cotée d'une droite et celle d'un point coté; 3° par les projections et les cotes de trois points non en ligne droite; 4° par les projections cotées de deux lignes droites parallèles.

On préfère le représenter par la projection cotée d'une de ses lignes de plus grande pente par rapport au plan horizontal.

THÉORÈME.

128. *Toute ligne droite tracée dans un plan perpendiculairement à la trace horizontale de ce plan est une ligne de plus grande pente.*
Soit un plan NMQ oblique sur le plan horizontal MNP (fig. 111). D'un point quelconque A de ce plan j'abaisse une perpendiculaire Aa sur MNP et de a une perpendiculaire aB sur la trace horizontale MN; je joins A et B. D'après le théorème des trois perpendiculaires, AB est perpendiculaire sur MN. Or je dis que la pente $\frac{Aa}{aB}$ de AB est

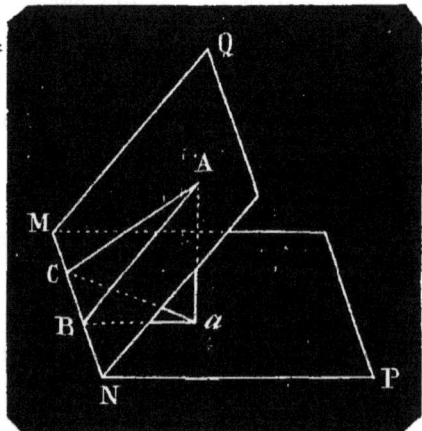

Fig. 111.

plus grande que la pente $\dfrac{Aa}{aC}$ d'une oblique AC à la ligne MN passant par

le point A. En effet, la perpendiculaire aB est plus petite que l'oblique

aC. Donc le rapport $\dfrac{Aa}{aB}$ est plus grand que le rapport $\dfrac{Aa}{aC}$.

C. Q. F. D.

Corollaire I. — *La projection d'une ligne de plus grande pente d'un plan est perpendiculaire aux projections de ses horizontales.*

Corollaire II. — *Un plan est déterminé par la projection graduée de l'une de ses lignes de plus grande pente.*

129. Remarque. — L'angle ABa est l'angle plan du dièdre QMNP (fig. 111). Il mesure l'inclinaison du plan oblique QMN. Cet angle n'est autre chose que l'inclinaison de AB sur le plan horizontal MNP.

Nous dirons donc :

La pente d'un plan est la pente de l'une de ses lignes de plus grande pente.

130. Représentation du plan. — On représente un plan par une de ses lignes de plus grande pente graduée. Pour indiquer que l'on considère le plan et non la ligne elle-même, on double le trait qui représente la ligne de plus grande pente et l'on a ce qu'on appelle *l'échelle de pente du plan* (fig. 112).

Soit PQ une échelle de pente. Les perpendiculaires ab, cd à PQ sont les projections d'horizontales du plan. La pente de cette droite, facile à calculer d'après ce qui précède, donne la pente du plan.

131. Un plan horizontal se représente par deux lignes parallèles ou non, de même cote toutes deux dans toute leur étendue, puisque tous les points d'un plan horizontal ont la même cote.

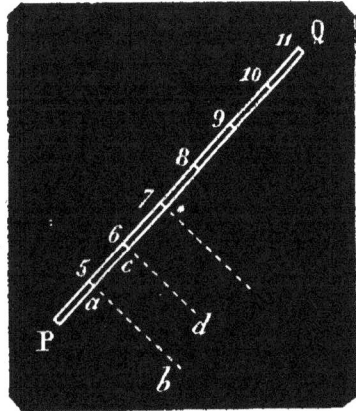

Fig. 112.

132 Si un plan est vertical, son échelle de pente est verticale ; on le représente seulement par sa trace horizontale.

PROBLÈMES SUR LE PLAN.

133. Problème. I — *Faire passer un plan par trois points donnés par leurs projections et leurs cotes.* (Les points de l'espace ne sont pas en ligne droite) (fig. 113.)

Les trois points sont : a (4,6), b (3,2), c (5,8). On joint b à c, et on gradue la droite dont bc est la projection. On cherche la projection d

d'un point D qui aurait la même cote (4,6) que le point A. On joint a à d : ad est la projection d'une horizontale du plan. Une perpendiculaire quelconque PQ à cette ligne donnera l'échelle de pente. On la graduera en abaissant des points de cb des perpendiculaires sur PQ.

134. Problème II. — *Un plan étant donné par son échelle de pente, trouver la cote d'un point de ce plan dont la projection est connue.*

De la projection donnée, on abaisse une perpendiculaire sur l'échelle de pente du plan. On cherche sur cette échelle graduée la cote du pied de la perpendiculaire. C'est aussi celle du point en question.

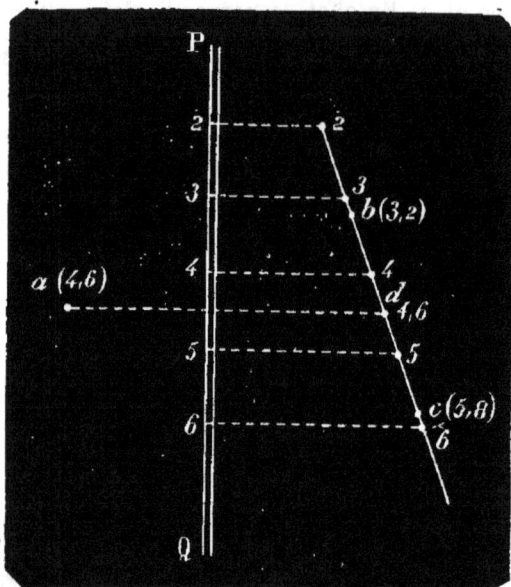

Fig. 113.

135. Remarque. — Ce problème est le même que le suivant, de géométrie descriptive ordinaire : *Étant donnés un plan et la projection horizontale d'un point de ce plan, trouver sa projection verticale.*

136. Problème III. — *Tracer dans un plan une droite passant par un point et ayant une pente donnée* (fig. 112).

Le plan donné est PQ; le point a est la projection d'un point de ce plan; on en détermine la cote en menant l'horizontale de ce point (n° 134), soit 11,5. Supposons que la droite à construire ait une pente égale à $\frac{1}{3}$. Son intervalle est par suite 3. Cherchons le point où elle doit couper l'horizontale de cote 10. Or, 11,5 — 10 = 1,5. Le point d'intersection est

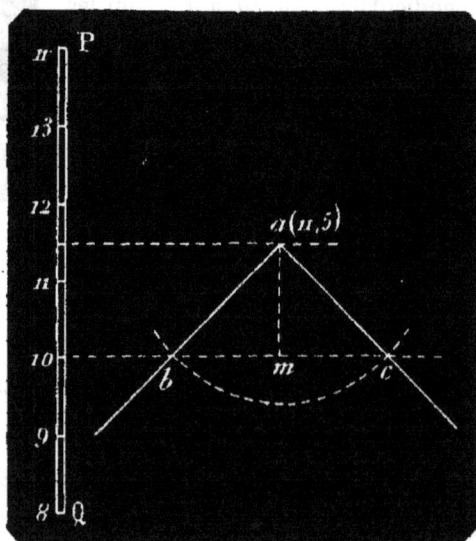

Fig. 114.

donc à une distance du point a égale à l'intervalle 3 multiplié par 1,5 ou 4,5.

Du point *a* comme centre, avec 4,5 comme rayon, on décrit un arc de cercle qui coupe l'horizontale de cote 10, en deux points *b* et *c*; les deux droites *ab* et *ac* répondent à la question.

Discussion. — Pour que le problème soit possible, il faut que le rayon de l'arc, c'est-à-dire *ab*, soit plus grand que la perpendiculaire *am* abaissée de *a* sur l'horizontale de cote 10, ou au moins égal à cette perpendiculaire.

Or la pente de *ab* est $\frac{11,5-10}{ab}$ (n° 120); celle du plan est $\frac{11,5-10}{am}$.

Si *ab* est plus grand ou plus petit que *am*, la pente de la droite est plus petite ou plus grande que celle du plan.

On en déduit la conclusion suivante :

Si la pente assignée à la droite est plus petite que celle du plan, le problème est susceptible de deux solutions; si la pente de la droite est égale à celle du plan, il n'y a plus qu'une solution; enfin, si la pente de la droite est plus grande que celle du plan, le problème est impossible.

137. Problème IV. — *Construire un plan passant par deux points et ayant une pente donnée* (fig. 115).

Soient deux points *a* (12,5) et *b* (7,3). Si la pente du plan doit être $\frac{3}{2}$, l'intervalle sera $\frac{2}{3}$ (n° 120), c'est-à-dire que les horizontales de deux points dont les cotes diffèrent de 1 mètre sont distantes de $\frac{2}{3}$; les horizontales des points donnés, dont les cotes diffèrent de 12,5 − 7,3 = 5,2 seront distantes l'une de l'autre de $\frac{2}{3} \times 5,2 = 3,46$.

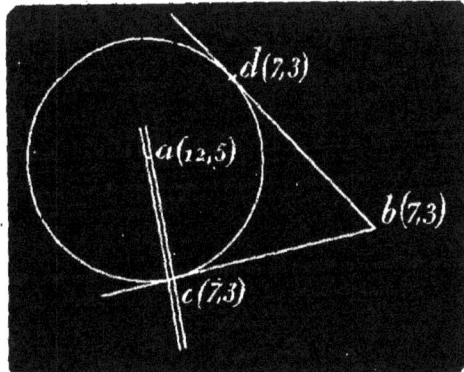

Fig. 115.

Du point *a* comme centre avec un rayon égal à 3,46, décrivons une circonférence, et par le point *b* menons-lui une tangente *bc*. Cette ligne est l'horizontale de cote 7,3 du plan cherché, le rayon *ac* l'échelle de pente.

On voit facilement qu'il y a deux solutions; une seule, ou que le problème est impossible, si la pente du plan est plus grande que celle de la droite *ab*, égale à cette pente ou plus faible.

138. Problème V. — *Déterminer l'intersection de deux plans donnés par leurs échelles de pente* (fig. 116).

On emploie la méthode générale, c'est-à-dire qu'on coupe les deux plans par des plans auxiliaires généralement horizontaux.

Soient P et Q les échelles de pente données. On coupe par des plans horizontaux de cote 9 et de cote 12. Ils déterminent dans chaque plan

des horizontales de mèmes cotes, projetées horizontalement suivant des
perpendiculaires aux lignes
P et Q. Les projections se
coupent deux à deux aux
points *m* et *n*. L'intersection a pour projection *mn*;
elle est complètement dé-
terminée, car les points M
et N étant cotés, il sera
facile de la graduer.

139. Problème VI.
— *Trouver l'intersection de
deux plans dont les échelles
de pente sont parallèles*
(fig. 117).

Les deux plans sont pa-
rallèles, si l'intervalle des
échelles de pente est le
même pour les deux plans
et si les cotes vont dans le
même sens.

Dans le cas contraire,

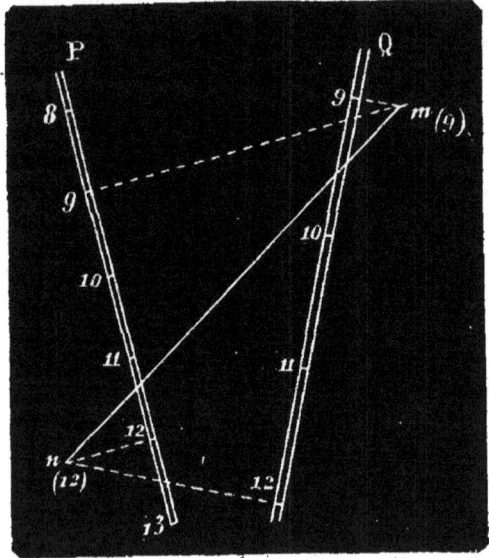

Fig. 116.

l'intersection est évidemment une horizontale dont il suffit de trouver
un des points.

On mène un plan auxiliaire
déterminé par deux horizontales *ab* et *cd* ayant des cotes
connues, 4 et 7 par exemple.
Le plan P coupe ce plan auxiliaire suivant la ligne MN (n°
138), le plan Q suivant TE. Les
projections horizontales de ces
lignes se coupent en O, qui est
la projection horizontale d'un
point de l'intersection. On mène
de O une perpendiculaire à P et
à Q, c'est la projection horizontale de la droite cherchée. On
en a la cote par la cote du point
où elle rencontre P ou Q.

140. Problème VII. —
*Construire l'intersection de deux
plans dont les échelles de pente
sont presque parallèles* (fig. 118).

Soient les plans P et Q dont
les échelles de pente sont presque parallèles. On ne peut pas
trouver leur intersection par la

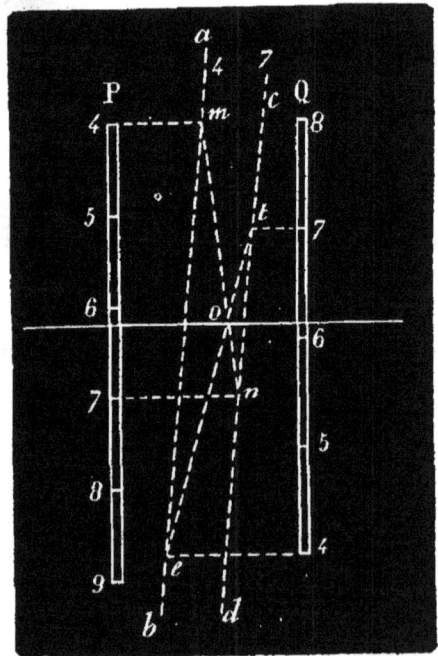

Fig. 117.

méthode ordinaire, car les horizontales de même cote se coupent en
des points qu'il n'est pas possible de déterminer avec précision. On les

6

coupe alors par deux plans auxiliaires déterminés par des horizontales quel-conques, mais dont les pro-jections soient sensiblement perpendiculaires aux projec-tions des horizontales des plans donnés. Le premier de ces plans que nous appelle-rons R est donné par les ho-rizontales de cotes 6 et 8, le deuxième S par les horizon-tales 8 et 7.

On obtient les intersec-tions des plans donnés P et Q avec le plan R en menant les horizontales de cotes 6 et 8. Ce qui donne pour le plan P la droite *ab* et pour le plan Q la ligne *cd*; ces droites se coupent en un point *m* qui est un point commun à P et à Q.

On trouve de la même manière les intersections *bf* et *dg* de P et de Q avec le plan S en menant les hori-zontales de cotes 7 et 8. Les

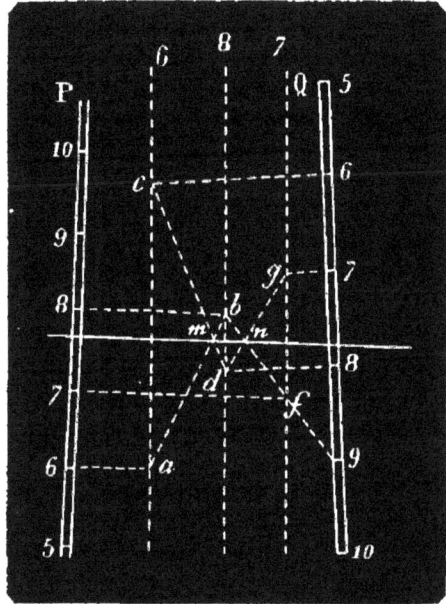

Fig. 118.

deux lignes *bf* et *dg* se coupent en un point *n* qui est un deuxième point de l'intersection. La droite *mn* est donc l'intersection des deux plans donnés.

141. Problème VIII. — *Mener par un point un plan parallèle à un plan donné.*

Si deux plans sont parallèles, leurs horizon-tales et, par suite, leurs échelles de pente sont parallèles. Celles-ci sont graduées dans le même sens et ont même inter-valle; il suffit donc de mener par le point donné une parallèle à l'échelle de pente du plan donné et de porter les mêmes longueurs entre les cotes entières.

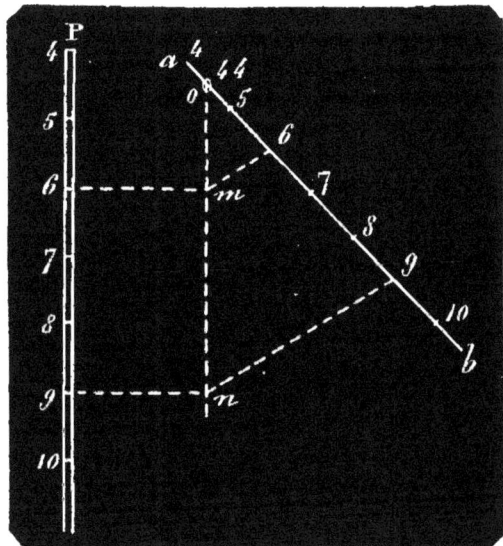

Fig. 119.

142. Problème IX. — *Trouver l'intersection d'une droite et d'un plan* (fig. 119).

Le plan est donné par son échelle de pente P; la droite est *ab*.

Par la droite, on mène un plan. On le détermine en menant par les points 6 et 9 de *ab* deux lignes parallèles. Les projections horizontales des horizontales de cotes 6 et 9 du plan coupent ces lignes en *m* et *n* : *mn* est la projection horizontale de l'intersection du plan P et du plan mené par la droite ; elle rencontre *ab* en un point *o* qui est la projection horizontale du point cherché. On lit sa cote sur *ab*, soit 4,4.

143. Problème X. — *Trouver le centre et le rayon du cercle passant par trois points non en ligne droite* (fig. 120).

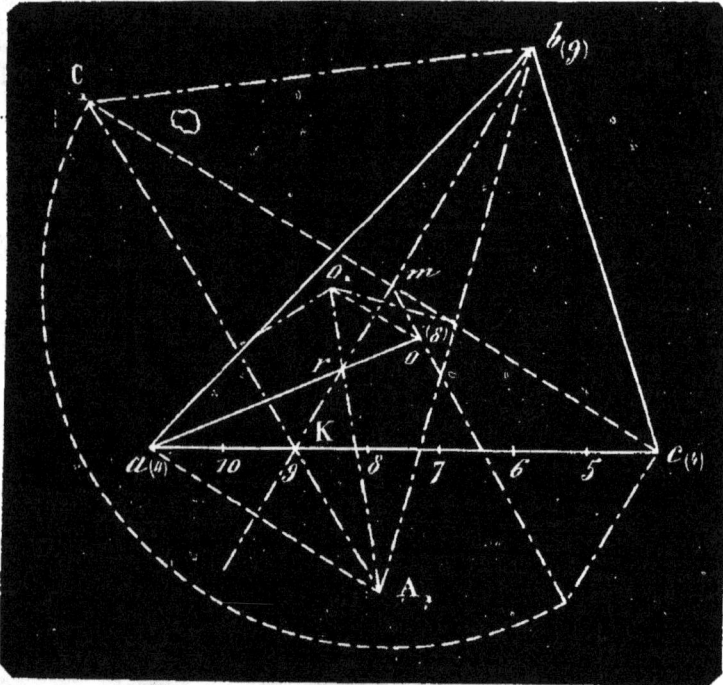

Fig. 120.

Les points sont *a* (11), *b* (9), *c* (4). On mène une horizontale du plan des trois points. Pour cela, on gradue AC ; on joint le point de cote 9 à *b* ; on a la projection horizontale de l'horizontale. On fait tourner la figure autour de cette ligne pour la rabattre sur le plan horizontal de cote 9.

Le point *b* reste immobile. Le point C se rabat en C_1 sur la perpendiculaire abaissée de *c* sur l'axe et à une distance mC_1 de cette ligne égale à l'hypoténuse d'un triangle rectangle dont *mc* est un des côtés, et dont l'autre côté égale la différence de cotes des points C et B. L'explication est la même que celle vue dans la méthode des rabattements en géométrie descriptive ordinaire. On opère de même pour le point A. Mais le point K de l'axe ne bougeant pas, A_1 se trouve à la fois sur C_1K et sur la perpendiculaire abaissée de *a* sur l'axe. La véritable grandeur du triangle défini par les trois points est A_1C_1b. On cherche le centre du cercle circonscrit. On l'a en O_1 ; A_1O_1 est la véritable grandeur du rayon. Il rencontre l'axe en *r*. Le point *r* ne bouge pas quand on relève la figure pour la ramener dans sa position première ; A_1 vient en *a* ; par suite, A_1o_1 devient *ar* ; le point *o* est sur cette ligne et sur la perpendiculaire abaissée de O, sur l'axe. Le rayon est en projection *ao*. Comme le point *r* a la cote 9, le point *a* la cote 11, il est facile d'avoir la cote du point *o*. Soit (8).

o (8) est le centre cherché.

o (8) *a* (11) est le rayon.

DES DISTANCES.

THÉORÈME.

144. Théorème. — *Si une droite est perpendiculaire à un plan :*
1° *la projection de la droite est parallèle à l'échelle de pente du plan;*
2° *l'intervalle de la droite et celui du plan sont inverses l'un de l'autre ;*
3° *la projection de la droite et l'échelle de pente du plan sont cotées en sens inverse* (fig. 121).

1° Soit le plan horizontal RQ, un plan P qui le coupe suivant la ligne MN, et une droite AB perpendiculaire à ce plan. La projection horizontale de AB est *ab* perpendiculaire à MN. (*Quand une droite est perpendiculaire à un plan, ses pro-*

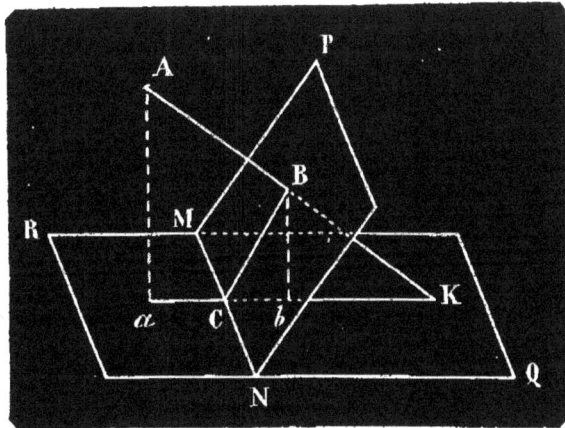

Fig. 121.

jections sont perpendiculaires aux traces de même nom du plan et récipro-quement).

ab coupe MN en C; la ligne CB est perpendiculaire à MN. CB est une ligne de plus grande pente du plan (n° 128); sa projection est aussi *ab*. Les projections de toutes les lignes de plus grande pente sont parallèles; donc l'échelle de pente du plan est parallèle à la projection horizontale de la perpendiculaire.   C. Q. F. D.

2° L'angle BC*b* est l'angle de la ligne de plus grande pente du plan avec le plan RQ. La pente de B*c* est le rapport de $\frac{Bb}{Cb}$. Comme l'intervalle d'une droite et sa pente sont inverses l'un de l'autre, l'intervalle est $\frac{Cb}{Bb}$.

La perpendiculaire AB fait avec le plan horizontal l'angle AKC. La pente de AB est le rapport $\frac{Bb}{bK}$. Son intervalle est $\frac{bK}{Bb}$.

Il faut alors, pour prouver la seconde partie du théorème, montrer que

$\dfrac{Cb}{Bb}$ est l'inverse de $\dfrac{bK}{Bb}$. En effet, l'angle CBK étant droit, le triangle CBK est rectangle; Bb est la perpendiculaire abaissée de B sur l'hypoténuse. On a alors $\overline{Bb}^2 = Cb \cdot bK$ ou $\dfrac{bK}{Bb} = \dfrac{Bb}{Cb}$, ce qui revient bien à : $\dfrac{bK}{Bb} = \dfrac{1}{\dfrac{Cb}{Bb}}$.
La proposition est démontrée.

3° Du point B au point C, on va en descendant. Les cotes sur l'échelle de pente du plan iront alors en diminuant dans le sens de b à a; de B à A, on monte continuellement. Les cotes sur la perpendiculaire iront en augmentant de b à a. Les cotes vont donc en sens inverse sur la projection de la perpendiculaire et sur l'échelle de pente du plan.

145. Problème I. — *Mener par un point donné une perpendiculaire à un plan. Trouver le pied de la perpendiculaire et sa véritable grandeur* (fig. 122).

Soit P le plan et a (20) le point donné. Par a, on mène une parallèle à P, c'est la projection horizontale de la perpendiculaire. On cherche ensuite l'intervalle de PQ. On mesure pour cela PQ, soit 15 mètres. L'intervalle est $\dfrac{15}{16}$ ou $\dfrac{15}{25-9}$. L'intervalle de la perpendiculaire sera $\dfrac{16}{15}$. On porte cette longueur à partir de a et la perpendiculaire est graduée. On en cherche l'intersection avec PQ (n° 142), soit e (15,3). La perpendiculaire est a (20) e (15,3). La véritable grandeur s'obtient en

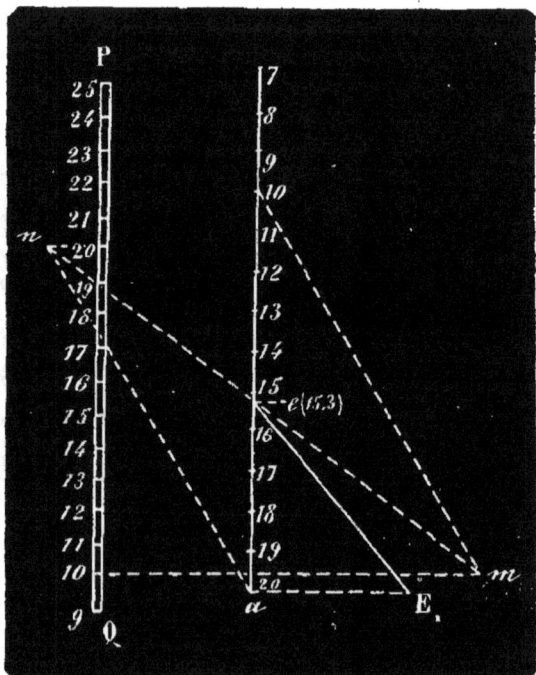

Fig. 122.

construisant un triangle rectangle dont ac est un côté de l'angle droit, $aE_1 = 20 - 15,3$ ou 4,7, l'autre côté. Cette véritable grandeur est eE_1 (n° 116).

146. Problème II. — *Trouver la distance d'un point à une droite.*

Première solution. — On mène par le point un plan perpendiculaire à la droite; son échelle de pente passe par la projection du point; de plus, elle est parallèle à la projection de la droite. La droite donnée étant graduée, on opère facilement la graduation de l'échelle du plan, en observant que les intervalles sont inverses l'un de l'autre et que les cotes vont en sens contraire (n° 144). On cherche ensuite l'intersection du plan et de la droite (n° 142); puis on joint le point obtenu au point donné : c'est la perpendiculaire abaissée du point donné sur la ligne ; on en détermine ensuite la véritable grandeur (n° 116).

Deuxième solution. — On donne une droite graduée ab (fig. 123) et un point c (2). Il s'agit de trouver la longueur de la perpendiculaire abaissée de c sur ab.

Je joins le point c au point m (2) de la droite. La ligne cm est une horizontale du plan que déterminent la droite et le point. Je fais tourner ce plan autour de cm jusqu'à ce qu'il devienne horizontal.

Le point g (5) de ab se rabat sur une perpendiculaire fg abaissée de g sur cm et à une distance du point f égale à l'hypoténuse fh du triangle rectangle fgh dont le côté gh est égal à la différence des cotes du point f

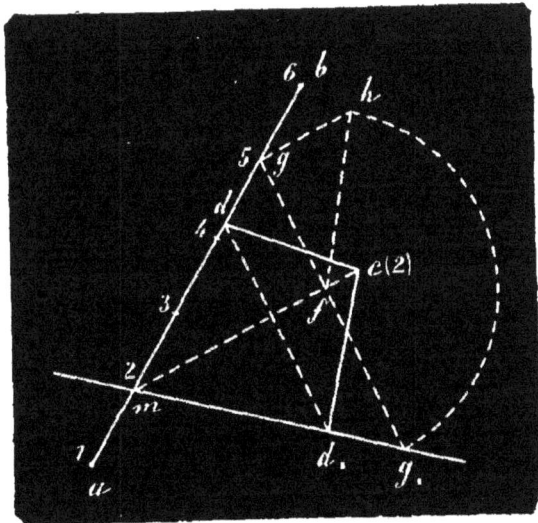

Fig. 123.

et du point g, c'est-à-dire (5-2) ou 3.

Le point g vient donc en g_1, et la droite ab prend la position mg_1. Si l'on abaisse maintenant du point c la perpendiculaire cd_1 sur mg_1, on a la distance cherchée.

Le point d_1 est le rabattement d'un point d de ab que l'on obtient en menant de d_1 une perpendiculaire sur cm jusqu'à sa rencontre avec ab. De sorte que cd est la projection de la perpendiculaire abaissée du point c sur ab.

DES ANGLES.

147. Problème I. — *Trouver l'angle de deux droites qui se coupent.*
Les droites sont (fig. 124) :

$$a\,(3)\,b\,(6)$$
$$a\,(3)\,c\,(8).$$

On mène une horizontale du plan des deux droites ; pour cela, on mène la ligne bd qui joint deux points de cote 6. On fait tourner la figure autour de cette ligne jusqu'à l'amener dans le plan de cote 6 parallèle au plan horizontal ; b et d ne bougent pas. a vient en A_1 sur la perpendiculaire abaissée de a sur bd et à une distance eA_1 égale à eK, hypoténuse d'un triangle rectangle dont ae est un des côtés de l'angle droit et dont l'autre aK égale $6^m - 3^m$ ou 3 mètres. Les droites deviennent :

A_1b, A_1d. — L'angle est bA_1d.

Remarque.
— On mène la bissectrice A_1r de cet angle. En relevant la figure, A_1 vient en a; r ne change pas. La projection horizontale de la bissectrice est ar.

148. Problème II. — Construire l'angle d'une droite et d'un plan.

D'un point quelconque de la droite, on abaisse une perpendiculaire sur le plan

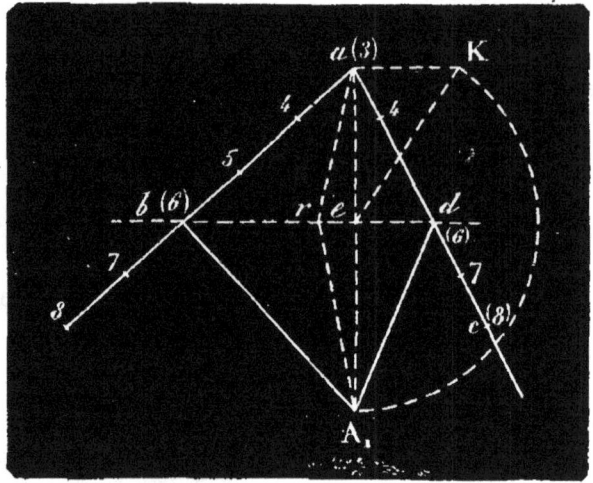

Fig. 124.

(n° 145) et l'on construit en vraie grandeur l'angle qu'elle forme avec la droite donnée (n° 147).

149. Problème III. — *Construire l'angle de deux plans* (fig. 125).
Soient les plans P et Q. On détermine leur intersection ab (n° 138). On mène un plan R perpendiculaire à cette intersection. Il coupe le plan horizontal à la cote 12 suivant une droite mn perpendiculaire à ab en p et qui s'appuie en m et n sur les horizontales des plans P et Q

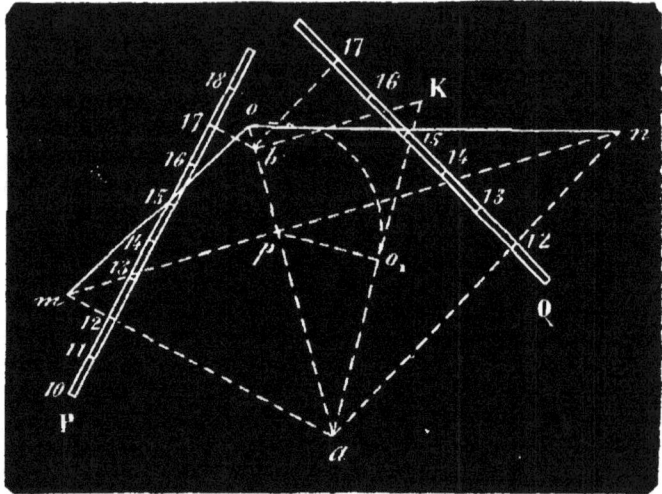

Fig. 125.

qui ont la même cote. Si l'on désigne par O le point où le plan R rencontre l'intersection des plans P et Q, l'angle cherché sera l'angle mOn du triangle Omn. On rabat sur le plan horizontal l'intersection des deux plans; on construit un triangle dont ab est un côté de l'angle droit et dont l'autre $bK = 17 - 12$; aK est le rabattement. La distance

po, de p à cette ligne donne la distance pO cherchée. L'angle *mon* est l'angle de ces plans.

150. Représentation des lignes et surfaces courbes. — On représente une ligne courbe par les projections et les cotes d'un nombre suffisamment grand de points.

Quant aux surfaces, et particulièrement les surfaces réglées, on se sert des mêmes données qu'en géométrie descriptive ordinaire, et toutes les questions qui s'y rattachent se résolvent de la même manière. C'est plutôt aux surfaces irrégulières, telles que celles que l'on rencontre en topographie, que s'applique la méthode des plans cotés. Nous en dirons quelques mots dans le chapitre suivant.

CHAPITRE II

APPLICATION DES PLANS COTÉS A LA TOPOGRAPHIE.

151. La topographie a pour but de représenter sur un plan un terrain de petite étendue avec toutes ses ondulations. Elle nécessite deux opérations distinctes, savoir : la **planimétrie** et le **nivellement.**

Si l'on imagine au-dessous du sol un plan horizontal sur lequel on abaisse des perpendiculaires de tous les points remarquables, l'ensemble des pieds de ces perpendiculaires, c'est-à-dire la figure plane formée par la projection du terrain, forme ce que l'on appelle la *planimétrie* du sol.

L'opération qui a pour but de faire sur le papier une figure semblable porte le nom de *levé de plan.*

Enfin, si l'on veut représenter le relief du terrain, on mesure la distance de chaque point au plan de comparaison et on l'indique sur la planimétrie ; cette dernière opération s'appelle *nivellement.*

152. Courbes de niveau. — Si l'on se borne à représenter le relief du sol par les projections et les cotes d'un certain nombre de points, on n'en donne qu'une idée très imparfaite. Aussi emploie-t-on de préférence le **courbes de niveau** ou **courbes d'altitude.**

On appelle ainsi les intersections du sol par des plans horizontaux analogues à celles que la mer déterminerait, en se retirant lente-

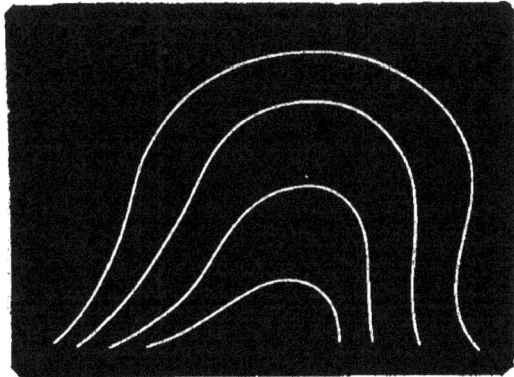

Fig. 126.

ment, sur les flancs d'une colline immergée.

Ces courbes se projettent en vraie grandeur sur la planimétrie.

On conçoit que si l'on coupe le sol par des plans horizontaux assez rapprochés, que l'on projette les courbes sur le plan de comparaison et que l'on indique à côté de chaque projection la hauteur du plan correspondant, les ondulations du terrain sont parfaitement représentées (fig. 126).

153. Équidistance réelle. — Les plans horizontaux sont assujettis à être équidistants.

La distance entre deux plans consécutifs s'appelle *équidistance réelle*.

154. Équidistance graphique. — Imaginons maintenant un relief semblable au terrain et à une échelle donnée; les plans sécants y seront encore représentés, et leur distance sera égale à l'équidistance multipliée par l'échelle; c'est ce que l'on nomme *équidistance graphique*.

155. *L'équidistance graphique est constante, tandis que l'équidistance réelle varie.*

Si l'on appelle E l'*équidistance réelle*, e l'*équidistance graphique*, $\frac{1}{M}$ l'échelle, on a la relation :

$$e = E \times \frac{1}{M}.$$

Si E est constant, e est inversement proportionnel à M ou directement proportionnel à l'échelle. De sorte que si l'échelle devient très petite, l'équidistance graphique devient aussi très petite; or on ne peut pas descendre au-dessous d'une certaine limite, car il arriverait un moment où, sur le plan topographique, les projections des courbes de niveau se confondraient.

Si l'on suppose, au contraire, que e soit constant, E est proportionnel à M, c'est-à-dire inversement proportionnel à l'échelle.

Par conséquent, pour une hauteur donnée, il y aura d'autant moins de courbes de niveau que l'échelle sera plus petite.

Faisons une application numérique et posons

$$e = 0^m,002 , M = 80000;$$

alors

$$E = 0^m,002 \times 80000 = 160 \text{ mètres.}$$

Donc, à l'échelle $\frac{1}{80000}$, une montagne de 640 mètres sera représentée par $\frac{640}{160} = 4$ courbes de niveau. A l'échelle $\frac{1}{40000}$, elle serait figurée par 8 courbes, etc.

L'équidistance graphique et l'échelle sont toujours indiquées sur un plan topographique. On peut alors, par un calcul des plus simples, connaître l'équidistance réelle, et, par suite, savoir la hauteur d'une montagne indiquée par un certain nombre de courbes de niveau que l'on peut toujours compter.

En effet, soit AB (fig. 127) une montagne représentée par 5 courbes de niveau à l'échelle $\frac{1}{5\,000}$. Supposons que l'équidistance graphique soit

0^m,005. On a immédiatement
E $= 0^m,005 \times 5000 = 25$ mètres.

La dernière courbe est donc
à $25 \times 4 = 100$ mètres au-
dessus de la plus basse qui est
elle-même à 70 mètres au-dessus du niveau de la mer.

La hauteur de la montagne
est par conséquent 170 mètres.

**156. Lignes de plus
grande pente.** — On ap-
pelle *ligne de plus grande pente*
celle qui, tracée sur le terrain par un point donné, fait le plus grand
angle avec l'horizon.

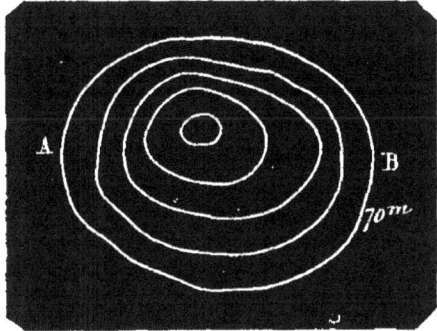

Fig. 127.

THÉORÈME.

*Toute ligne de plus grande pente est en tous ses points perpendiculaire
aux courbes de niveau, et sa projection est perpendiculaire aux projections
des courbes.*

Soit AB (fig. 128)
une ligne de plus
grande pente, tracée
entre deux plans de
niveau dont les in-
tersections avec le
sol sont les courbes
mn et *pq;* soit F la
projection du point
A sur le plan infé-
rieur, et, par suite,
BF la projection de
AB; menons au point
B une tangente GH
à la courbe *pq*, et
prenons deux points

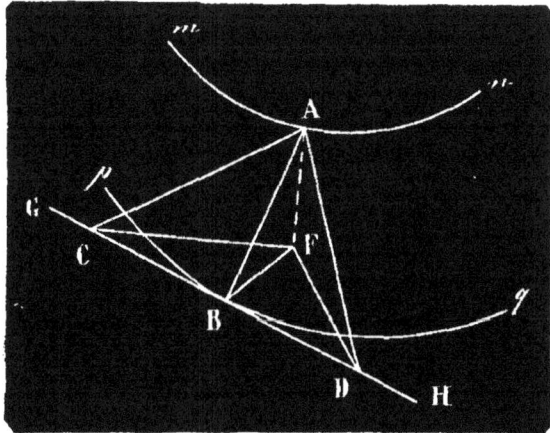

Fig. 128.

C et D à égale distance du point B, mais
très voisins de ce point; traçons ensuite
les lignes AC, CF, AD, DF. La ligne AB
étant, par hypothèse, celle de plus
grande pente, l'angle ABF est plus
grand que l'angle ACF. Alors BAF $<$
CAF; il en résulte que AC $>$ AB.

En effet, si l'on construit un triangle
rectangle A'B'F' (fig. 129) égal au triangle ABF et qu'on mène par le point A'
une ligne A'C' faisant avec A'F' un an-

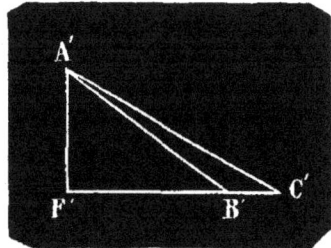

Fig. 129.

gle égal à CAF (qui est plus grand que B'A'F'), on aura une ligne A'C'
plus grande que A'B'. Mais les deux triangles A'F'C' et CAF sont égaux
comme ayant un côté égal adjacent à deux angles égaux et A'C' = AC.
    Donc AC > AB.
    On prouverait de la même manière que toute autre ligne partant du
point A et aboutissant à la tangente GH est plus grande que AB. Donc
AB est perpendiculaire sur GH, c'est-à-dire sur la courbe pq.
    D'un autre côté, les obliques AC et AD sont égales comme s'écartant
également du pied de la perpendiculaire AB.
    Alors les deux triangles rectangles AFC et AFD sont égaux comme ayant
l'hypoténuse égale et un côté de l'angle droit égal. Il en résulte que FC = FD.
    Alors BF ayant deux points à égale distance de C et de D est perpen-
diculaire au milieu de CD, c'est-à-dire que la projection de la ligne de
plus grande pente est perpendiculaire à la projection de la courbe pq.
    En projetant AB sur le plan de la courbe mn, on prouverait absolu-
ment de la même manière que AB est perpendiculaire sur mn et que la
projection de AB est perpendiculaire sur la projection de cette courbe.

157. Remarque. — De ce que les courbes de niveau ne sont pas
parallèles entre elles et qu'elles sont inégalement distantes les unes des
autres, il résulte que la ligne de plus grande pente est une ligne à double courbure dont les divers éléments sont perpendiculaires aux courbes
horizontales.
    Dans la plupart des plans topographiques, on intercale entre les cour-
bes de niveau des lignes de plus grande pente, plus ou moins denses,
et qui portent alors le nom de *hachures*.
    On obtient ainsi un dessin qui fait mieux ressortir que les courbes
seules, les ondulations du sol et les variations de pente.

TRACÉ DES HACHURES.

**158. Tracé des hachu-
res.** — Les lignes de plus
grande pente ou hachures ont
une légère courbure pour être
à la fois normales à deux courbes consécutives; elles sont tracées de manière à former solution de continuité et elles en-
grènent les unes dans les autres, c'est-à-dire que chacune
d'elles est en face de l'intervalle qui sépare deux hachures
consécutives de la zone suivante (fig. 130); elles sont plus
ou moins denses, suivant la
rapidité de la pente qu'elles expriment.
    Lorsque les courbes hori-
zontales sont trop éloignées et
qu'il devient difficile de tracer

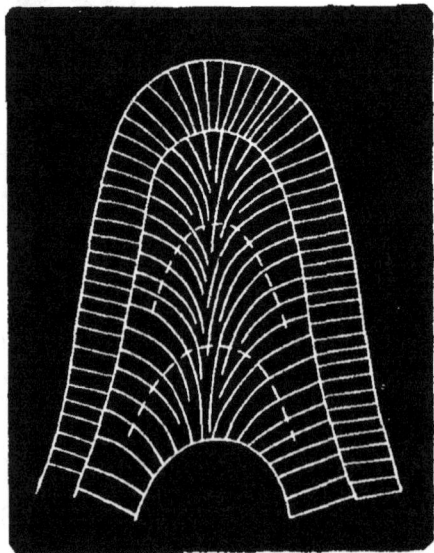
Fig. 130.

les hachures de manière qu'elles leur soient perpendiculaires, on inter-
cale au crayon de nouvelles courbes qui servent de directrices aux hachures et qui disparaissent lorsque le plan est terminé. Dans la figure 130,
les courbes auxiliaires sont ponctuées.

159. Ligne de faîte. — On appelle ligne de faîte AB d'un terrain
(fig. 131) celle qui, partant d'un point A, a le moins de pente en allant
de haut en bas, ou qui, partant d'un
point B, a le plus de pente en allant
de bas en haut.

Ainsi l'élément AI a une pente
plus faible qu'une autre ligne quelconque AC partant du point A. De
même BM a une pente plus forte
que BD. Il résulte de là qu'entre
deux plans consécutifs la ligne de
faîte est la plus longue de toutes
les normales aux sections horizontales. Elle porte aussi le nom de
ligne de partage des eaux, parce
que les eaux pluviales qui tombent
sur le sol se séparent sur elle pour
s'écouler à droite et à gauche.

160. Thalweg. — Le thalweg
FG (*chemin de la vallée*) est la ligne
qui, partant d'un point F (fig. 131),

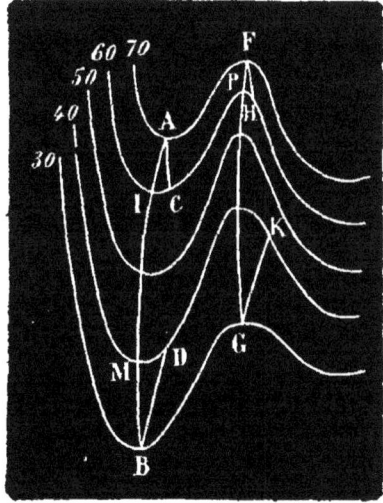

Fig. 131.

a le plus de pente en allant de haut en bas, ou qui, partant d'un point G,
a la pente la plus faible en allant de bas en haut. Ainsi FP a une pente
plus forte que FH, et GR, une pente plus forte que GK.

Remarquons que, si l'on suppose que la courbe la plus élevée
devienne la plus basse, et réciproquement, la ligne de faîte devient un
thalweg et celui-ci une *ligne de faîte*. Il est donc très facile de les confondre si l'on ne voit pas les cotes des courbes. Mais il y a un moyen de
reconnaître le thalweg parce qu'il est indiqué souvent par une rivière,
un ruisseau, un fossé, dans lequel se réunissent les eaux.

161. Col. — On appelle col le point d'intersection d'une ligne de
faîte avec un thalweg.

APPLICATIONS.

162. Problème I. — *Connaissant la longueur d'une hachure et
l'équidistance graphique, calculer l'angle de pente.*

Soit une hachure BA de longueur *h* (fig. 132) comprise entre deux
courbes horizontales *mn* et *pq*. Rabattons sur le plan horizontal de *pq*
le triangle rectangle qu'elle forme avec la ligne de plus grande pente
dont elle est la projection et la perpendiculaire abaissée de son extrémité B; cette perpendiculaire BC n'est autre chose que l'équidis-

tance graphique e. Appelons α l'angle de pente BAc, on a la relation :

$$e = h \, tg\alpha$$

d'où l'on tire l'angle α.

163. Problème II. — *Tracer sur un plan coté un chemin, une rigole d'irrigation* (fig. 133).

Il y a pour un chemin, une rigole d'irrigation, une pente plus favorable qu'une autre qu'on cherche à conserver tout le long du trajet. Ce problème revient donc au suivant : *Tracer par un point d'une surface donnée une ligne dont la pente en chacun de ses points soit constante.*

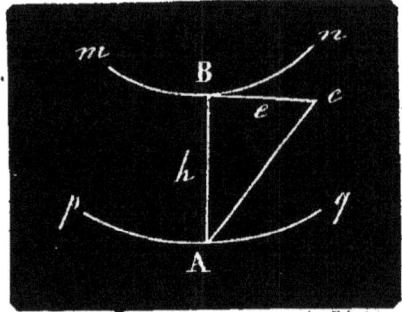

Fig. 132.

Prenons pour point de départ le point a et soit p la pente constante donnée. Si les courbes de niveau sont distantes de 1 mètre, on décrit de a comme centre avec $\dfrac{1}{p}$ pour rayon un arc de cercle qui coupe la courbe 14 en deux points. Prenons l'un d'eux b. De b comme centre, on décrit un autre arc de cercle de même rayon ; il rencontre la courbe 13 en deux points ; soit l'un d'eux c, etc. On joint tous ces points deux à deux et on a une ligne brisée $abcd...$ répondant à la question. On arrondit généralement les angles. On voit que le problème est susceptible d'une infinité de solutions.

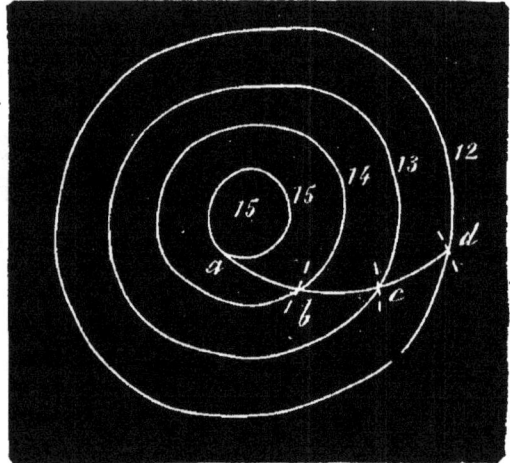

Fig. 133.

164 Problème III. — *Trouver l'intersection d'un terrain par un plan.*
1° *Le plan est vertical* (fig. 134).

L'intersection est ce que l'on nomme le *profil* du terrain suivant le plan dont la trace est ici PQ. On rabat l'intersection autour de PQ sur le plan horizontal. Pour cela, aux points où PQ rencontre les différentes courbes, on élève des perpendiculaires sur lesquelles on porte des longueurs égales aux cotes de ces courbes. On joint deux à deux les extrémités de ces perpendiculaires ; la ligne brisée obtenue que l'on remplace quelquefois par une ligne courbe est le profil demandé. Cette ligne indique les inflexions du sol suivant la coupe que l'on a faite.

2° *Le plan sécant est quelconque* (fig. 135). Il est alors figuré par sa ligne de plus grande pente. Aux points de cette ligne qui ont la même

cote que les courbes du terrain donné, on élève des perpendiculaires.
Ce sont les projections d'autant d'horizontales du plan donné. Les points communs à ces lignes et aux courbes sont les projections des points de l'intersection cherchée. On les joint par un trait continu.

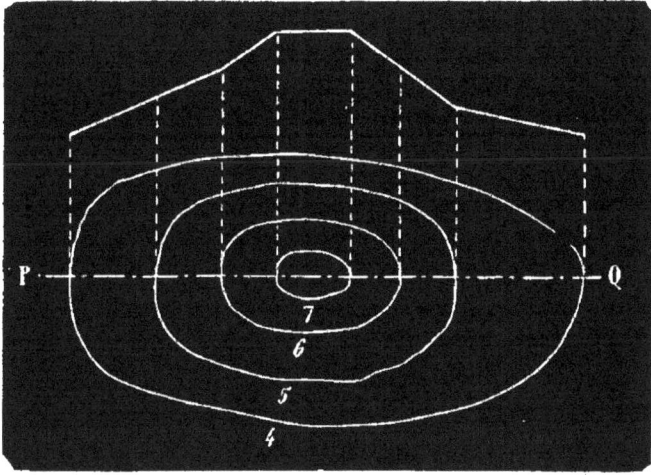

Fig. 134.

EXPRESSION DU RELIEF.

165. Pour donner plus d'expression au relief du sol, on a essayé de teinter les cartes en tenant compte de la lumière reçue. On suppose alors les objets éclairés, non pas comme ils le sont réellement, mais par un foyer lumineux situé à une distance infinie et dont tous les rayons

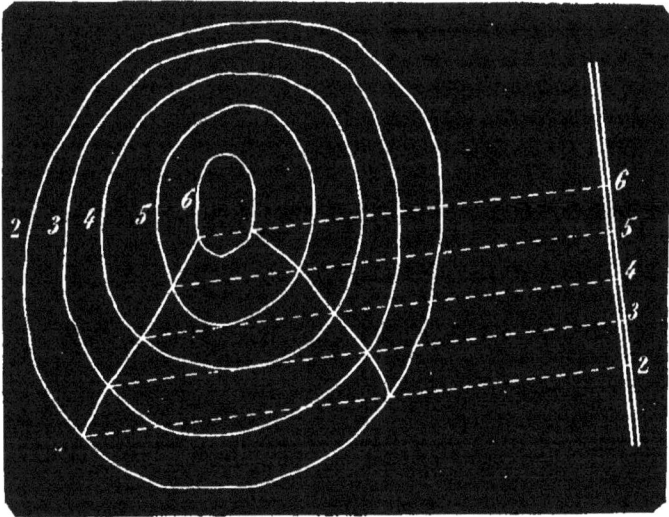

Fig. 135.

sont verticaux. De sorte que la quantité de lumière reçue par une surface horizontale est tout entière comprise à l'intérieur du cylindre vertical qui aurait pour directrice le contour de cette surface.

Si l'on fait, dans ce cylindre, une section par un plan incliné à l'horizon d'un angle α, la lumière reçue par cette section sera évidemment égale à celle que recevrait sa projection qui est la base du même cylindre.

Or la projection d'un polygone quelconque sur un plan est égale à la surface de ce polygone multipliée par le cosinus de l'angle d'inclinaison. Par conséquent, si l'on désigne par S une surface quelconque, par α son inclinaison à l'horizon et par s sa projection, on a :

$$s = S \cos \alpha.$$

Représentons par 1 la quantité de lumière reçue par l'unité de surface horizontale ; la lumière reçue par une surface S inclinée d'un angle α sera S cos α.

On voit que cette lumière est proportionnelle au cosinus de l'angle d'inclinaison.

Pour α = 90°, la lumière reçue serait égale à zéro.

Une surface reçoit d'autant plus de lumière qu'elle est plus inclinée.

Si l'on connaissait la loi suivant laquelle la lumière est renvoyée par le sol, on pourrait, avec une précision toute mathématique, indiquer les reliefs par des teintes plus ou moins foncées ; mais cette loi est entièrement inconnue.

On y supplée par certaines conventions admises officiellement par le ministre de la guerre en ce qui concerne la topographie militaire, conventions qui ont pour but de rendre, autant que possible, les effets lumineux par l'espacement bien entendu des hachures.

On a construit un **diapason de hachures** qui fixe l'écartement et la grosseur des hachures pour les degrés de pente suivant les équidistances adoptées ; mais il est d'un emploi difficile et l'on préfère, dans la pratique, suivre la loi suivante :

L'espacement des hachures sera en raison inverse de la rapidité des pentes et égal au quart de la cotangente moyenne de l'angle de pente, c'est-à-dire au quart de la distance prise sur la carte entre deux courbes consécutives.

Lorsque la longueur de la cotangente moyenne ne sera que de deux millimètres, on commencera à exprimer la rapidité des pentes par le grossissement des hachures.

Ce grossissement ne sera pas assujetti à une règle exacte ; il servira seulement à suppléer la loi de l'espacement déterminée plus haut.

Enfin on conservera, sur la mise au net à l'encre les traces des courbes qui auront servi de directrices aux hachures en discontinuant ces dernières de manière qu'une de leurs extrémités partant de la courbe supérieure, l'autre extrémité n'arrive pas tout à fait à la courbe inférieure. Il restera ainsi, entre les différentes zones, des espaces blancs d'une largeur suffisante pour que l'œil puisse toujours saisir et suivre la direction des courbes.

On ne trace pas de hachures près des lignes de faîte, car la ligne de faîte est toujours un plateau plus ou moins large et on ne trace pas de hachures sur les parties horizontales du sol.

Les vallées et les plateaux sont représentés de la même manière sur les plans topographiques et il serait facile de les confondre, si l'on n'avait pas soin d'indiquer les plateaux par quelques cotes. D'ailleurs les vallées sont ordinairement traversées par des cours d'eau, des routes, des chemins de fer qui permettent de les distinguer au premier coup d'œil.

TERMES EMPLOYÉS EN TOPOGRAPHIE.

166. L'ensemble des montagnes liées les unes aux autres sur une grande étendue porte le nom de **chaîne**.

Le point le plus élevé en est dit la **cime**.

La cime est un **pic**, si elle est conique; une **aiguille**, si elle est pointue; une **dent**, si elle est prismatique; un **ballon**, si elle est arrondie; un **plateau**, si elle est plane; une **arête** ou **crête**, si elle est en biseau.

Les pentes, depuis la cime jusqu'à la base des montagnes, portent le nom de **flancs** ou **versants**.

On appelle **chaîne principale** dans une contrée la chaîne la plus élevée; celle qui lui est inférieure comme élévation porte le nom de **chaîne secondaire**.

Les chaînes secondaires s'appellent **contreforts** lorsqu'elles ont une direction à peu près parallèle à la chaîne principale; les autres chaînes qui ont une direction perpendiculaire ou plus ou moins oblique sont des **ramifications**.

On donne le nom de **pitons** aux montagnes isolées qui s'élèvent assez haut sous la forme conique.

Les **collines** sont des montagnes de 200 à 300ᵐ d'élévation; les **mamelons**, de 100 à 200 ᵐ.

Enfin les régions moins élevées sont les **tertres** ou **buttes**.

Les ondulations du terrain peu élevées et rapprochées les unes des autres sont des **plis de terrain** ou **rideaux**.

La crête des hautes montagnes subit parfois quelques inflexions qui donnent un accès plus facile pour les franchir. Lorsque ces accès sont fréquentés comme passage, ils reçoivent le nom de **cols**, **ports** ou **portes**, suivant les contrées.

L'espace plus ou moins grand qui sépare le pied des montagnes est ce qu'on nomme **vallée**; leurs flancs sont des **berges**.

Les vallées étroites, rapides et souvent inaccessibles s'appellent **ravins**; moins rapides et accessibles, mais étroites et bordées d'escarpements, ce sont des **gorges** ou **défilés**; enfin, moins étroites et bordées de collines, ce sont des **vallons**.

On donne en général le nom de **bassin** à toute vallée ou vallon qui reçoit un cours d'eau.

Le nom de **côte** est spécialement adopté pour désigner la contrée voisine des bords de la mer; la partie basse qui donne accès à la mer est la **plage** ou **rivage**; les sables ondulés en monticules sont des **dunes**.

Lorsque les côtes sont coupées par des arrachements, ces arrachements prennent le nom de **falaises**; leur pied s'appelle **estran**.

Les **barres** sont des obstacles amoncelés à l'embouchure des fleuves et des rivières, qui entravent plus ou moins la navigation.

Les îles à fleur d'eau sont désignées sous le nom d'**écueils** ou **récifs**.

TEINTES CONVENTIONNELLES.

167. Tous les traits de la planimétrie sont de même grosseur.

On trace à l'encre de Chine les chemins, les limites de culture, les hachures et les courbes de niveau ; seulement les hachures et les courbes sont interrompues aux routes, places de village, qui restent en blanc.

Les bords des rivières, lacs, étangs, sont tracés en bleu ; quand la largeur d'une rivière comporte deux traits, on passe au pinceau une couche bleue à l'intérieur.

Les maisons, les édifices, les murs de clôture sont tracés au carmin et la surface de ces maisons est lavée légèrement au carmin.

Lorsque la largeur d'un mur n'est pas assez considérable pour qu'il soit représenté par deux traits, on la représente par un trait un peu plus fort.

Les édifices remarquables sont aussi teintés plus fortement que les maisons ordinaires.

Les rochers, les escarpements se dessinent à l'encre de Chine.

Les terres labourées restent blanches.

Eaux. — *Bleu de Prusse* pour les rivières, étangs, etc., mêlé avec une faible partie de *gomme-gutte* pour les mers.

Vignes. — *Carmin, indigo* et une très faible partie d'*encre de Chine.*

Bois. — *Gomme-gutte* mêlée avec une faible partie d'*indigo.*

Prés. — *Indigo* mêlé avec une faible partie de *gomme-gutte.*

Vergers. — *Indigo et gomme-gutte* en même quantité.

Sables. — *Gomme-gutte* mêlée avec un peu de *carmin.*

Galets. — *Teinte de sable* mêlée avec un peu d'*encre de Chine.*

Dunes. — *Teinte de sable.*

Bruyères. — *Teinte de prés* faible et *teinte légère de carmin* (ces deux teintes doivent être mises ensemble avec deux pinceaux).

Marais. — *Teinte de prés* avec des flaques en *bleu de Prusse.*

ÉCRITURES.

168. Les dimensions et le caractère des écritures dépendent des objets et de l'échelle. On se conforme pour cet article aux modèles n° 4 et n° 2 du Dépôt de la guerre.

CHAPITRE III

LEVÉ DES PLANS.

169. *Lever le plan d'un terrain,* c'est prendre toutes les mesures nécessaires pour construire sur le papier un polygone semblable à celui que l'on obtient en projetant tous les points du sol sur un plan horizontal.

Les opérations à faire se divisent en deux parties : 1° *opérations sur le terrain;* 2° *construction du polygone semblable sur le papier.*

Elles nécessitent l'emploi de certains instruments dont il est utile de donner la description et l'usage.

CHAINE D'ARPENTEUR, FICHES, JALONS.

170. *La chaîne d'arpenteur* a 10 mètres de longueur; elle est formée de cinquante chaînons en gros fil de fer réunis par des anneaux dont les centres sont distants de 2 décimètres. Ceux qui marquent les mètres sont en laiton, et celui du milieu de la chaîne porte une marque particulière. Aux extrémités se trouvent deux poignées qui font partie de la longueur de la chaîne.

Une fiche est une tige de fil de fer terminée en pointe à l'une de ses extrémités et par un anneau à l'autre extrémité.

Un jalon est une pièce de bois cylindrique ou prismatique de 2 mètres de long, dont l'une des extrémités porte une pointe en fer; à l'autre extrémité se trouve une fente dans laquelle on peut introduire une feuille de papier qui sert à faire voir de loin le jalon.

171. Jalonner une ligne droite. — On plante d'abord des jalons aux deux extrémités en les mettant bien verticaux à *l'aide du fil à plomb*. L'opérateur se place ensuite derrière l'un d'eux et fait marcher dans la direction de l'autre un aide chargé de placer un jalon intermédiaire. Il le guide par signes jusqu'à ce que ce jalon cache complètement celui de l'autre extrémité. Il en fait disposer ainsi un plus ou moins grand nombre, suivant la longueur de la ligne.

172. Chaîner une ligne AB (fig. 136). — Deux opérateurs saisissent les extrémités de la chaîne; l'un est le *chaîneur d'avant*, l'autre le *chaîneur d'arrière*. Celui-ci met la poignée de la chaîne juste au point A; l'autre marche dans le sens AB, tenant en main un paquet de dix fiches. Il tend la chaîne en la maintenant sen-

Fig. 136.

siblement horizontale, obéit aux gestes du premier qui le met dans l'alignement des jalons, et plante une de ses fiches dans le sol intérieurement à la poignée. Les deux opérateurs se remettent en marche jusqu'à ce que le chaîneur d'arrière soit arrivé à la fiche; il met sa poignée de chaîne contre cette fiche, et le chaîneur d'avant, se comportant comme précédemment, place une seconde fiche pendant que l'autre chaîneur enlève la première, et ainsi de suite jusqu'à ce qu'il ne reste plus à mesurer qu'une portion inférieure à 10 mètres. Le chaîneur d'arrière abandonne alors sa poignée, et, tirant à lui la chaîne, la tend jusqu'à la dernière fiche. Il compte, à partir du jalon, les anneaux qui marquent les mètres, les chaînons de $0^m,2$, et enfin les centimètres sur le dernier chaînon en les estimant à vue ou en se servant du double décimètre, et enlève la fiche. Supposons qu'en dernier lieu il ait trouvé $8^m,65$ et qu'il ait huit fiches dans sa main, la ligne AB sera de $88^m,65$.

Une longueur de 100 mètres s'appelle une **portée**. Le chaîneur d'arrière marque chaque portée sur son carnet et rend les dix fiches à son aide.

La chaîne doit se tendre horizontalement, car la distance entre deux points est la distance entre les verticales de ces points; or, en *topographie*, ces verticales sont parallèles et leur distance est égale à la longueur de leur perpendiculaire commune qui est horizontale.

ÉQUERRE D'ARPENTEUR.

173. L'*équerre d'arpenteur* (fig. 137) sert à élever des perpendiculaires sur le terrain. Elle est formée d'une boîte prismatique ou cylindrique de 10 centimètres environ de hauteur et terminée par une douille qui permet de la disposer sur un bâton ferré que l'on fixe dans le sol. Les quatre faces B, B', A, A' sont percées en leur milieu d'une fente longitudinale aboutissant à une fenêtre ayant la forme rectangulaire. La fenêtre et la fente sont traversées par un fil de crin tendu

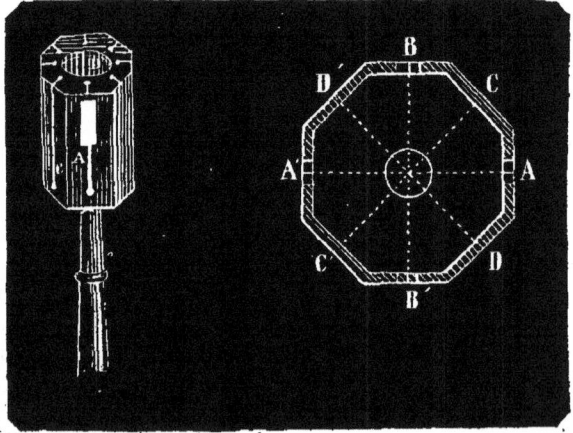

Fig. 137.

verticalement. Le tout est disposé de manière qu'un rayon visuel passant par la fente d'une face passe par la fenêtre de la face opposée. Les quatre autres pans de l'équerre portent seulement une fente longitudinale. Les directions BB' et AA' sont perpendiculaires l'une sur l'autre. L'œil doit toujours être mis devant une fente, et le fil de la fenêtre opposée doit recouvrir le jalon que l'on vise.

Pour faire usage de l'équerre, on doit savoir résoudre les deux problèmes suivants :

174. Problème I. — *Mener une perpendiculaire à une droite en un point donné sur cette ligne.* (fig. 138.)

Soit la droite AB et le point C de cette droite. On place l'équerre au point C bien verticalement à l'aide du fil à plomb, de façon que, le point A

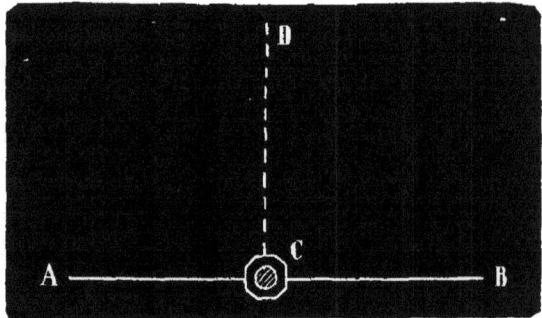

Fig. 138.

étant visé, on voie le point B dans la même direction, en regardant dans l'autre sens. On regarde alors dans la direction à 90° et on fait, à l'aide d'une série de tâtonnements, planter par un aide un jalon dans cette direction. La perpendiculaire est tracée.

175. Problème II. — *Abaisser d'un point donné, extérieur à une droite, une perpendiculaire sur cette ligne* (fig. 136).

On place dans la direction AB et approximativement son équerre en un point quelconque. L'une des lignes de visée étant mise suivant AB, on regarde dans l'autre direction si on aperçoit le point D. On déplace l'équerre à droite ou à gauche suivant que le point D se trouve à droite ou à gauche, et on arrive par une série de tâtonnements à placer l'instrument en un point C, tel que CD soit perpendiculaire à AB; on l'enlève alors et on le remplace par un jalon. Le problème est résolu.

Remarque. — En élevant maintenant, d'après le premier problème, une perpendiculaire au point D sur CD, on aura résolu le problème suivant :

Par un point donné hors d'une droite, mener une parallèle à cette ligne.

176. Niveau à bulle d'air (fig. 139). — Il sert à reconnaître si un plan est horizontal. C'est un tube de verre, légèrement convexe vers le haut, renfermé dans une monture en cuivre, le tout reposant sur un plan métallique bien dressé. On remplit le tube d'eau en laissant seulement

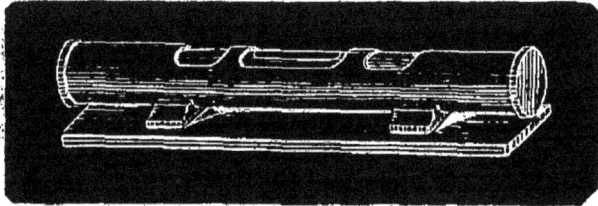

Fig. 139.

une place pour une bulle d'air qui vient d'elle-même se loger vers le haut de la courbure, c'est-à-dire au milieu quand le plan métallique est horizontal, mais qui va de suite à droite ou à gauche quand l'horizontalité n'existe plus. Deux points de repère sont marqués sur le haut du tube; la bulle doit être comprise entre eux pour que le plan sur lequel le niveau est posé soit bien horizontal.

177. Alidade. — Une alidade est une règle de bois ou de cuivre RS (fig. 140) portant à ses deux extrémités deux plaques perpendiculaires C, C' appelées *pinnules*. Chaque pinnule est percée dans le sens de sa longueur d'une fente étroite ou *œilleton* et d'une fente plus large que l'on nomme *croisée* ou fenêtre Celle-ci est divisée en deux parties par un crin ou fil de soie tendu dans le prolongement de l'œilleton. L'œilleton d'une pinnule correspond à la fenêtre de l'autre. La *ligne de foi* ou *ligne de visée* est une ligne droite qui, sur la règle, va du pied d'une fente au pied de l'autre. Pour se servir de l'alidade, on dirige la ligne de foi vers l'objet visé, qui doit être caché à l'œil, placé derrière l'œilleton, par le fil de la fenêtre opposée.

178. Graphomètre (fig. 140). — Cet instrument sert à mesurer les angles sur le terrain.

SKR est un demi-cercle de 20 centimètres de diamètre environ appelé limbe., CC', BB' sont deux alidades ; la première est fixe et est dirigée suivant le diamètre du demi-cercle ; la seconde, mobile, peut tourner autour du centre A. Les extrémités sont amincies en forme de biseau et sont formées de petits arcs de cercle qui ont aussi A pour centre et qui se confondent avec la circonférence du demi-cercle. Ces extrémités portent en outre des verniers dont nous dirons un mot plus loin.

L'appareil est porté par une tige cylindrique terminée par une sphère qui est saisie entre deux coquilles qui peuvent à l'aide d'une vis se rapprocher ou s'éloigner. Le tout est fixé à un support à trois pieds.

En O se trouve une boussole qui permet d'orienter le plan que l'on lève. La graduation du demi-cercle part de la ligne de foi CC' qui correspond au zéro du vernier. Dans les instruments perfectionnés, les alidades sont remplacées

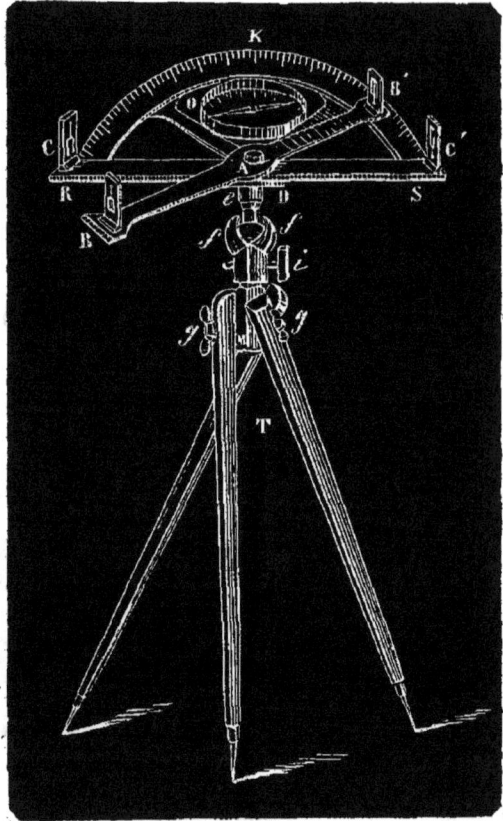
Fig. 140.

par des lunettes, et c'est à l'aide de vis que l'on arrive à donner le mouvement autour de l'axe.

179. Problème. — *Mesurer avec un graphomètre l'angle* CAE (*le terrain étant horizontal*) (fig. 141). Au sommet A, on dispose un graphomètre, de manière que la verticale de son centre H passe par le point A. Au moyen du niveau à bulle d'air, le demi-cercle est disposé horizontalement, de façon que l'alidade fixe K'K soit dans la direction AE. Pour cela, on regarde par la fente de K' et il faut que le fil de la fenêtre K vienne recouvrir le jalon E. Puis on fait tourner l'alidade mobile D'D jusqu'à l'amener dans la direction AC. Il ne reste plus qu'à faire la lecture de l'angle sur le demi-cercle gradué. Il donne les degrés et demi-degrés. Pour évaluer avec plus d'approximation, on se sert du vernier.

180. Vernier. — Nous avons dit que les alidades terminées en biseau portaient à leurs extrémités un petit arc de cercle divisé. C'est ce qui constitue le *vernier*. Le plan vertical des fils de l'alidade mobile coupe ces arcs en des points où l'on remarque zéro. On prend 29 divisions du limbe qu'on divise en 30 parties égales. Si le zéro du vernier coïncide avec la division 24° 1/2, l'angle est de 24° 30'; mais si le zéro est compris entre 24° 30'. et 25°, il faut trouver le nombre de minutes à ajouter. On cherche quelle division du vernier coïncide avec celle du limbe. Soit la 15°. Je dis que l'angle est de 24° 45; car à partir du point de coïncidence, d'une division à l'autre, il y a un écart de $\frac{1}{30}$ de 1/2 degrés ou de $\frac{1}{60}$ de degré, ou de une minute.

Pour 15 divisions d'éloignement de ce point, il y aura bien un écart de 15'; ce qui avec les 24° 30 donne bien 24° 45'. La lecture est faite à une

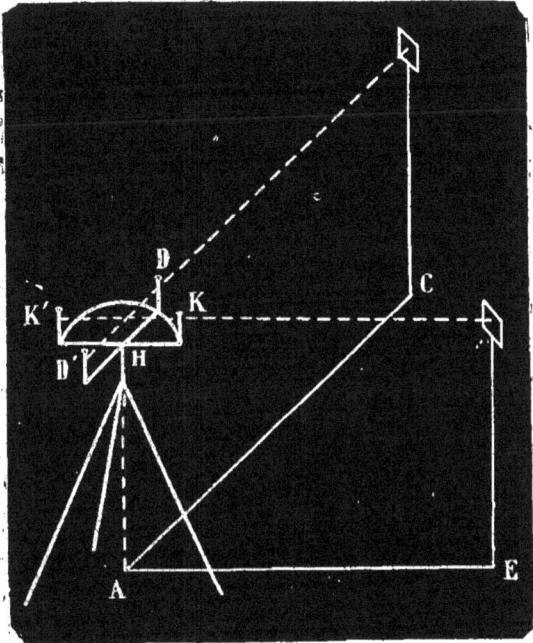

Fig. 141.

minute près. Il est bon d'avoir avec soi une loupe pour mieux apprécier le point exact où les deux traits sont le prolongement l'un de l'autre.

181. Remarque. — Si le plan de l'angle n'est pas horizontal, il faut, par des tâtonnements, mettre le plan du limbe dans un plan parallèle à celui de l'angle, ce qui peut se faire en prenant sur les jalons C et E des longueurs égales à la hauteur de l'instrument et en visant les points marqués à cette hauteur commune. L'opération est ensuite la même que précédemment.

182. Boussole (fig. 142). — La *boussole* d'arpenteur se compose d'une boîte carrée suspendue comme le graphomètre sur un genou à coquilles et un trépied. Au centre et au fond de la boîte est implanté un petit pivot d'acier bien vertical qui supporte une aiguille aimantée. Les pointes de l'aiguille parcourent un cercle tracé au fond de la

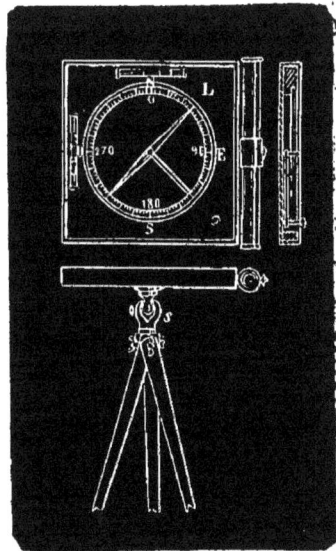

Fig. 142.

boîte et divisé en 360 parties égales. La ligne 0 — 180°. ou NS ou *ligne de foi* est parallèle à un des côtés de la boîte, le long duquel est une lunette à pinnules mobile autour d'un axe horizontal qui est dans le prolongement du diamètre 270° — 90°. L'aiguille est garantie par une plaque de verre assez voisine, de façon que, si l'appareil est renversé, l'aiguille ne tombe pas. Une tige mise en mouvement de l'extérieur de la boîte permet de soulever l'aiguille et de l'appliquer contre la plaque de verre, dans le but de ménager le pivot quand on n'emploie pas l'appareil. La boussole est mise horizontale au moyen de deux niveaux à bulle d'air disposés parallèlement aux côtés de la boîte.

USAGE DE LA BOUSSOLE.

183. La *boussole* sert à mesurer les angles sur le terrain et permet, par conséquent, de lever les plans au même titre que le graphomètre.

Déclinaison. — On sait que l'aiguille aimantée, mobile sur un pivot vertical, prend une direction constante ; cette direction fait avec la méridienne terrestre un angle d'environ 19° à l'ouest et que l'on nomme *déclinaison de l'aiguille aimantée*.

184. Azimut d'une ligne. — *Définition.* — Plaçons le centre d'une boussole en un point *o* d'une ligne AC (fig. 143) et soit *om* la direction de l'aiguille. On appelle azimut de la droite *oA* l'arc *ma* compté de l'est à l'ouest, compris entre la pointe nord de l'aiguille et la direction de la ligne.

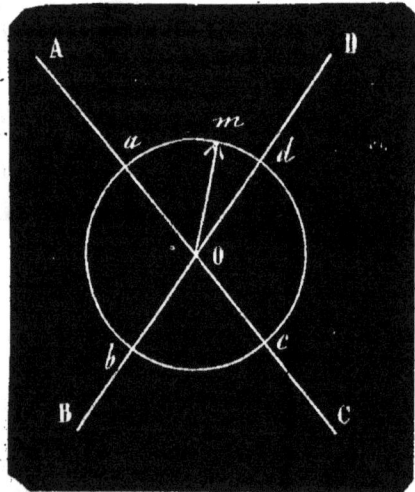

Fig. 143.

L'azimut de la droite *oC* est l'arc *mabc*.

Or

$$mabc — ma = abc = 180°.$$

Ainsi une droite AC a toujours deux azimuts qui diffèrent de 180°, car on peut considérer la droite comme ayant deux directions opposées par rapport à un de ses points. De même l'azimut de *oB* est l'arc *mab*, celui de *oD* est l'arc *mabcd*, et comme précédemment *mabcd — mab = bcd = 180°.*

185. Principe. — *La mesure d'un angle est égale à la différence des azimuts de ses côtés lorsque la pointe nord de l'aiguille est en dehors de l'angle, et égale à cette différence retranchée de 360° quand la pointe nord de l'aiguille est à l'intérieur de l'angle.*

En effet (fig. 143) :

La mesure de l'angle AoB est ab ou $mab-ma$;

— BoC est bc ou $mabc-mab$;

— CoD est cd ou $mabcd-mabc$;

— AoD est ad ou $360° - abcd$;

ou $360° - (mabcd-ma)$.   C. Q. F. D

186. Détail pratique. — Pour mesurer l'*azimut d'une ligne* oA (fig. 144), on place la boussole horizontalement, de manière que son centre soit sur la ligne et qu'avec la lunette on aperçoive un jalon A.

La pointe nord de l'aiguille étant en a, l'azimut de oA est l'arc $abcdf$ dont on lit la valeur au point a. Or l'azimut réel de oA est l'arc $abcd$. On commet donc en procédant ainsi une erreur représentée par l'arc df qui mesure l'angle fod égal à l'angle oAc. Mais l'angle oAc est d'autant plus petit que le point A est plus éloigné. Cet angle étant d'ailleurs toujours très petit, on néglige l'erreur commise.

187. Planchette (fig. 145). — Cet appareil se compose d'une véritable planche à dessin, presque carrée, de 55 à 60 centimètres. Deux rouleaux fixés aux extrémités servent à tendre dessus une ou plusieurs feuilles de papier. En dessous se trouvent deux traverses longitudinales le long desquelles peut glisser une petite planche carrée qui tient à la planchette. Le tout est supporté, comme le graphomètre, par un genou à coquilles ou un *genou à la Cugnot*, disposition qui permet à la planchette de prendre toutes les inclinaisons possibles.

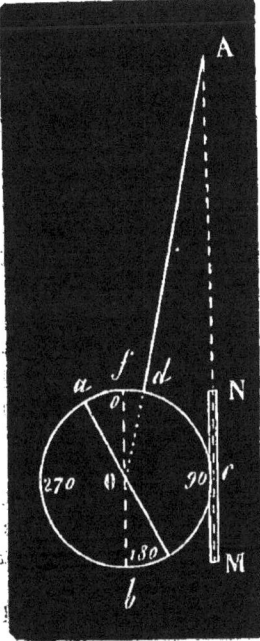

Fig. 144.

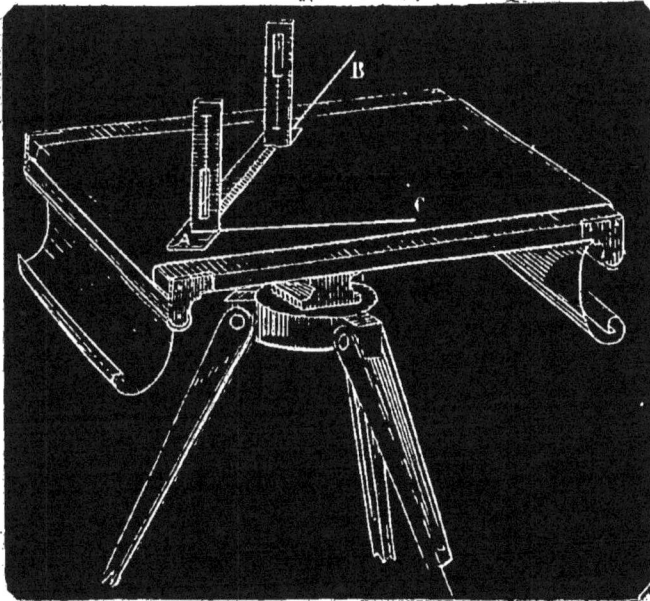

Fig. 145.

Une alidade à pinnules ou à lunette se place en un point quelconque de la planchette. Elle est évidée à la base de manière que le bord inférieur soit dans le plan vertical qui passe par les fils des pinnules ou l'axe de la lunette. Enfin un niveau est indispensable pour disposer horizontalement l'appareil.

MÉTHODES EMPLOYÉES.

188. Nous distinguerons deux cas :
1° *Le terrain est de petite étendue ;*
2°   —   *de grande étendue.*

Terrain de petite étendue. — On place des jalons aux sommets du contour ; on les joint par des droites et l'on obtient un polygone auquel on rattache les points remarquables du terrain.

Le levé du plan comporte donc trois opérations :
1° *Lever le contour polygonal ;*
2° *Rattacher à ce contour les points remarquables ;*
3° *Construction du polygone semblable sur le papier.*

Il y a autant de méthodes de levé de plans qu'il y a de manières de faire un polygone semblable à un polygone donné, c'est-à-dire cinq méthodes principales, savoir :
1° *La méthode par cheminement ;*
2°   —   *par triangulation ;*
3°   —   *par rayonnement ;*
4°   —   *par intersections ;*
5°   —   *des perpendiculaires.*

189. **Méthode par cheminement.** — 1° *Levé du contour.* —
Le polygone du terrain est ABCDF (fig. 146). On en mesure successivement tous les côtés et tous les angles.

2° *Levé d'un point de l'intérieur.* — Soit le point H ; on le joint au sommet A par exemple. puis on mesure la droite AH et l'angle HAB.

3° *Construction du polygone* (fig. 147). — On trace d'abord une ligne *ab* égale à la longueur de AB réduite à

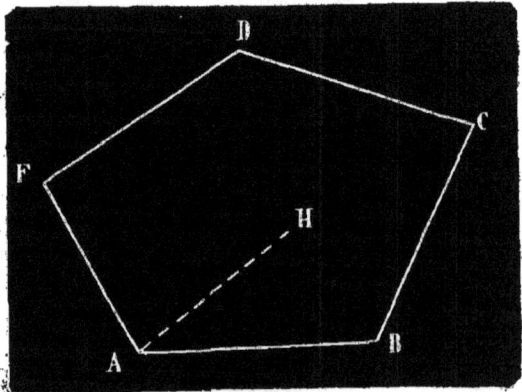

Fig. 146.

l'échelle du dessin ; en *b*, on fait un angle égal à l'angle B avec les données prises sur le terrain, puis on porte sur le deuxième côté de cet angle la longueur *bc* égale à la longueur réduite de BC.

Ainsi de suite. Il y a des moyens de vérification, car les données sont plus nombreuses qu'il n'est nécessaire pour déterminer le polygone.

Les deux polygones ABCDF et *abcdf* sont semblables comme ayant les angles égaux et les côtés homologues proportionnels.

Pour fixer sur le plan la position du point H, on fait un angle *hab* égal à HAB, puis *ah* égal à la longueur réduite de AH.

190. Méthode par triangulation. — La méthode par triangulation consiste à partager en triangles le polygone du terrain, à mesurer les éléments nécessaires pour construire des

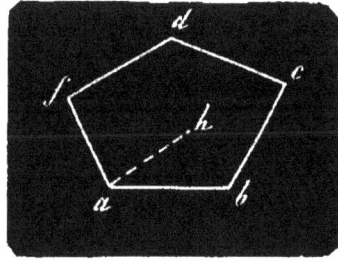

Fig. 147.

triangles semblables et à faire ensuite sur le papier un polygone composé d'un même nombre de triangles semblables et semblablement placés.

1° *Levé du contour.* — Le polygone étant ABCDF (fig. 148), on mène les diagonales AC, AD. On peut alors s'y prendre de deux manières différentes : 1° mesurer les trois côtés de chaque triangle ; 2° mesurer seulement le côté AB, puis successivement les angles BAC, CAD, DAF, ABC, ACD et ADF.

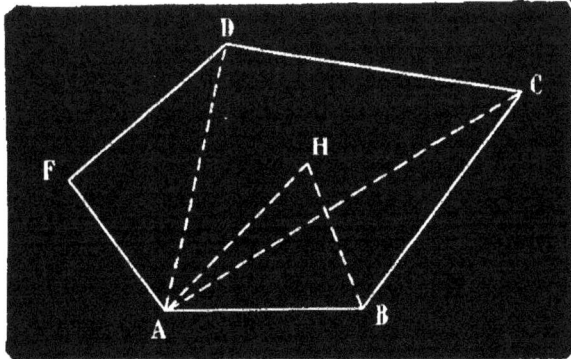

Fig. 148.

2° *Levé d'un point de l'intérieur.* — De même pour relever le point H on peut mesurer les côtés AH et BH, ou bien les deux angles BAH et ABH.

3° *Construction du polygone.* — Si l'on a mesuré les trois côtés de chaque triangle, on trace une ligne *ab* (fig. 149) égale à la longueur réduite de AB ; des points *a* et *b* comme centres avec les longueurs réduites de CA et de CB, on décrit des arcs de cercle qui se coupent en un point *c*; les triangles *abc* et ABC sont semblables comme ayant les trois côtés proportionnels. Sur *ac*, on construit de la même manière un triangle *acd* semblable à ACD, enfin sur *ad* un triangle *adf* semblable à ADF. Les

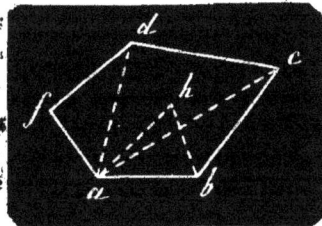

Fig. 149.

deux polygones *abcdf* et ABCDF sont semblables comme étant composés d'un même nombre de triangles semblables et semblablement placés.

Pour relever le point H, des points *a* et *b* comme centres, on décrit des arcs de cercle ayant pour rayons les longueurs réduites de AH et de BH. Ils se coupent en un point *h* qui est le point cherché.

Si l'on a mesuré le côté AB et les angles, on trace d'abord *ab* comme précédemment, puis aux points *a* et *b* on construit les angles *bac* et *abc* respectivement égaux aux angles BAC et ABC ; on obtient ainsi un triangle *abc* semblable à ABC comme ayant les trois angles égaux. Sur AC, on construit de la même manière le triangle *acd* semblable à ACD et sur *ad* le triangle *adf* semblable à ADF.

On relève le point H en construisant sur *ab* les angles *bah* et *abh* égaux à BAH et à ABH.

191. Méthode par rayonnement. — 1° *Levé du contour.* — On choisit à l'intérieur du polygone (fig. 150) un point O duquel on puisse apercevoir tous les sommets. On mesure les droites OA, OB, OC, OD, OF et OG, ainsi que les angles qu'elles forment entre elles.

2° *Levé du point* H. — On mesure OH et l'angle HOC.

3° *Construction du polygone.* — Autour d'un point *o* (fig. 151), on construit des angles égaux à ceux que l'on a mesurés sur le sol et l'on porte sur leurs côtés les longueurs réduites des droites OA, OB, OC, OD, OF, OG et OH.

Chaque triangle du plan est semblable à son homologue du terrain comme ayant un angle égal compris entre des côtés proportionnels.

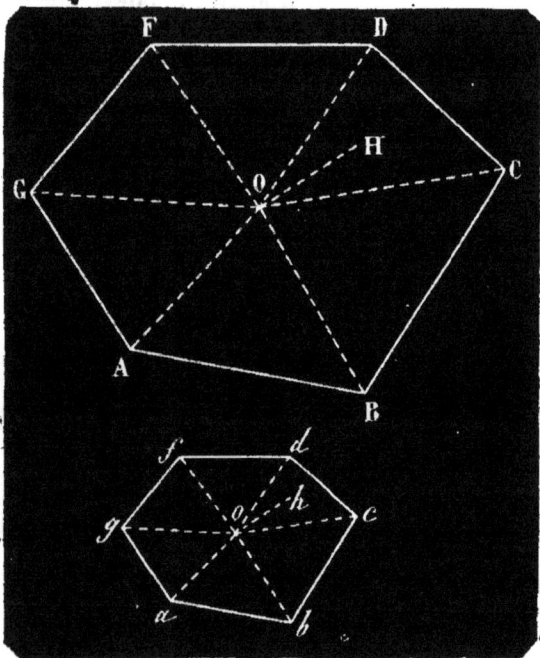

Fig. 150, 151.

Il en résulte que les deux polygones *abcdfg* et ABCDFG sont semblables.

192. Méthode des intersections. — 1° *Levé du contour.* — A l'intérieur du polygone ABCDFG (fig. 152), on trace une ligne droite MN que l'on appelle base et des extrémités de laquelle on aperçoive tous les sommets. On mesure MN et successivement tous les angles que forme MN avec les droites qui, partant des sommets du polygone, aboutissent aux points M et N. Ces angles sont :

1° AMN, BMN, CMN, DMN, FMN, GMN.

2° ANM, BNM, CNM, DNM, FNM, GNM.

2° *Levé du point* H. — On mesure les angles HMN et HNM.

3° *Construction du polygone.* — On trace sur le papier une ligne *mn* (fig. 153) égale à la longueur réduite de MN ; des points *m* et *n*, on trace des droites qui forment avec *mn* des angles égaux à ceux que l'on a

mesurés sur le sol ; elles se coupent en certains points qui sont les sommets du polygone
semblable à celui du
terrain et en un
point h qui est l'ho-
mologue de H.

On démontrerait
facilement que les
polygones $abcdfg$ et
ABCDFG sont com-
posés d'un même
nombre de triangles
semblables et sem-
blablement placés.

En effet MFN et
mfn sont semblables
comme ayant les an-
gles égaux.

Donc

$$\frac{MF}{mf} = \frac{MN}{mn}.$$

Les triangles
GMN et gmn sont
semblables pour la
même raison, et
l'on a

$$\frac{GM}{Gm} = \frac{MN}{mn},$$

Par suite

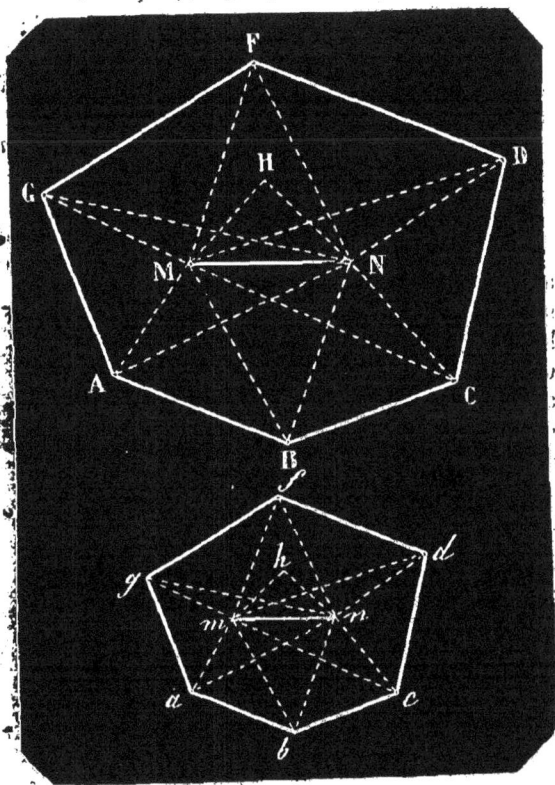

Fig. 152, 153.

$$\frac{MF}{mf} = \frac{GM}{Hm}.$$

Donc les deux triangles GMF et gmf sont semblables comme ayant
un angle égal compris entre des côtés proportionnels.

On ferait le même raisonnement pour les autres triangles.

193. Méthode des perpendiculaires. — La méthode des perpendiculaires consiste à déterminer chaque sommet d'un contour polygonal à l'aide de ses coordonnées par rapport à deux axes rectangulaires
quelconques.

1º *Levé du contour.* — Soit le polygone ABCDFG (fig. 154). On prend
généralement pour axe des abscisses ou base une diagonale AD tracée
dans le sens de la plus grande longueur ; l'axe des ordonnées serait une
perpendiculaire à AD au point A pris pour origine ; on se dispense de le
tracer.

De tous les sommets du polygone, on abaisse des ordonnées, c'est-
à-dire des perpendiculaires sur AD. On les mesure ainsi que leurs abscisses AB', AG', AC', AF' et AD.

2º *Levé d'un point intérieur* H. — On détermine un point intérieur H
en mesurant son ordonnée HH' et son abscisse AH'.

3° *Construction du plan.* — Sur une ligne indéfinie *ad* (fig. 155), à partir d'un point *a*, on porte les abscisses réduites à l'échelle du dessin.

Par les points obte-
nus, on mène les or-
données réduites et
l'on joint leurs som-
mets ; le polygone
qui en résulte est
semblable au poly-
gone du terrain.

En effet, ces deux
polygones sont com-
posés de triangles
rectangles et de tra-
pèzes.

Les triangles rec-
tangles sont sembla-
bles chacun à cha-
cun comme ayant
un angle égal com-
pris entre des côtés
proportionnels.

Menons les dia-
gonales B′*c* et *b*′*c* des
trapèzes B′C′CB et
b′*c*′ *bc*. Les deux

Fig. 154, 155.

triangles B′C′C et *b*′*c*′*c* ayant un angle égal compris entre des côtés proportionnels sont semblables. Il en résulte : 1° que l'angle CB′C′ est égal
à l'angle *cb*′*c*′ et que leurs compléments BB′C, *bb*′*c*, sont aussi égaux ;

2° que $\dfrac{B''C}{b'c} = \dfrac{B'C'}{b'c'} = \dfrac{B'B}{b'b}$.

On en conclut que les triangles BB′C et *bb*′*c* sont aussi semblables
comme ayant un angle égal compris entre côtés proportionnels.

On ferait la même démonstration pour tous les autres trapèzes.

Donc les polygones *abcdfg* et ABCDFG sont semblables, parce qu'ils
sont composés d'un même nombre de triangles semblables et semblablement placés.

CHOIX DE LA MÉTHODE

194. *Quelle méthode doit-on employer pour lever le plan d'un terrain?*
Cela dépend des instruments dont on dispose, de la nature du sol et
des difficultés que l'on y rencontre. D'un autre côté, dans un même levé,
on ne s'astreint pas à une méthode unique. On les combine souvent de
manière à rendre les opérations moins longues et plus justes. L'opérateur
qui a une certaine expérience est le meilleur juge dans ce cas.

Suivant l'instrument que l'on a à sa disposition, on fait :

1° *Le levé au mètre;*
2° — *au graphomètre;*
3° — *à l'équerre;*
4° — *à la planchette;*
5° — *à la boussole.*

195. Levé au mètre. — Le levé au mètre n'exige qu'une chaîne d'arpenteur.

Avec la chaîne, on peut : 1° *mesurer les lignes ;* 2° *lever les angles.*

En effet, soit BAC (fig. 156) un angle du terrain. Sur les deux côtés AB et AC à partir du sommet A, on mesure deux longueurs égales AD et AF de 10 mètres par exemple ; ensuite on mesure la droite DF.

Si l'on construit sur le papier un triangle *adf* avec les trois côtés AD, AF et DF réduits à l'échelle du dessin, il est semblable à ADF et l'angle *a* égale l'angle A.

On peut donc faire un levé au mètre :

1° *Par cheminement ;* 2° *par triangulation ;* 3° *par rayonnement ;* 4° *par intersections.*

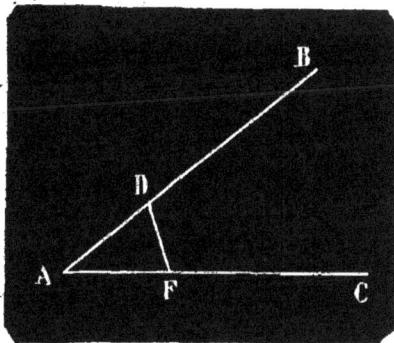

Fig. 156.

196. Levé au graphomètre. — Le *graphomètre* est d'un usage général dans les levés de plans. Avec cet instrument, on emploie les mêmes méthodes que pour le levé au mètre.

197. Levé à l'équerre. — Avec l'*équerre d'arpenteur*, on emploie la méthode des perpendiculaires.

Après avoir déterminé la base AD (fig. 154), on la mesure à partir de l'origine A et en même temps les perpendiculaires abaissées des sommets. Supposons que la deuxième chaîne prenne la position *op* ; l'aide plante une fiche au point *p* et l'opérateur va déterminer le pied B' de la perpendiculaire BB' (n° 175) ; la chaîne étant bien tendue de *o* en *p*, il lit la distance *o*B' ; il a par là même la distance AB' qu'il note sur le croquis. On mesure ensuite la perpendiculaire B'B que l'on note aussi. Cela fait, l'opérateur vient mettre une poignée de la chaîne contre la fiche restée en *p*. A 10ᵐ du point *p*, l'aide plante une autre fiche en *q*, et l'opérateur va, comme la première fois, déterminer le pied G' de la perpendiculaire G'G ; la chaîne étant bien tendue de *p* en *q*, il lit la distance *p*G' ; il a alors la distance AG' qu'il note sur le croquis. On mesure ensuite la perpendiculaire G'G et l'on continue ainsi jusqu'à ce qu'on arrive au point D.

Remarque. — Il semble qu'il serait plus naturel de mesurer successivement les distances AB', B'G', G'C', etc., qui séparent les pieds des perpendiculaires ; mais cette méthode est défectueuse, parce que les erreurs de lecture, commises en mesurant, s'ajoutent très souvent, et on court risque de commettre sur la distance totale une erreur notable. Le procédé que nous indiquons n'a pas cet inconvénient et le dernier point D est déterminé aussi exactement qu'un point quelconque de AD.

La méthode des perpendiculaires est la seule possible lorsqu'il s'agit de lever un contour sinueux ou un terrain à l'intérieur duquel on ne peut pas pénétrer. Les figures 157 et 158 indiquent clairement les opérations à faire dans ce cas.

198. Levé à la planchette. — Le *levé à la planchette* est très expéditif, car il permet de construire le plan sur le papier en même temps que l'on fait les opérations sur le terrain. Aussi l'emploie-t-on toutes les fois qu'il s'agit de lever un plan de peu d'étendue et pour lequel une grande exactitude n'est pas nécessaire.

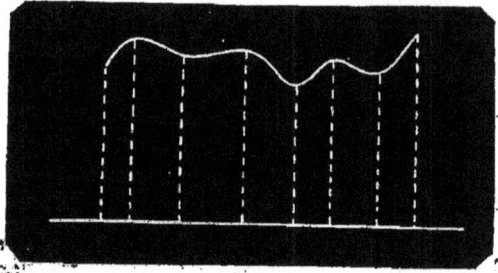

Fig. 157.

199. Mise en station de la planchette. — Soit à lever avec la planchette l'angle AOB (fig. 159) formé par deux droites AO et BO du terrain. On trace sur le papier une droite *oa* destinée à représenter la ligne OA; puis on plante au point *o* une aiguille très fine et l'on dispose la planchette bien horizontalement, de manière que le point *o* soit sur la verticale du point O, ce dont on peut s'assurer à l'aide du fil à plomb. Pour obtenir une horizontale parfaite, on place sur la planchette un niveau à bulle d'air dans une direction parallèle à l'un des axes de suspension et l'on détermine une horizontale en faisant tourner la

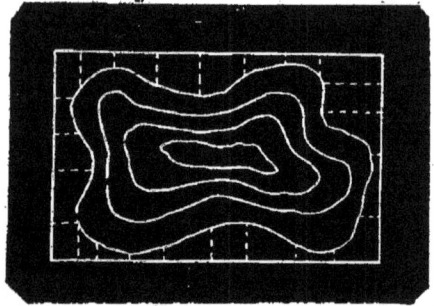

Fig. 158.

planchette autour de l'autre axe. On en fait autant pour ce deuxième axe. Après quelques tâtonnements, on arrive à mettre la planchette parfaitement horizontale. On serre alors les vis de pression des axes et l'instrument ne peut plus tourner qu'autour d'un axe vertical, en restant constamment horizontal. Cela posé, on place l'alidade contre l'aiguille de manière que le bord taillé en biseau coïncide parfaitement avec la ligne *oa*. La ligne de foi prend aussi exactement cette direction. On fait mouvoir la planchette jusqu'à ce que le rayon visuel passant par les fenêtres des pinnules rencontre le

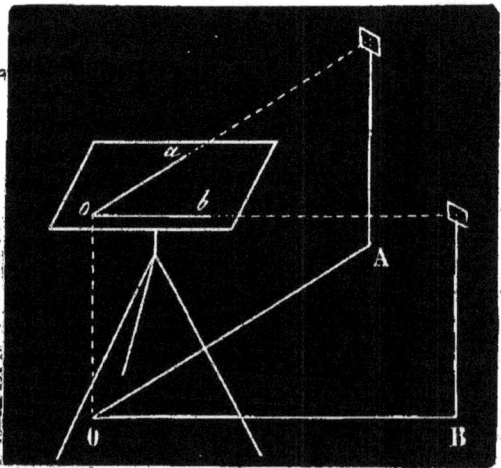

Fig. 159.

jalon du point A. On fixe la planchette de manière qu'elle ne puisse plus bouger et l'on déplace l'alidade en la faisant tourner autour de l'aiguille pour la mettre dans la direction oB. On trace alors une ligne le long de l'alidade et l'angle est levé.

200. Lever le plan d'un polygone avec la planchette. — On peut employer les trois méthodes, *par cheminement, par rayonnement et par intersections.*

1° Par cheminement. — Soit le polygone ABCDF (fig. 160). On mesure le côté AB et l'on place la planchette en station au point A (n° 199); on trace ab et af dans les directions AB et AF; on prend ab é- gal à la longueur ré- duite de AB. Se trans- portant ensuite au point B, on mesure le côté BC et l'on met la planchette en station au point B de manière que ba ait la direction BA et que le point b soit sur la verticale du point B. On trace alors bc dans la di- rection BC et l'on fait bc égal à la longueur réduite de BC. On procède de même aux sommets C et D.

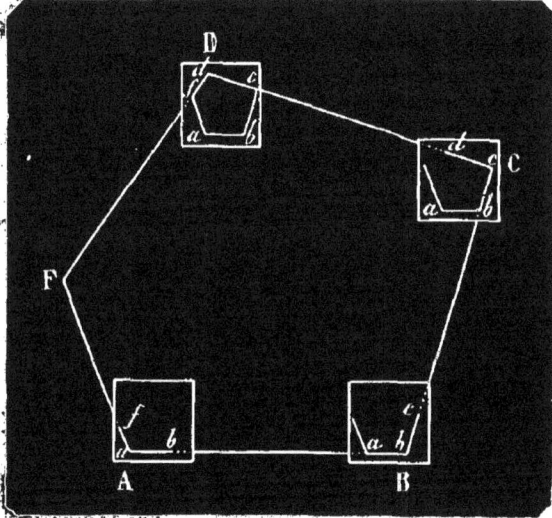

- Fig. 160.

Vérification. — Le point f homologue de F est déterminé sur le plan par l'inter- section des droites af et df. Si l'opération est juste, il faut qu'en mesurant af et df elles représentent exactement les lon- gueurs réduites de AF et de DF que l'on peut mesurer sur le sol.

2° Par rayon- nement. — On choisit à l'intérieur du polygone ABCDF (fig. 161) un point o duquel on puisse

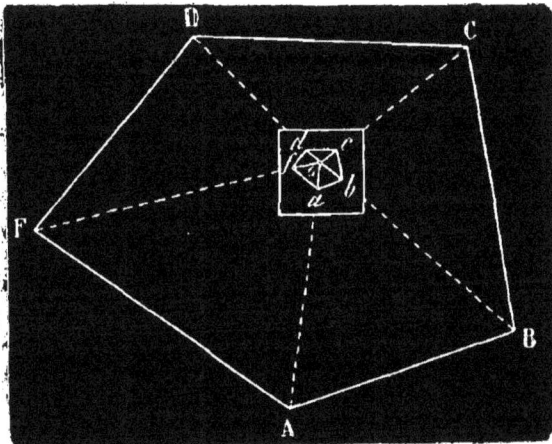

Fig. 161.

apercevoir tous les sommets; on mesure les droites oA, oB, oC, oD et oF, puis on place la planchette en station au point o; on trace sur la feuille des lignes droites dans les directions A, B, C, D, F; on fait ensuite oa, ob, oc, od et of égales aux longueurs réduites de oA, oB, oC, oD et oF et l'on joint les points a, b, c, d, f, ce qui donne le polygone cherché.

Vérification. — On mesure sur le dessin un côté quelconque, ab par exemple, et son homologue AB sur le terrain; il faut que ab soit exactement la longueur réduite de AB.

3º. **Par intersections.** — Soit ABCDF (fig. 162) le polygone, du terrain. On jalonne à l'intérieur une ligne MN des extrémités de laquelle on puisse apercevoir tous les sommets; on la mesure avec grand soin.

Vers le milieu de la feuille, on trace une droite mn égale à la longueur réduite de MN. On met la planchette

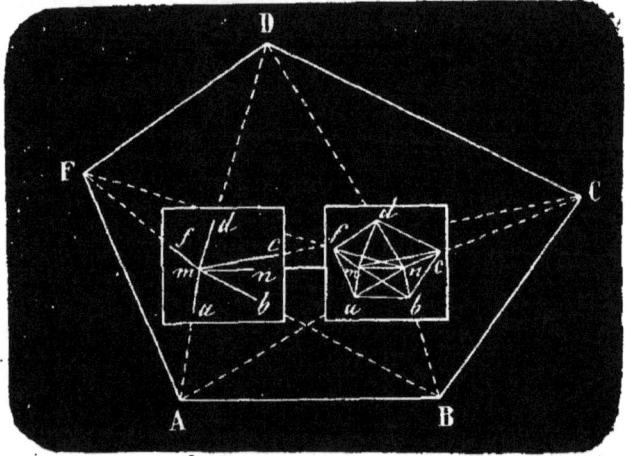

Fig. 162.

en station au point M, de telle sorte que mn ait la direction de MN et que m se trouve sur la verticale de M; on trace alors du point m avec l'alidade des droites dirigées vers tous les sommets du polygone. On se transporte ensuite au point N où l'on met de nouveau la planchette en station de telle sorte que n soit situé sur la verticale de N et que nm ait pour direction NM. On trace des droites partant de n et dirigées vers tous les sommets; ces droites coupent les premières en des points a, b, c, d, f qui sont les sommets homologues de ceux du polygone ABCDF.

Vérification. — On mesure un côté du polygone sur le plan et le côté homologue du terrain; le premier doit être la longueur réduite du second.

201. Levé à la boussole. — La boussole sert généralement à relever les détails d'un plan, par exemple les sinuosités d'un sentier, d'un chemin, d'une rivière.

On lève aussi avec cet instrument le plan des terrains embarrassés d'obstacles, les détours et les galeries d'une mine, etc.

Le levé à la boussole est expéditif; aussi s'en sert-on lorsqu'on veut aller vite et que l'on n'a pas besoin d'une grande précision.

Avec la boussole, on emploie toujours la méthode par cheminement.

Soit à relever le contour ABCDF (fig. 163).

8

On place la boussole en A et l'on mesure l'azimut de AB ; on mesure ensuite AB ; on se transporte en B où l'on évalue les azimuts de BA et

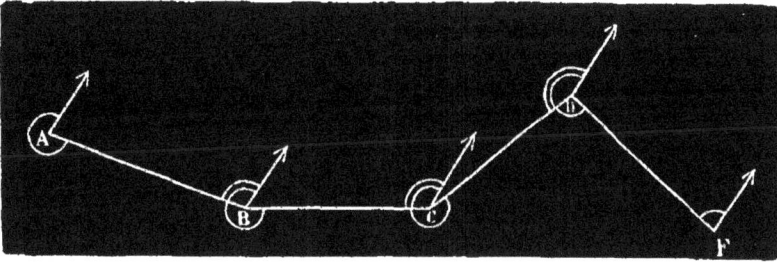

Fig. 163.

de BC, ce qui fournit la valeur de l'angle ABC ; on mesure de même BC, puis l'angle BCD, etc.

On a tout ce qui est nécessaire pour rapporter le contour sur le papier.

TERRAIN DE GRANDE ÉTENDUE.

202. Lorsqu'il s'agit de lever le plan d'un terrain d'une grande étendue renfermant beaucoup de détails, tels que le territoire d'un village avec les différentes parcelles, les chemins, les ruisseaux, etc., on choisit sur le sol un certain nombre de points remarquables et fixes que l'on unit par des droites. On forme ainsi un canevas ou *polygone topographique*, aux côtés duquel on rattache tous les détails.

On commence par lever le polygone topographique. Pour cela, on mesure une seule base avec toute la précision possible, et l'on y rattache tous les triangles par la mesure des angles. On procède ensuite au levé des détails en menant à l'intérieur de ce polygone des traverses auxquelles on relie les points que l'on veut faire figurer sur le plan.

CHAPITRE IV

NIVELLEMENT.

203. Nivellement. — Le plan géométral d'un terrain, que nous avons appris à déterminer dans le chapitre précédent, en est la projection horizontale réduite à une échelle déterminée. Pour connaître la forme exacte de ce terrain, il faut avoir de plus les hauteurs relatives de ses principaux points. On adopte généralement un plan de comparaison défini par sa distance à l'un quelconque des points.

Soient plusieurs points A, B, C ; AA′, BB′, CC′ leurs distances au plan de comparaison supposé à 20ᵐ de A. Si BB′ — AA′ = 5ᵐ, BB′ sera égal à 25ᵐ, etc. ; de même pour CC′. Ces longueurs sont les *cotes* de A, B, C. On se sert pour les trouver de **niveaux** et de **mires**.

NIVEAUX.

204. Niveau d'eau. — Le niveau d'eau (fig. 164) se compose d'un tube en fer-blanc ou en cuivre de 1ᵐ, 40 de long et de 5 centimètres de diamètre. Il est recourbé à angle droit à ses extrémités, dans lesquelles sont encastrées deux fioles de verre rétrécies à leur ouverture supérieure. Le tout est supporté comme un graphomètre ou une boussole. On remplit d'eau ou d'alcool (en hiver) l'appareil jùsqu'aux trois quarts de la hauteur des fioles.

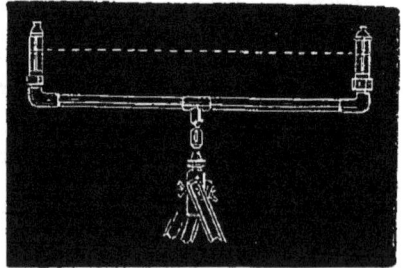

Fig. 164.

Pour faire usage de l'instrument, on place verticalement le support et on dispose le tube autant que possible horizontalement. On sait que les surfaces libres d'un liquide dans des vases communiquants sont toujours dans un même plan horizontal. Par suite, si l'on mène un rayon visuel tangent aux deux cercles qui limitent les surfaces de l'eau dans les fioles, on a une ligne horizontale très bien déterminée. Si les tubes de verre sont de même calibre, ce qui est nécessaire, l'appareil peut tourner autour du support sans que le plan horizontal précédent soit changé.

205. Remarque. — Pour des opérations plus exactes, on emploie des niveaux à bulle d'air et à lunette. Nous décrirons le *niveau à plateau*.

206. Niveau à plateau (fig. 165). — Il se compose d'un niveau à bulle d'air et d'une lunette placés l'un au-dessus de l'autre. La lunette repose sur un plateau horizontal par des collets rectangulaires *c* égaux, sur lesquels s'appuie la platine du niveau à bulle d'air qui sert à établir l'horizontalité du plateau. Ce dernier est mobile autour d'un axe, qui peut être mis parfaitement vertical à l'aide de vis calantes dont sont munies les branches d'un trépied qui réunit l'instrument à un support à trois pieds. Pour qu'il soit vertical, il

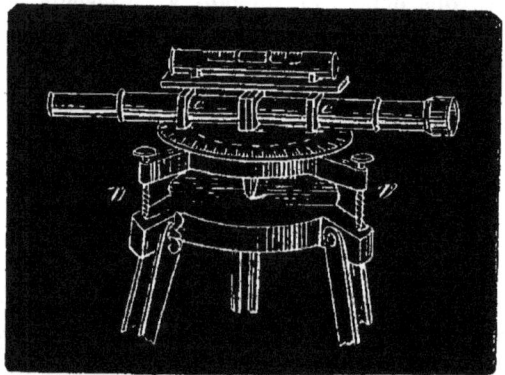

Fig. 165.

faut que, tout le système tournant, la bulle d'air du niveau reste entre ses repères. A cet effet, ce niveau est dirigé parallèlement à deux des vis calantes, qu'on fait mouvoir jusqu'à ce que la bulle soit dans la position indiquée; on l'amène ensuite dans une direction perpendiculaire à celle-là, et à l'aide de la troisième vis on ramène la bulle d'air au milieu. Le plateau est alors parallèle à deux droites horizontales, et est lui-même horizontal.

Il'est bon de s'assurer que l'axe optique de la lunette coïncide avec son axe de figure et qu'il est horizontal.

1re *Vérification*. — On vise une droite horizontale éloignée, et on amène le fil horizontal du réticule à couvrir cette droite. On fait faire à la lunette un demi-tour complet autour de son axe ; le même fil doit venir recouvrir la droite visée.

2e *Vérification*. — On découvre les collets de la lunette ; on la retourne bout à bout. On fait faire ensuite à l'instrument un demi-tour complet autour de son axe vertical ; le point de croisement des fils du réticule doit coïncider encore avec la ligne visée.

Si ces conditions ne sont pas remplies, on agit sur des vis adaptées à la colonne et sur la vis du réticule.

207. Niveau à pinnules. — Aux extrémités d'une platine sur laquelle repose un niveau à bulle d'air se trouvent deux pinnules, dans lesquelles les fenêtres longitudinales sont remplacées par un trou circulaire, au centre duquel se croisent deux fils très fins, l'un horizontal et l'autre vertical. Les deux points de croisement déterminent la ligne de visée.

DES MIRES.

208. Mire à voyant (fig. 166). — Elle est formée d'une règle prismatique quadrangulaire qui a 2 mètres de hauteur, est divisée en centimètres et est terminée en bas par une pédale qui sert à poser l'instrument sur le sol. On 'appuie le pied dessus afin de le mieux tenir vertical. Tout le long se trouve pratiquée une rainure dans laquelle peut glisser une autre règle de 2 mètres, à l'aide d'une languette qui fait saillie, de sorte que la longueur de la règle peut varier de 2 à 4 mètres. La partie supérieure de la réglette se termine par une tête qui a les dimensions transversales de la règle.

Le voyant est une plaque métallique de forme rectangulaire, partagée en quatre rectangles égaux dont deux, situés en diagonale, sont peints en rouge ou en noir, les autres en blanc. La droite horizontale qui sépare les rectangles est la *ligne de foi* du voyant. Celui-ci est fixé à un collier de cuivre qui peut glisser le long de la règle.

Quand les hauteurs à mesurer sont inférieures à 2 mètres, on ne se sert que de la coulisse ; le voyant glisse le long de la règle ; on le rend, au moment voulu, immobile au moyen d'une vis. La partie du collier qui est contre le côté divisé est échancrée, afin qu'on puisse voir les divisions.

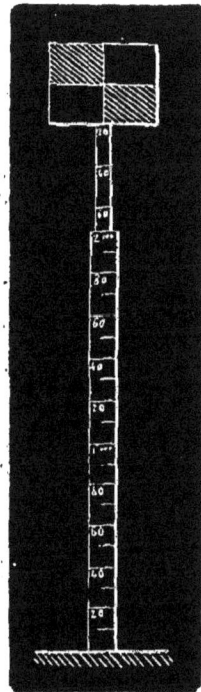

Fig. 166.

Si les hauteurs ont plus de 2 mètres, on fixe le voyant à la tête de la

réglette, qu'on fait glisser dans l'intérieur de la
coulisse. La graduation de celle-ci est de bas en
haut de 0 jusqu'à 2 mètres, et se lit derrière le
voyant. La réglette porte une graduation de haut
en bas de 2 mètres à 4 mètres, qui se lit à l'extrémité supérieure de la coulisse. Quelquefois des
verniers sont ajoutés à l'appareil, afin d'avoir une
lecture plus exacte.

209. Mire parlante (fig. 167). — La mire
parlante est disposée comme celle qui vient d'être
décrite, mais elle est plus large et ne porte pas
de voyant. Elle est partagée dans le sens longi-
tudinal en deux colonnes, divisées chacune alter-
nativement en cinq bandes horizontales de 2 centimètres de largeur, et successivement blanches
et rouges, blanches et noires. Dans les intervalles, on inscrit des chiffres qui indiquent les décimètres. Ces chiffres sont renversés parce qu'ils
doivent être observés avec une lunette qui donne
des images renversées des objets.

Il faut un peu d'habitude pour se servir de
ces mires, mais elles permettent une lecture plus
exacte; car l'opérateur fait lui-même cette lecture
à l'aide d'une lunette.

Fig. 167.

NIVELLEMENT SIMPLE.

**210. Mesure de la différence de niveau entre deux
points** (fig. 168). — Supposons qu'on veuille la différence de niveau

entre les deux
points *d* et *c*.
On place le
niveau en un
point inter-
médiaire, d'où
on puisse a-
percevoir des
jalons verti-
caux placés
aux deux
points en
question. Un
porte-mire se
transporte

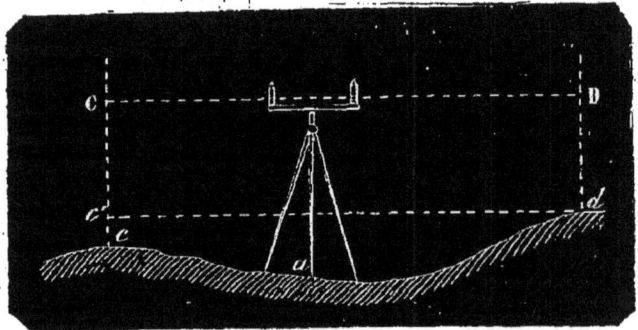

Fig. 168.

successivement en *d* et en *c* et y dispose verticalement la mire à la place
des jalons. On dirige le tube de niveau de manière qu'un rayon visuel
rencontre la mire, et on fait signe au porte-mire de baisser le voyant
jusqu'à ce que le rayon visuel passe au centre de la ligne de foi. Ce dernier fixe le voyant à la position qui lui est indiquée finalement, et on va

constater les hauteurs obtenues. On mesure ainsi D*d* et C*c*. La différence
D*d* — C*c* ou *cc'* indique la différence de niveau entre les points *d* et *c*.

Remarque. — Le nivellement est dit **simple**, lorsque, sans bouger de place, on peut trouver la différence de niveau entre deux ou plusieurs points.

NIVELLEMENT COMPOSÉ.

211. Le nivellement simple n'est applicable qu'à la condition que la
distance entre les deux points en question ne dépasse pas 10ᵐ et que la
différence
de niveau
ne dépasse
pas 4ᵐ.
Autrement
il faut faire
un nivel-
lement
compo-
sé.

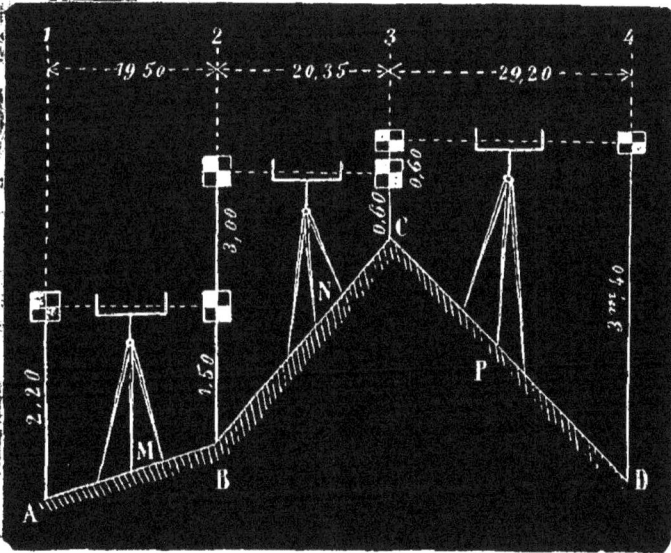

Fig. 169.

Entre
les points
donnés A
et D (fig.
169), on
prend une
série de
points in-
termédiai-
res B, C,
tels que
on puisse
mesurer comme dans le cas précédent la différence de niveau de A à B,
de B à C et de C à D.

Il faut alors que l'observateur se déplace avec son niveau et se mette :
1° en M entre A et B ; 2° en N entre B et C ; 3° en P entre C et D. A chacune des stations, il faut donner deux coups de niveau, un en avant,
l'autre en arrière. Tous ceux qui sont donnés en allant dans le sens de A
à D sont dits **coups de niveau avant**, les autres **coups de
niveau arrière**. On appelle généralement dans les arts **cote d'avant**
ou **cote d'arrière** la hauteur de mire obtenue en donnant un coup
l'avant ou un coup d'arrière.

1° Le niveau est placé en M ; on obtient les cotes 1ᵐ,50 et 2ᵐ,20. Le
point B est au-dessus du point A de 2ᵐ,20 — 1ᵐ,50 ou 0ᵐ,70.

2° Le niveau est en N ; on trouve 0ᵐ,60 et 3ᵐ. Le point C est au-dessus
de B de 3ᵐ — 0ᵐ,60 ou 2ᵐ,40. C domine le point A de 2ᵐ,40 + 0ᵐ,70
ou 3ᵐ,10.

3° Le niveau est en P ; on a 3ᵐ,40 et 0ᵐ,80. Le point D est au-dessous
de C de 3ᵐ,40 — 0ᵐ,80 ou 2ᵐ,60 ou 0ᵐ,50.

Le point A est supposé à 50ᵐ au-dessus du niveau de la mer. Le point B sera à 50 + 0ᵐ,70 ou 50ᵐ,70 au-dessus de ce niveau ; le point C à 50ᵐ,70 + 2ᵐ,40 ou 53ᵐ,10 et le point D à 53ᵐ,10 —2ᵐ,60 ou 50ᵐ,50.

Il est facile de voir qu'on arrive à ces résultats en additionnant les cotes *avant*, puis les cotes *arrière*, et en faisant la différence des deux sommes. — *La différence de niveau de deux points est égale à la somme des cotes arrière, diminuée de la somme des cotes avant.*

Somme des cotes arrière : 2ᵐ,20 + 3,00 + 0,80 = 6ᵐ,00.

Somme des cotes avant : 1ᵐ,50 + 0,60 + 3,40 = 5ᵐ,50.

Différence : 6ᵐ,00 — 5ᵐ,50 ou 0ᵐ,50.

On consigne d'ordinaire le résultat des opérations dans un tableau analogue au suivant.

REGISTRE DU NIVELLEMENT COMPOSÉ.

POINTS NIVELÉS.	DISTANCES horizontales consé-cutives.	COTES RAPPORTÉES AUX PLANS partiels de niveau.		HAUTEURS définitives rapportées au niveau de la mer.	OBSERVATIONS.
		AVANT.	ARRIÈRE.		
A		»	2,20	50ᵐ	Le point A est à 50 mè-tres au-dessus du plan de comparaison.
	10,50				
B		1,50	3,00	58,70	
	20,35				
C		0,60	0,80	53,10	
	29,20				
D		3,40	»	50,50	
		SOMME.	SOMME.		VÉRIFICATION.
		5ᵐ,50.	6ᵐ,00.		6ᵐ — 5,50 = 0,50. 50,50 — 50 = 0,50.

212. On doit vérifier le nivellement obtenu; à cet effet, on le recommence en sens inverse en allant de D vers A. Si l'on a bien opéré, il est clair que le second nivellement doit donner entre les points extrêmes la même différence de niveau que le premier.

213. Le plus souvent, le nivellement a pour but de compléter la détermination géométrique de la forme d'un terrain dont on a levé le plan. On suit une méthode analogue à celle de ce levé ; on détermine les cotes des sommets du polygone topographique, et on y rapporte les cotes des points les plus importants.

(Fig. 170.) Soit à niveler le polygone ABCDE; le niveau est mis en M, N, P, Q, R entre les points successifs. (*Je suppose qu'un nivellement simple suffise ici entre deux sommets consécutifs.*) *On a successivement* (fig. 169) :

Niveau en M.   Cote arrière 2ᵐ,20.   Cote avant 1ᵐ,50.
— en N.   —   3ᵐ,00.   —   0ᵐ,60.
— en P.   —   0ᵐ,80.   —   3ᵐ,40.
— en Q.   —   1ᵐ,00.   —   1ᵐ,45.
— en R.   —   0ᵐ,70.   —   0ᵐ,75.

Comme le polygone est fermé et qu'on revient au point A,
la somme des cotes *arrière* et
celle des cotes *avant* doivent
être les mêmes.

On fait pour chaque point la
différence entre la cote arrière
et la cote avant. Si elle est po-
sitive, le deuxième point est
plus haut que le premier; c'est
l'inverse si elle est négative.

Les résultats sont consignés
sur un registre disposé comme
ci-dessous. (*Modèle de l'École
centrale des arts et manufactu-
res.*)

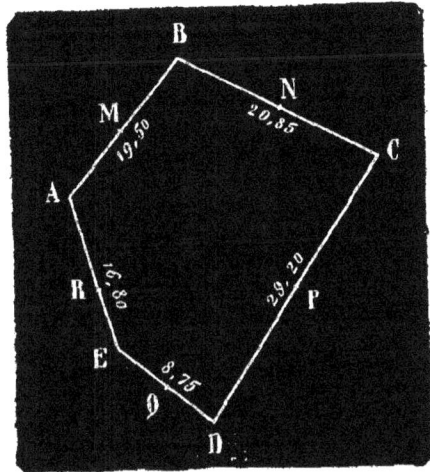

Fig. 170.

NUMÉROS DES POINTS.	DISTANCES.	COTES OBSERVÉES.		DIFFÉRENCES.		HAUTEURS définitives rapportées au niveau de la mer adopté pour plan de comparaison à Marseille.	NOTES ET CROQUIS.
		ARRIÈRE.	AVANT.	POSITIVES.	NÉGATIVES.		
1		2,20				50ᵐ	Le point nº 1 est
	19,50			0,70			à 50 mètres au-
2		3,00	1,50			50,70	dessous du plan de
	20,85			2,40			comparaison adopté.
3		0,80	0,60			53,10	
	29,20				2,60		—
4		1,00	3,40			50,50	
	8,75				0,45		Ici se met le cro-
5		0,70	1,45			50,05	quis à main levée.
	16,80				0,05		
			0,75			50,00	
TOTAUX...		7,78	7,70	3,10	3,10		

Comme seconde vérification, on doit, quand on est revenu au point
de départ, retrouver pour le premier point A la hauteur 50ᵐ.

214. Nivellement par rayonnement. — On a employé jus-
qu'ici la méthode par *cheminement* pour trouver les cotes des sommets du
polygone. On opère souvent par *rayonnement* pour déterminer, d'un
point central d'un terrain, les cotes des différents points qui se trouvent

dans un certain rayon. Si une station ne suffit pas, on en prend d'autres, mais habilement reliées entre elles.

Si on inscrit à côté de chaque point son élévation au-dessus du plan de comparaison, on a ce que nous avons appelé un *plan coté*. Mais le plus souvent on cherche à représenter aux yeux les accidents du sol.

215. Profils (fig. 171). — Supposons que l'on veuille faire connaître la forme d'une ligne ABCD ; on porte sur une ligne indéfinie *xy* des longueurs représentant les distances horizontales des différents points. Aux points obtenus A, B, C, D, on élève sur *xy* des perpendiculaires sur les-

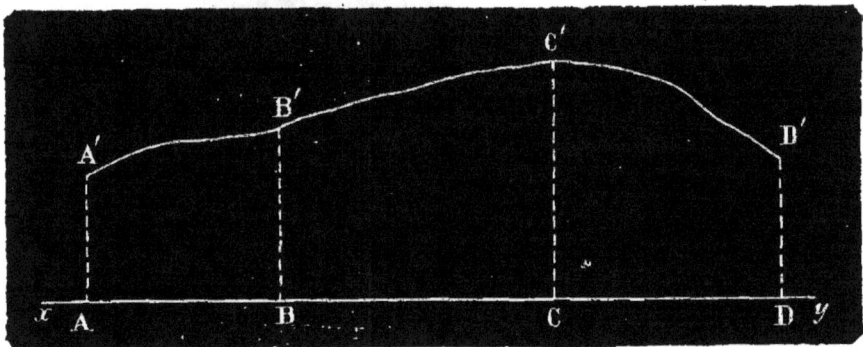

Fig. 171.

quelles on porte à une échelle réduite des longueurs égales aux cotes des points A, B, C. On réunit par un trait continu les extrémités de ces perpendiculaires en imitant les légères sinuosités qui existent d'un point à un autre. On a ainsi un **profil en long** du terrain.

C'est généralement insuffisant pour une étude sérieuse d'un projet de route ou de chemin de fer. Il faut y joindre des **profils en travers**, suivant des directions le plus souvent perpendiculaires à celle du profil en long. On le fait sur une étendue relativement petite, suivant la nature du travail à effectuer.

Afin de rendre les inégalités du sol plus frappantes, on emploie deux échelles différentes, l'une pour les longueurs horizontales, l'autre plus grande pour les hauteurs. On rend encore sensibles ces inégalités en traçant des *courbes de niveau*, qui s'obtiennent en joignant tous les points à la même hauteur, au-dessus du plan de comparaison ; dans ce cas, on complète par l'indication des lignes de plus grande pente.

Pour plus amples renseignements, nous renvoyons le lecteur à des traités spéciaux.

CHAPITRE V

ARPENTAGE.

216. L'*arpentage* a pour objet de mesurer la surface des terrains.

Mesurer une surface, c'est chercher la valeur numérique du rapport de cette surface à une autre surface prise pour unité.

L'unité des surfaces est le carré qui a pour côté l'unité de longueur.

Si l'on prend pour unité de longueur le *mètre*, le *décimètre* ou le *centi-mètre*, l'unité de surface est le *mètre carré*, le *décimètre carré* ou le *centi-mètre carré*. De même, si l'unité de longueur est le *décamètre*, l'*hectomètre* ou le *kilomètre*, l'unité de surface est le *décamètre carré*, l'*hectomètre carré* ou le *kilomètre carré*.

Nous allons rappeler, sans les démontrer, les formules qui donnent les surfaces des figures, en les appliquant à des exemples numériques.

217. *La surface d'un rectangle est égale au produit de sa base par sa hauteur.*

Si s désigne la surface, b la base et h la hauteur du rectangle, on a :

$$s = b \times h.$$

Application numérique. B $= 25^m$, H $= 12^m$; alors

$$s = 25 \times 12 = 300^{mq}.$$

218. *La surface d'un carré est égale au carré de la longueur de son côté.* Soient s et a la surface et le côté du carré, on a la formule :

$$s = a^2.$$

Application numérique. — Pour $a = 4^m$, S $= 4^2 = 16^{mq}$.

Pour $\quad\quad\quad a = 13^{mm}$, S $= 13^2 = 169^{mmq}$.

219. *La surface d'un parallélogramme est égale au produit de sa base par sa hauteur.*

Désignons la base du parallélogramme par b. La hauteur h est la longueur de la perpendiculaire commune aux deux bases. La formule qui donne la surface est

$$s = b \times h.$$

Application numérique. — Pour $b = 45^m$, $h = 15^m$; la surface est

$$s = 45 \times 15 = 675^{mq}.$$

220. *La surface d'un triangle est égale à la moitié du produit de sa base par sa hauteur.*

Formule $\quad\quad\quad s = \dfrac{b \times h}{2} \quad\quad\quad (1)$

ou $\quad\quad\quad s = b \times \dfrac{h}{2} \quad\quad\quad (2)$

ou $\quad\quad\quad s = \dfrac{b}{2} \times h \quad\quad\quad (3)$

Application numérique. — 1° Pour $b = 13^m$, $h = 9^m$,

on a $\quad\quad\quad S = \dfrac{13 \times 9}{2} = 58^{mq},50.$

2° Pour $\quad b = 27^m$, $h = 18^m$, $s = 27 \times 9 = 243^{mq}$.

3° Pour $\quad b = 46^m$, $h = 17^m$, $s = 23 \times 17 = 391^{mq}$.

SURFACE DU TRIANGLE EN FONCTION DES TROIS CÔTÉS.

221. *La surface d'un triangle est égale à la racine carrée du produit que l'on obtient en multipliant entre eux les quatre facteurs suivants :*

1° *Le demi-périmètre ;*
2° *Le demi-périmètre moins le 1ᵉʳ côté ;*
3° *Le demi-périmètre moins le 2ᵉ côté ;*
4° *Le demi-périmètre moins le 3ᵉ côté.*

Les sommets d'un triangle ABC étant représentés par les lettres A, B et C, on désigne par a, le côté opposé à l'angle A.

$$\text{—} \quad b \quad \text{—} \quad \text{B.}$$
$$\text{—} \quad c \quad \text{—} \quad \text{C.}$$

Le périmètre est la somme des trois côtés, on le désigne par $2p$; de sorte que $\qquad 2p = a + b + c$.

Le demi-périmètre est donc :

$$p = \frac{a + b + c}{2}.$$

Le demi-périmètre, moins le 1ᵉʳ côté est $p - a$.

$$\text{—} \qquad 2^e \text{ côté est } p - b.$$
$$\text{—} \qquad 3^e \text{ côté est } p - c.$$

La surface étant s on a la formule

$$s = \sqrt{p(p - a)(p - b)(- c)}.$$

Application numérique. — Supposons que

$$a = 6^m , b = 11^m , c = 8^m.$$

on a :

$$2p = 6 + 11 + 8 = 25$$
$$p = 12,5$$
$$p - a = 12,5 - 6 = 6,5$$
$$p - b = 16,5 - 11 = 1,5$$
$$p - c = 12,5 - 8 = 4,5.$$

et

$$s = \sqrt{12,5 \times 6,5 \times 1,5 \times 4,5} = 23^{mq},41.$$

SURFACE DU TRIANGLE ÉQUILATÉRAL

222. *La surface d'un triangle équilatéral est égale au quart du produit que l'on obtient en multipliant le carré de son côté par la racine carrée de trois.*

Formule $\qquad s = \dfrac{a^2 \sqrt{3}}{4}.$

Application numérique. — Pour $a = 5^m$, on a :

$$s = \frac{25 \times \sqrt{3}}{4} = \frac{25 \times 1,732}{4} = 10^{mq},85.$$

SURFACE DU TRIANGLE RECTANGLE.

223. *La surface d'un triangle rectangle est égale à la moitié du produit des deux côtés de l'angle droit.*

En effet, si l'un des côtés de l'angle droit est pris pour base, l'autre côté de l'angle droit est la hauteur.

224. *La surface d'un trapèze est égale au produit de la demi-somme de ses bases par sa hauteur.*

Désignons par B, b et h la grande base, la petite base et la hauteur.

La formule est $\qquad s = \frac{B + b}{2} \times h.$

Application numérique. — Pour $B = 12^a$, $b = 7^a$, $h = 5^m$.

On a : $\qquad s = \frac{12 + 7}{2} \times 5 = 47^{mq},150.$

SURFACE D'UN POLYGONE QUELCONQUE.

225. Pour trouver la surface d'un polygone quelconque, on le décompose en figures dont on sait évaluer les aires, ordinairement en triangles quelconques, triangles rectangles ou trapèzes rectangles; on calcule les surfaces de ces figures, on additionne les résultats et l'on a la surface du polygone donné.

C'est dans le choix de ces figures élémentaires que réside toute la science de l'arpenteur.

Nous distinguerons les deux cas suivants :

1° Le polygone est tracé sur le papier à une échelle connue.
2° Le polygone est sur le terrain.

POLYGONE TRACÉ SUR LE PAPIER.

226. Pour trouver la surface d'un polygone quelconque tracé sur le papier, on peut opérer de deux manières distinctes.

La première méthode consiste à le décomposer en triangles par les diagonales partant d'un même sommet, et à mesurer sur la figure à l'aide de l'échelle les éléments nécessaires à la détermination des aires de ces triangles, soit les trois côtés, soit la base et la hauteur de chacun d'eux.

227. La deuxième méthode, plus rapide que la première, a pour objet de transformer le polygone donné en triangle équivalent.

Soit ABCDE (fig. 172) le polygone à mesurer; on prolonge le côté AB, on trace la diagonale AD et l'on mène par le sommet E une parallèle EF à AD ; elle coupe le prolongement de AB en un point F que l'on joint au point D. Le triangle AFD est équivalent au triangle AED comme ayant

même base AD et même hauteur, puisque leurs sommets E et F sont situés sur une même parallèle à la base. Il en résulte que le polygone FDCB est équivalent au polygone donné ABCDE ; or il a un côté de moins que celui-ci, car le sommet F étant sur le prolongement de BA, le côté DF remplace les deux côtés AE et ED du polygone primitif. En appliquant la même con-

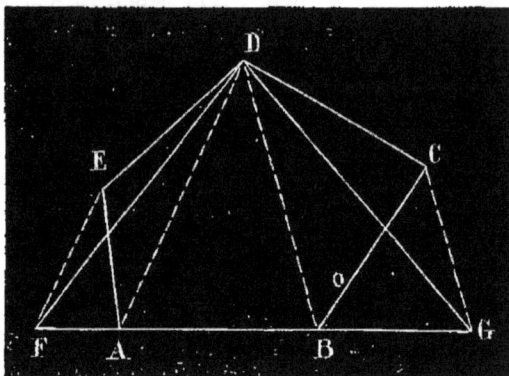

Fig. 172.

struction au nouveau polygone FBCD, on le diminue encore d'un côté, ainsi de suite ; on arrive finalement à un triangle équivalent au polygone. Le triangle obtenu est ici FDG.

On abaisse du point D une perpendiculaire DH sur la base FG ; on mesure ces deux lignes à l'échelle du dessin et l'on calcule la surface du triangle : on a ainsi la surface du polygone donné.

POLYGONE TRACÉ SUR LE TERRAIN.

228. On rencontre rarement, pour ne pas dire jamais, un terrain dont tous les points soient dans un même plan horizontal. Le sol offre presque toujours des inégalités de niveau plus ou moins prononcées. Or, les plantes croissent verticalement, et un terrain incliné ne nourrit pas plus de végétaux qu'un autre terrain horizontal qui serait la projection du premier. La valeur productive du sol est donc proportionnelle à sa projection horizontale ; cette projection horizontale est appelée *base productive*.

Arpenter un terrain, c'est mesurer l'aire de sa base productive.

On obtient ce résultat en tenant toujours la chaîne horizontalement dans le mesurage des lignes.

La forme des terrains à arpenter varie à l'infini ; mais on rencontre généralement les cas suivants :

1° *Le polygone est à contour rectiligne* ;
2° *Le polygone est à contour sinueux* ;
3° *On ne peut pas pénétrer à l'intérieur du polygone.*

POLYGONE A CONTOUR RECTILIGNE.

229. Problème I. — *Trouver l'aire d'une surface comprise entre une ligne droite et un contour polygonal aboutissant aux extrémités de cette ligne.*

Soit la surface ABCDEFA (fig. 173) limitée par une ligne droite AF et un contour polygonal ABCDEF. On abaisse avec l'équerre d'arpenteur de tous les sommets B, C, D, E des perpendiculaires Bb, Cc, Dd, Ee, sur la droite AF. Puis on mesure les distances Ab, Ac, Ad, Ae, AF, ainsi que les perpendiculaires (n° 197) et l'on a tout ce qui est nécessaire pour calculer les aires des triangles rectangles et trapèzes rectangles qui

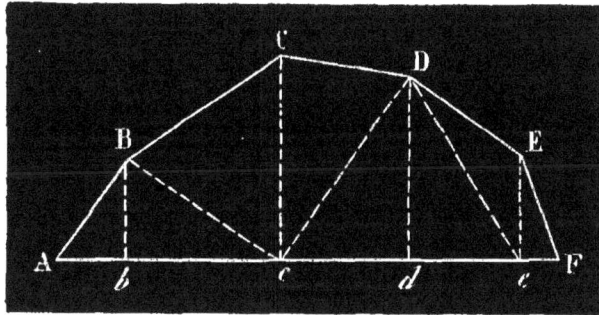

Fig. 173.

composent la surface donnée. On a soin de noter les résultats sur un croquis à main levée représentant la figure du terrain.

Supposons que l'on ait trouvé

$$\text{A}b = 12^m \,,\ \text{A}c = 26^m \,,\ \text{A}d = 40^m \,,\ \text{A}e = 51^m \,,\ \text{AF} = 60^m,$$

$$\text{B}b = 13^m \,,\ \text{C}c = 18^m \,,\ \text{D}d = 16^m \,,\ \text{E}e = \ 8^m.$$

On remplira le tableau suivant :

FIGURES.	FORMULES ALGÉBRIQUES.	FORMULES NUMÉRIQUES.	RÉSULTATS.
ABb	$\dfrac{\text{A}b \times \text{B}b}{2}$	$\dfrac{12 \times 13}{2}$	78^{mq}
BCcb	$\dfrac{\text{B}b + \text{C}c}{2} \times bc$	$\dfrac{13 + 18}{2} \times (26 - 12)$	217
CDdc	$\dfrac{\text{C}c + \text{D}d}{2} \times cd$	$\dfrac{18 + 16}{2} \times (40 - 26)$	38
DEed	$\dfrac{\text{D}d + \text{E}e}{2} \times de$	$\dfrac{16 + 8}{2} \times (51 - 40)$	132
EeF	$\dfrac{\text{E}e \times e\text{F}}{2}$	$\dfrac{8 \times (60 - 51)}{2}$	36
SURFACE TOTALE.			701^{mq}

230. Remarque. — On peut abréger les calculs.

Tirons les droites Bc , cD , De; on a :

Triangle. . . . .   ABc $= \dfrac{\text{B}b}{2} \times \text{A}c.$

Quadrilatère. . . . . .   BcDc $= \dfrac{\text{C}c}{2} \times bd.$

Triangle. . . . . . . $cDe = \dfrac{Dd}{2} \times ce.$

Quadrilatère. . . . . . $DEFe = \dfrac{Ee}{2} \times dF.$

En désignant la surface totale par S, il vient :

$$S = \frac{Bb}{2} \times Ac + \frac{Cc}{2} \times bd + \frac{Dd}{2} \times ce + \frac{Ee}{2} \times dF.$$

Cette formule montre que *la surface totale cherchée s'obtient en multi-pliant la moitié de chaque perpendiculaire par la distance des deux perpen-diculaires qui sont immédiatement à sa gauche et à sa droite et en addition-nant les résultats.*

Voici maintenant les calculs :

$$\frac{Bb}{2} \times Ac = \frac{13}{2} \times 26 \qquad = 169$$

$$\frac{Cc}{2} \times bd = \frac{18}{2} \times (40-12) = 252$$

$$\frac{Dd}{2} \times ee = \frac{16}{2} \times (51-26) = 200$$

$$\frac{Ee}{2} \times dF = \frac{8}{2} \times (60-40) = \ \ 80$$

Surface totale. . . . . $\overline{701^{mq}.}$

231. La même for-mule s'ap-plique au cas où il y a des per-pen-dicu-laires nul-les et où les extré-mités du contour polygonal

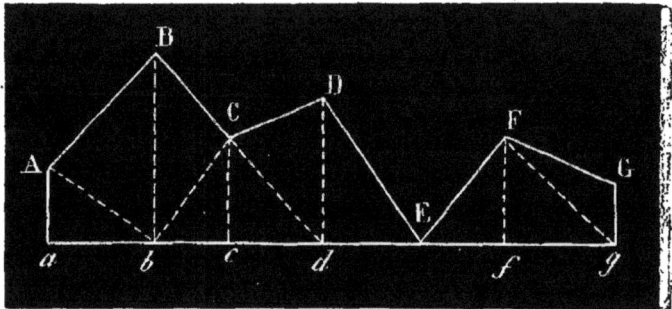

Fig. 174.

ne sont pas situées sur la ligne droite (fig. 174) ; on suppose alors que la surface est limitée aux deux extrémités par les perpendiculaires abais-sée des points A et G, extrémités du contour polygonal.

En menant les droites Ab , bC , Cd , Fg, on a en effet :

Triangle. . . . . . . $Aab = \dfrac{Aa}{2} \times ab$

Quadrilatère. . . . . . $AbCB = \dfrac{Bb}{2} \times ac$

$$\text{Triangle} \dots \dots \quad bCd \;\; = \frac{Cc}{2} \times bd$$

$$\text{Quadrilatère} \dots \dots \quad CdED = \frac{Dd}{2} \times cE$$

$$\text{Triangle} \dots \dots \quad EFg \;\; = \frac{Ff}{2} \times Eg$$

$$\text{Triangle} \dots \dots \quad FGg \;\; = \frac{Gg}{2} \times fg$$

Donc

$$S = \frac{Aa}{2} \times ab + \frac{Bb}{2} \times ac + \frac{Cc}{2} \times bd + \frac{Dd}{2} \times cE + \frac{Ff}{2} \times Eg + \frac{Gg}{2} \times fg.$$

232. Problème II. — Trouver l'aire d'un polygone quelconque ABCDEFGHK (fig. 175).

On commence par tracer, dans le sens de la plus grande longueur, une diagonale AE que l'on prend pour DIRECTRICE, puis on abaisse de tous les sommets des perpendiculaires sur cette ligne, comme l'indique la figure 175.

On mesure ces perpendiculaires ainsi que la distance des points k, b, h, c,

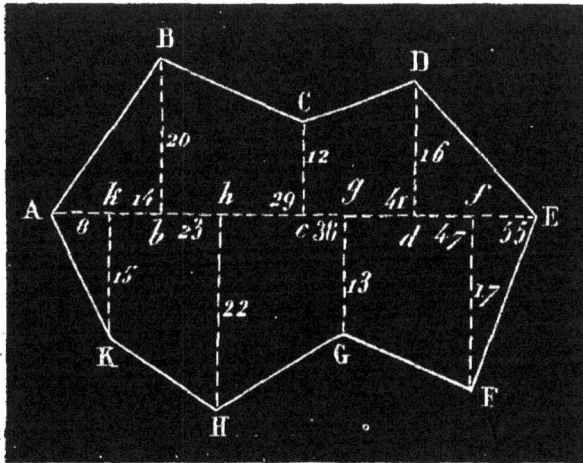

Fig. 175.

g, d, f, E au point A d'après la méthode du (n° 197).

Il faut noter avec soin les résultats sur un croquis bien fait. Supposons que la figure 173 soit elle-même le croquis.

Les nombres représentant les distances au point A des points b, c, d, correspondant aux perpendiculaires situées au-dessus de AE se placent au-dessus de cette ligne, du côté d'où l'on a commencé le chaînage, et aussi rapprochés que possible des points considérés.

Les nombres qui mesurent les distances au point A des points k, h, g, f correspondant aux perpendiculaires situées au-dessous de AE se placent au-dessous de cette ligne.

Ainsi les nombres 14, 29, 41 représentent respectivement les longueurs Ab, Ac, Ad.

Les nombres 8, 23, 38, 47, 55 représentent respectivement Ak, Ah, Ag, Af, AE.

Quant aux nombres qui expriment les longueurs des perpendiculaires, on les place vers le milieu de ces lignes et à droite, si l'on chaîne la directrice à partir de la gauche, et à gauche, si l'on a commencé par la droite.

Pour calculer la surface on peut appliquer la formule du n° 302.

$$\text{Partie située au-dessus de AE.} \begin{cases} \dfrac{Bb}{2} \times Ac = \dfrac{20}{2} \times 29 & = 290^{mq} \\[2mm] \dfrac{Cc}{2} \times bd = \dfrac{12}{2} \times (41-14) = & 162 \\[2mm] \dfrac{Dd}{2} \times cE = \dfrac{16}{2} \times (55-29) = & 156. \end{cases}$$

$$\text{Partie située au-dessous de AE.} \begin{cases} \dfrac{Kk}{2} \times Ah = \dfrac{15}{2} \times 23 & = 172,50 \\[2mm] \dfrac{Hh}{2} \times kg = \dfrac{22}{2} \times (38-8) = & 330 \\[2mm] \dfrac{Gg}{2} \times hf = \dfrac{13}{2} \times (47-23) = & 136 \\[2mm] \dfrac{Ff}{2} \times gE = \dfrac{17}{2} \times (55-58) = & 144,50. \end{cases}$$

Surface totale. . . . . . . $1411^{mq},00$.

233. Remarque. — Lorsque les perpendiculaires dépassent 50 mètres, on ne peut plus déterminer leurs pieds avec une précision suffisante.

On emploie alors plusieurs directrices comme l'indique la figure 176.

On trace les diagonales AD et AE.

On abaisse des points B et C des perpendiculaires sur AD et des points H, G, F des perpendiculaires sur AE, ce qui permet, après le chaînage nécessaire, d'évaluer les surfaces ABCD et AEFGH. Reste le triangle AED; du point D on abaisse la perpendiculaire Dd sur AE et on la mesure. En multipliant AE par la moitié de Dd on a la surface du triangle

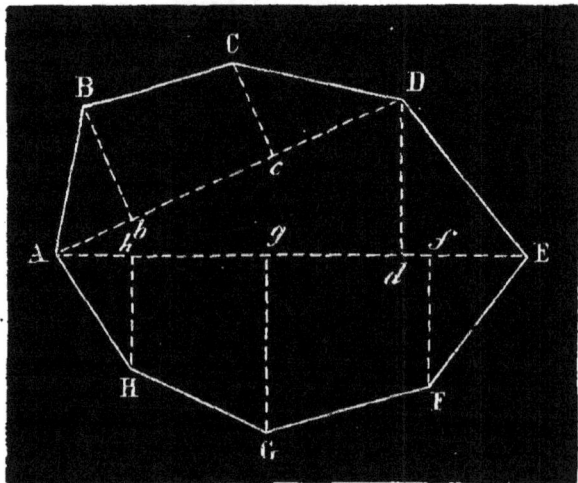

Fig. 176.

9

ADE. La surface totale du polygone ABCDEFGH. est la somme
des trois résultats obtenus.

234. Remarque. — Si l'on
n'a pas d'équerre à sa disposition,
on décompose le polygone en
triangles (fig. 177). On mesure les
trois côtés de chacun d'eux et
l'on en calcule la surface à l'aide
de la formule du n° 221.

Supposons que l'on ait trouvé
les nombres inscrits sur la figure.

Triangle ABC.

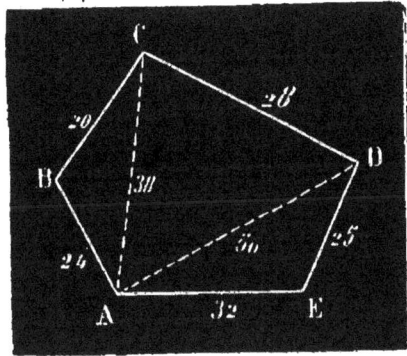

Fig. 177.

$$p = \frac{20 + 24 + 38}{2} = 41,$$

$$s = \sqrt{41 \times (41 - 20) \times (41 - 24) \times (41 - 38)} = 134^{mq},46$$

Triangle ACD.

$$p = \frac{38 + 28 + 50}{2} = 58,$$

$$s' = \sqrt{58\,(58 - 88)\,(58 - 28)\,(58 - 50)} \quad = 527,76.$$

Triangle AED.

$$p = \frac{50 + 25 + 32}{2} = 53,5,$$

$$s'' = \sqrt{53,5\,(53, - 50)\,(53,5 - 32)\,(53,5 - 25)} = 388,72.$$

$$\text{Surface totale}\ldots\ldots = 1000^{mq},84.$$

Cette méthode est longue, mais c'est la seule que l'on doive employer
lorsqu'il s'agit d'opérer juste.

POLYGONE A CONTOUR SINUEUX

235. Problème I. — *Trouver l'aire d'un terrain* T *limité par une*
ligne droi-
te AB *et
une ligne
sinueuse*
(fig. 178).
On peut
trouver
une va-
leur ap-
prochée
de la sur-
face don-
née de
deux ma-
nières différentes.

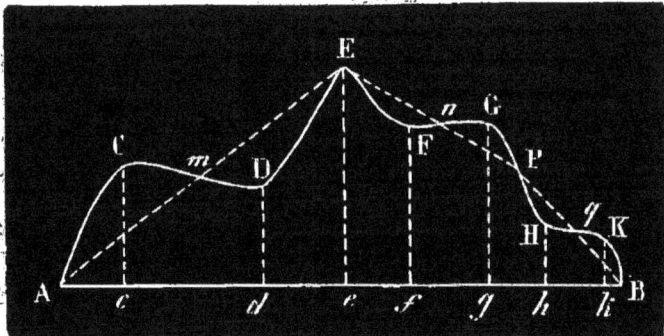

Fig. 178.

Première méthode. On choisit sur la courbe certains sommets C, D, E, F, G, H, K tels que les segments AC, CD, DE, EF, FG, GH, HK et KB qu'ils déterminent sur la courbe soient sensiblement rectiligne. On retombe alors dans le cas d'un contour polygonal ordinaire et l'on opère comme au n° 229.

Deuxième méthode. La deuxième méthode, dite *par emprunts*, consiste à remplacer la courbe par une ligne brisée AEPB telle que les portions de surface *m*DE, EF*n*, PH*q* empruntées à la propriété voisine soient sensiblement équivalentes aux surfaces AC*m*, *n*GP et *q*KB qu'on lui rend. On mesure la surface du polygone AEPBA; le résultat représente une valeur d'autant plus approchée de la surface réelle que la compensation est mieux faite, ce qui dépend uniquement de l'habileté de l'opérateur.

Remarque. — La première méthode est plus exacte que a seconde, mais elle est beaucoup plus longue. Il faut toutefois apporter le plus grand soin à la détermination des points C, D, E., etc., qui limitent les parties rectilignes de la courbe; c'est de là que dépend en grande partie l'exactitude de l'opération.

236. Problème II. — *Trouver l'aire d'un terrain limité de toutes parts par un contour sinueux* (fig. 179).

On inscrit dans la figure un polygone ABCD dont les côtés soient convenablement placés afin de servir de directrices dans le mesurage des surfaces comprises entre eux et la courbe.

On évalue ces surfaces en employant l'une des deux méthodes indiquées au n° 299, puis on calcule

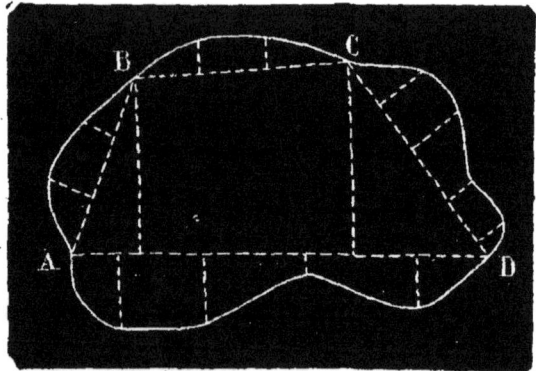

Fig. 179.

la surface du polygone ABCD par la méthode des perpendiculaires ou par la décomposition en triangles (n° 234).

La somme des différents résultats donne la surface totale cherchée.

237. Problème III. — *Trouver l'aire d'une bande irrégulière de terrain* (fig. 180).

On trace une directrice *x y* à peu près dans le sens de la longueur du terrain, à l'in-

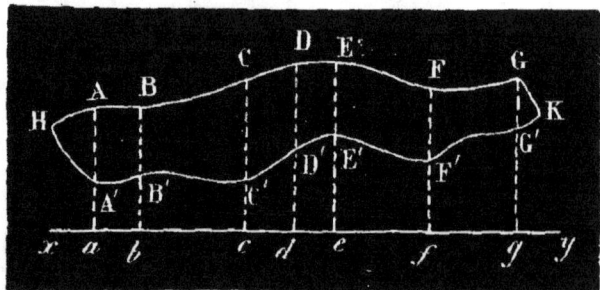

Fig. 180.

térieur ou à l'extérieur, puis on élève sur cette droite des perpendiculaires assez rapprochées pour que les segments qu'elles déterminent sur les deux courbes soient sensiblement rectilignes.

La surface se trouve ainsi divisée en trapèzes ayant pour bases les droites AA′, BB′, CC′..... GG′. et pour les hauteurs les droites ab, bc, cd... fy. On mesure tous ces éléments et on calcule les aires des différentes figures; on ajoute à leur somme les surfaces AHA′ et GKG′ que l'on calcule à part.

238. Formule de Poncelet pour déterminer l'aire d'une surface limitée par une courbe. — Soit à trouver l'aire d'une surface comprise entre une courbe ADG, une droite ab et les deux perpendiculaires Aa, Gg, abaissées des extrémités de la courbe sur ab (fig. 181).

Divisons ag en un nombre *pair* de parties égales et élevons par les points de division sur ab des perpendiculaires bB, cC, dD, eE, fF jusqu'à la courbe. Les ordonnées extrêmes Aa et Gg se représentent par yn et yo. Les ordonnées intermédiaires de *rang impair* se désignent par y_1, y_3, y_5, etc., celles de *rang pair* par y_2, y_4,... etc.

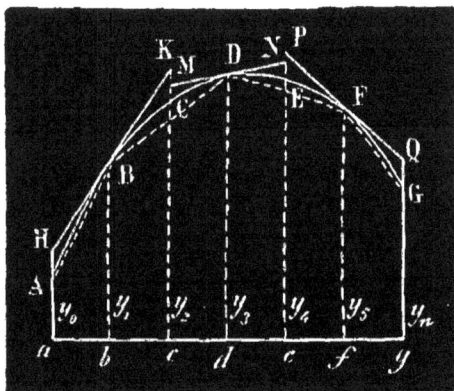

Fig. 181.

Par les sommets B, D, F des ordonnées de rang impair menons des tangentes HK, MN, PQ à la courbe limitées à leur rencontre avec les ordonnées immédiatement voisines.

Si T désigne la somme des trapèzes HKca , MNec , PQge, on a :

$$T = ac \times Bb + ce \times Dd + eg \times Ff,$$

en appelant m l'une des divisions de ag, il vient

$$T = 2m(y_1 + y_3 + y^5),$$

d'où en appelant S_1 la somme des coordonnées de *rang impair*,

$$T = 2mS_1 \qquad (1)$$

Traçons maintenant les cordes AB, BD, DF et FG, en sautant les sommets de rang pair, excepté le premier A et le dernier G, et appelons t la somme des trapèzes ABba, BDdb, DFfd, FGgf.

Alors

$$t = \frac{1}{2} ab(y_0 + y_1) + \frac{1}{2} bd(y_1 + y_3) + \frac{1}{2} df(y_3 + y_5) + \frac{1}{2} fg(y_5 + y_n),$$

d'où

$$t = \frac{1}{2}m(y_0 + y_1) + m(y_1 + y_3) + my_3 + y_5) + \frac{1}{2}m(y_5 + y_u,$$

ou

$$t = m\left[\frac{1}{2}(y_0 + y_i) +.(y_1 + y_3) + (y_3 + y_5) + \frac{1}{2}(y_5 + y_i)\right].$$

Ajoutons et retranchons dans la parenthèse

$$\frac{1}{2}(y_i + y_5)$$

on a :

$$t = m\left[\frac{1}{2}(y_0 + y_i) + (y_1 + y_3) + (y_3 + y_5) + \frac{1}{2}(y_5 + y_n) + \frac{1}{2}(y_i + (y_5 - \frac{2}{1}(y_i + y_5)\right]$$

ou

$$t = m\left[\frac{1}{2}y_i + \frac{1}{2}y_i + y_i + 2y_3 + y_5 + \frac{1}{2}y_5 + \frac{1}{2}y_5 + \frac{1}{2}(y_0 + y_n) - \frac{1}{2}(y_i + y_5)\right]$$

d'où

$$t = m\left[2S_i + \frac{1}{2}(y_0 + y_n) - \frac{1}{2}(y_i + y_5)\right] \qquad (2).$$

La valeur de T est supérieure à la surface cherchée, tandis que celle de t lui est inférieure. Il est clair que si l'on prend la moyenne arithmétique $\frac{T+t}{2}$ de ces deux quantités, on aura une valeur approchée de la surface donnée.]

Posons
$$U = \frac{T+t}{2}.$$

On a :

$$U = \frac{2mS_i + m\left[2S_i + \frac{1}{2}(y_0 + y_n) - \frac{1}{2}(y_i + y_5)\right]}{2}.$$

$$U = m\left[2S_i + \frac{1}{4}(y_0 + y_n) - \frac{1}{4}(y_i + y_5)\right].$$

Telle est la formule de Poncelet. En voici la traduction en langage ordinaire.

On fait le produit de la distance de deux ordonnées consécutives par le double de la somme des ordonnées de rang impair, augmenté du quart de la différence entre la somme des ordonnées extrêmes et la somme des ordonnées immédiatement voisines des extrêmes.

239. Application de la formule de Poncelet. — On commence par déterminer les perpendiculaires extrêmes Aa et Gg, puis on mesure la distance ag et on la divise en un nombre pair de parties égales, 6 par exemple. Soit $ag = 60$, alors $m = 10$. On marque sur la droite ag les points de division en portant successivement des longueurs de 10 mètres et l'on élève les ordonnées de rang impair, que l'on mesure ensuite.

On a trouvé par exemple

$$y_0 = 20 \ , \ y_1 = 27 \ , \ y_3 = 28 \ , \ y_5 = 26 \ , \ y_n = 23.$$

Alors

$$S_i = 27 + 28 + 26 = 81.$$

$$U = 10\left[2 \times 81 + \frac{1}{4}(20 + 23) - \frac{1}{4}(27 + 26)\right] = 1595^{mq}.$$

ON NE PEUT PAS PÉNÉTRER A L'INTÉRIEUR DU POLYGONE

240. Problème I. — *Trouver l'aire d'un terrain* ABCDEFGH
(fig. 182), *couvert de bois
et dont les abords sont à
découvert.*

On circonscrit au ter-
rain un rectangle *mnpq*
dont on calcule la sur-
face; des différents som-
mets du polygone, on
abaisse des perpendicu-
laires sur les côtés du rectangle et l'on évalue les
surfaces des figures com-
prises entre le rectangle
et le polygone. La diffé-
rence entre la somme de
ces surfaces et celle du

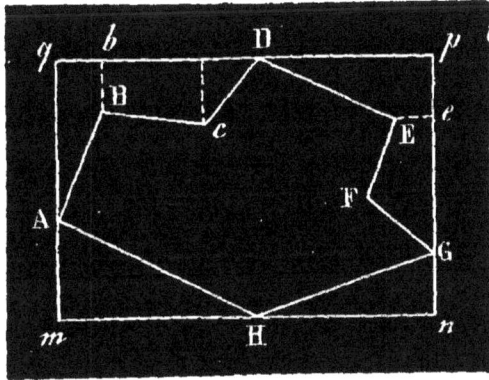

Fig. 182.

rectangle est la surface cherchée.

On opérerait de la même manière si le polygone était à contour sinueux
comme celui d'un étang par exemple.

241. Problème II. — *Trouver l'aire d'un terrain couvert, de grande
étendue et dont les abords sont également couverts.*

Cette question se présente lorsqu'il s'agit d'évaluer l'étendue d'une
forêt ou d'une portion de forêt, ou d'un terrain couvert de constructions.
Le meilleur procédé à employer dans ce cas consiste à lever le plan du
terrain par cheminement (n° 189) et à calculer la surface sur le plan.

ARPENTAGES RAPIDES

242. Très souvent, dans les campagnes, les propriétaires ou les fer-
miers désirent connaître la surface approchée de telle ou telle pièce de
terre qui n'est pas exactement figurée au cadastre. Il s'agit par exemple
d'une location à tant l'are et pour laquelle on ne tient pas à une rigou-
reuse exactitude.

Ces sortes d'arpentages peuvent se faire avec une chaîne seulement
en employant la méthode des perpendiculaires. On est réduit à ce procédé toutes les fois que l'on n'a pas d'équerre à sa disposition. Il faut
pour cela pouvoir abaisser à vue d'œil une perpendiculaire sur une ligne
d'un point donné en dehors de cette ligne.

Voici un procédé qui donne de bons résultats.

Soient AB et M la ligne et le point donnés (fig. 183). L'opérateur fait
tendre la chaîne suivant AB, puis, au point où il suppose que tombe la
perpendiculaire, il place son talon contre la chaîne de manière que l'axe
de son pied forme avec celle-ci un angle droit; il suit de l'œil la direction de cet axe sur le sol et modifie sa position en se transportant à droite

ou à gauche jusqu'à ce que cette direction passe par le point donné. Il a de cette manière sensiblement le pied de la perpendiculaire.

L'erreur commise est-elle considérable? Supposons que la perpendiculaire réelle ait une longueur de 30 mètres et que l'on s'écarte de 2 mètres de son pied, ce qui est beaucoup; on mesure au lieu de la perpendiculaire une oblique qui est l'hypoténuse d'un triangle rectangle dont les côtés de l'angle droit ont 30 mètres et 2 mètres; appelons x cette oblique, on a

$$x^2 = \overline{30}^2 + 2^2 = 904$$
$$x = \sqrt{904} = 30^m,06.$$

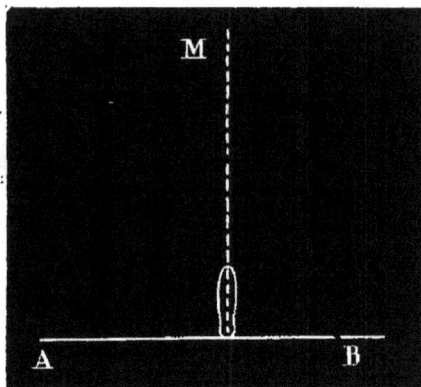

Fig. 183.

L'erreur commise n'est que de 6 centimètres. Si cette perpendiculaire est la hauteur d'un triangle ayant 200^m de base, on trouve 3006^{mq} de surface au lieu de 3000^{mq}.

L'erreur relative est $\frac{6}{3000} = \frac{1}{500}$.

Elle est parfaitement négligeable dans le cas qui nous occupe.

MESURES AGRAIRES ANCIENNES

243. Nous terminerons ce chapitre par la nomenclature des mesures agraires employées avant l'établissement du système métrique et leur réduction en mesures métriques.

On distinguait :

La perche de Paris, carré de 18 pieds de côté, valant 34^{mq},18869 ;

La perche des Eaux et Forêts, carré de 22 pieds de côté, valant 51^{mq},0719;

L'arpent de Paris, contenant 100 perches de Paris, valant 34^a,18869;

L'arpent des Eaux et Forêts, contenant 100 perches des Eaux et Forêts, c'est-à-dire 51^a,0719.

Dans certains pays, on avait un arpent particulier portant le nom de *journal*, se rapprochant beaucoup de celui de Paris et auquel on attribuait une valeur de 35^a,65; il se divisait en huit parties égales appelées *ouvrées*.

CHAPITRE VI

PARTAGE DES TERRES

244. Le partage des terres est la partie de la géométrie appliquée qui a pour objet le partage des terrains composant un héritage.

Nous exposerons cette question dans une série du problèmes où se trouveront les cas principaux que l'on peut rencontrer dans la pratique.

245. Problème I. — *Calculer la base d'un rectangle qui a* 40^{mq} *de surface et 8 mètres de hauteur.*

Si B désigne la base du rectangle, on a :

$$B \times 8 = 40$$

d'où
$$B = \frac{0}{8} = 5.$$

Il suffit de diviser la surface par la hauteur.

246. Problème II. — *Calculer la hauteur d'un rectangle qui a* 40^{mq} *de surface et* 5 *mètres de base.*

Si H désigne la hauteur du rectangle, on a :

$$H \times 5 = 40$$

d'où
$$H = \frac{40}{5} = 8.$$

Il suffit de diviser la surface par la base.

247. Problème III. — *Calculer la base d'un triangle qui a* 100^{mq} *de surface et* 16 *mètres de hauteur.*

Soit B la base du triangle ; on a :

$$\frac{B \times 16}{2} = 100,$$

d'où
$$B = \frac{100 \times 2}{16} = 12^m,50.$$

On divise le double de la surface par la hauteur ou la surface par la moitié de la hauteur.

248. Problème IV. — *Calculer la hauteur d'un triangle ayant* 100^{mq} *de surface et* 12^m,50 *de base.*

Soit H la hauteur cherchée, on a :

$$\frac{12,50 \times H}{2} = 100,$$

d'où
$$H = \frac{100 \times 2}{12,50} = 16^m.$$

On divise le double de la surface par la base ou la surface par la moitié de la base.

249. Problème V. — *Partager en cinq parties égales une ligne droite tracée sur le terrain.*

On mesure la longueur de la ligne; soit 54ᵐ,60 le résultat trouvé. Chaque partie doit avoir $\frac{54,60}{5} = 10^m,92$. On portera donc sur la ligne 5 fois une longueur de 10ᵐ,92 et l'on marque les points de division.

250. Problème VI. — *Partager une ligne droite du terrain proportionnellement aux nombres 3, 5 et 12.*

On mesure la ligne et l'on trouve par exemple 85ᵐ,30. Si l'on partage ce nombre proportionnellement à 3, 5 et 12, on a les longueurs des différentes parties que l'on se propose d'obtenir.

$$3 + 5 + 12 = 20.$$

1ʳᵉ partie. . . . . . . $\frac{85,30 \times 3}{20} = 12^m,795,$

2ᵉ partie. . . . . . . $\frac{85,30 \times 5}{20} = 21^m,325,$

3ᵉ partie. . . . . . . $\frac{85,3 \times 12}{20} = 51^m,18.$

On porte ces différentes longueurs à la suite l'une de l'autre sur la ligne et l'on marque les points de division.

251. Problème VII. — *Partager un triangle en parties équivalentes ou en parties proportionnelles à des membres donnés par des droites partant du sommet* (fig. 184).

Deux triangles ayant même hauteur sont entre comme leurs bases.

Si ces bases sont égales, les triangles sont équivalents, et si elles sont proportionnelles aux nombres 3, 4, 5, les triangles sont entre eux comme les nombres 3, 4 et 5.

Donc pour partager le triangle ABC en trois parties équivalentes on divise la base AC en trois parties égales (n° 249) et l'on joint le sommet B aux points de division.

Pour partager le triangle ABC en trois parties proportionnelles aux nombres 3, 4 et 5, on partagerait la base AC proportionnellement à ces nombres (n° 250) et l'on joindrait le sommet B aux points de division.

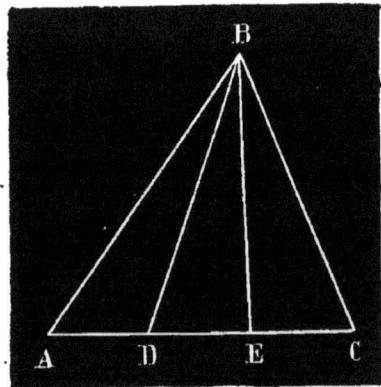

Fig. 184.

252.. Problème VIII. — *Partager un triangle ABC en deux parties dont l'une ait une surface donnée en menant une droite partant du sommet B* (fig. 185).

Mesurons d'abord la base AC et la hauteur BD de manière à calculer la surface du triangle ; on trouve par exemple :

$$AC = 150^m,$$
$$BD = 46^m,$$

et par suite

$$ABC = \frac{150 \times 46}{2} = 750^{mq}.$$

L'une des parties doit-elle avoir 350^{mq}, le problème revient à calculer la base d'un triangle dont on connait la surface et la hauteur. Soit AE cette base, on a (n° 247).

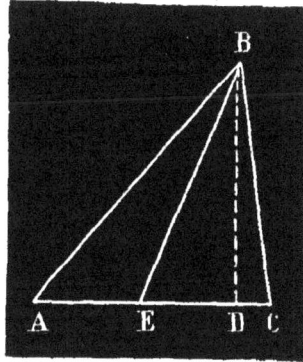

Fig. 185.

Il n'y a plus qu'à joindre les points B et E. $AE = \dfrac{350 \times 2}{46} = 15^m,21.$

253. Problème IX. — *Partager un triangle ABC* (fig. 186) *par une parallèle à la base en deux parties telles que FBG soit une fraction* $\dfrac{m}{n}$ *du triangle donné.*

Abaissons avec l'équerre la perpendiculaire BD du sommet sur la base, et déterminons le point H de cette ligne par lequel doit passer la parallèle FG.

On a par hypothèse :

$$\frac{BFG}{ABC} = \frac{m}{n}.$$

Or les triangle FBG et ABC sont semblables, donc

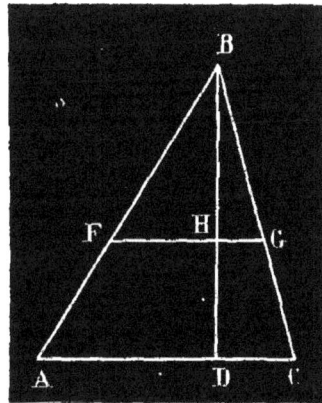

Fig. 186.

$$\frac{BFG}{ABC} = \frac{\overline{BF}^2}{\overline{AB}^2}.$$ Mais $$\frac{BF}{AB} = \frac{BH}{BD},$$

alors $$\frac{BFG}{ABC} = \frac{\overline{BH}^2}{\overline{BD}^2},$$ par suite : $$\frac{\overline{BH}^2}{\overline{BD}^2} = \frac{m}{n},$$

d'où $$BH = BD\sqrt{\frac{m}{n}}.$$

Règle. — *Pour faire le partage demandé on mesure la hauteur BD ; on multiplie le résultat par la racine carrée de la fraction* $\dfrac{m}{n}$; *puis on porte* *la longueur trouvée sur BD à partir de B, ce qui donne le point H ; on n'a plus qu'à mener par H une parallèle à AC, ce qui se fait en élevant une perpendiculaire sur B. Cette parallèle est la ligne cherchée.*

Application numérique. — Si BFG doit être la moitié, les deux tiers, les cinq huitièmes de ABC, on multipliera BD par

$$\sqrt{\frac{1}{2}}, \sqrt{\frac{2}{3}}, \quad \text{ou} \quad \sqrt{\frac{5}{8}}, \text{etc.}$$

Si l'on veut que le triangle FBG ait une surface donnée, 340mq, par exemple, on évalue la surface du triangle ABC. Supposons que l'on trouve 846mq pour cette surface. Alors :

$$BH = BD \sqrt{\frac{340}{846}}.$$

254. Problème X. — *Partager un triangle ABC en quatre parties équivalentes par des parallèles à la base AC (fig. 187).*

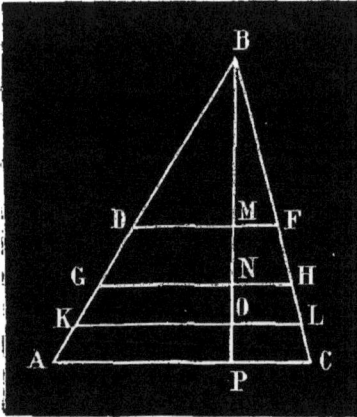

Fig. 187.

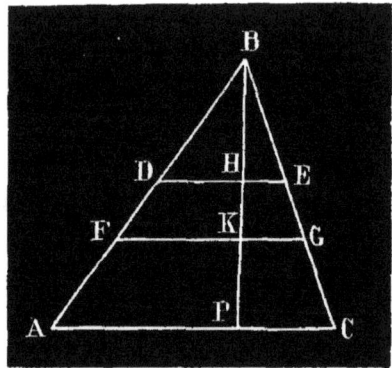

Fig. 188.

Supposons le problème résolu par les parallèles DF, GH, KL, menées aux points M, N, O de la hauteur BP.

Le triangle DBF est le quart de ABC, donc (n° 253)

$$BM = BP \sqrt{\frac{1}{4}}.$$

Le triangle GBH est les $\frac{2}{4}$ ou la moitié de ABC, donc

$$BN = BP \sqrt{\frac{1}{2}}.$$

De même :

$$BO = BP \sqrt{\frac{3}{4}}.$$

255. Problème XI. — *Partager un triangle* ABC *en trois parties proportionnelles aux nombres 3, 4 et 5, par des parallèles à la base* AC (fig. 188).

Soient DE et FG les lignes cherchées.

Le triangle ABC étant représenté par $3 + 4 + 5 = 12$, les trois parties sont représentées par 3, 4 et 5 et la somme des deux premières par 7.

Le triangle DBE étant les $\frac{3}{12}$ de ABC, on a : (n° 253),

$$BH = BP \times \sqrt{\frac{3}{12}}.$$

De même FBG étant les $\frac{7}{12}$ de ABC, on a :

$$BK = BP \times \sqrt{\frac{7}{12}}.$$

Cet exemple suffit pour faire comprendre la marche à suivre dans tous les cas.

256. Remarque. — Lorsque le triangle est donné sur le papier, les problèmes IX, X et XI peuvent se résoudre graphiquement.

Donnons seulement la solution graphique du problème IX qui contient implicitement les deux autres (fig. 189).

Soit D le point de AB par lequel il faut mener la parallèle DE pour que

$$\frac{DBE}{ABC} = \frac{m}{n},$$

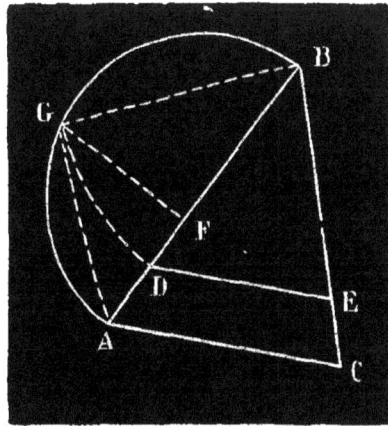

Fig. 189.

or $\qquad \frac{DBE}{ABC} = \frac{\overline{BD}^2}{\overline{AB}^2}$ donc $\frac{\overline{BD}^2}{\overline{AB}^2} = \frac{m}{n}.$

Le problème revient à construire un carré $\overline{BD}^2$ qui soit à un carré $\overline{AB}^2$ comme m est à n; décrivons sur AB comme diamètre une demi-circonférence, puis divisons AB en deux parties telles que

$$\frac{BF}{BA} = \frac{m}{n}.$$

Au point de division F élevons une perpendiculaire FG jusqu'à la circonférence et décrivons du point B comme centre avec BG pour rayon un arc de cercle qui coupe BA au point D. Ce point est le point cherché.

En effet, à cause du triangle rectangle BGA on a :

$$\frac{\overline{BG}^2}{\overline{BA}^2} = \frac{BF}{BA} = \frac{m}{n},$$

ou

$$\frac{\overline{BD}^2}{\overline{BA}^2} = \frac{m}{n}.$$

Il résulte de là que si $\frac{m}{n} = \frac{1}{2}$ il faut partager BA en deux parties égales.

Pour partager le triangle en n parties équivalentes par des parallèles au côté AC, il suffirait de partager AB en n parties égales et d'appliquer la construction précédente à chaque point de division.

257. Problème XII. — *Partager un triangle ABC en deux parties équivalentes par une perpendiculaire au côté AC (fig. 190).*

La médiane BD divise le triangle donné en deux triangles équivalents ADB et CDB. Supposons que la perpendiculaire BF, abaissée du sommet B sur AC tombe sur le segment DC ; on en conclut que le triangle ABF est plus grand que $\frac{ABC}{2}$, et que le pied de la perpendiculaire que nous nous proposons de construire tombe entre D et F. Soit GH cette perpendiculaire.

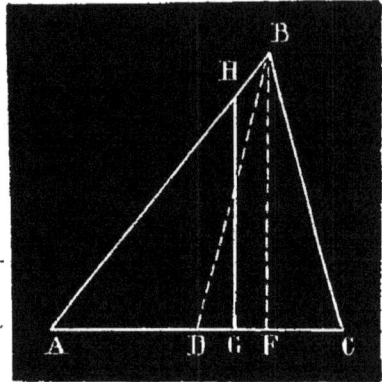

Fig. 190.

Les deux triangles ADB et AGH sont équivalents.

Or deux triangles qui ont un angle commun sont entre eux comme les produits des côtés qui comprennent cet angle, donc

$$\frac{ADB}{AGH} = \frac{AD \times AB}{AG \times AH} = 1.$$

Mais à cause des triangles semblables AGH et AFB, on a :

$$\frac{AB}{AH} = \frac{AF}{AG},$$

donc

$$\frac{AD \times AF}{AG \times AG} = 1,$$

d'où

$$\overline{AG}^2 = AD \times AF,$$

enfin

$$AG = \sqrt{AD \times AF}.$$

La longueur AG est égale à la racine carrée du produit de la moitié de la base multipliée par la distance du point A au pied de la perpendiculaire abaissée du sommet B sur AC.

258. Problème XIII. — *Partager un triangle ABC en cinq parties équivalentes par des perpendiculaires au côté AC (fig. 191).*

Supposons que la base AC soit divisée en cinq parties égales et que le pied de la perpendiculaire BD abaissée du sommet B tombe entre la 2e et la 3e division à partir du point A. Le triangle ABE est le cinquième de ABC; soit FG la perpendiculaire sur AC qui détermine un triangle AFG équivalent à AEB; on a (n° 257).

$$\frac{AF \times AG}{AE \times AB} = 1;$$

mais

$$\frac{AG}{AB} = \frac{AF}{AD},$$

donc

$$\frac{AF \times AF}{AE \times AD} = 1,$$

d'où

$$\overline{AF}^2 = AE \times AD,$$

et

$$AF = \sqrt{AE \times AD} \quad \text{ou} \quad AF = \sqrt{\frac{1}{5} AC \times AD}.$$

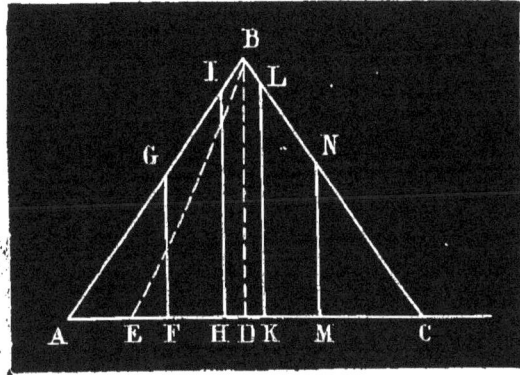

Fig. 191.

La ligne AF est égale à la racine carrée du produit de la cinquième partie de la base AC multipliée par la distance du point A au point D de la perpendiculaire abaissée du sommet B sur AC.

On démontrerait de la même manière que

$$AH = \sqrt{\frac{2}{5} AC \times AD}$$

$$CM = \sqrt{\frac{1}{5} AC \times CD}$$

$$CK = \sqrt{\frac{2}{5} AC \times CD}.$$

259. Problème XIV. — Partager un triangle ABC en deux parties proportionnelles aux nombres 3 et 5 par une perpendiculaire à la base AC (fig. 192).

La plus petite partie doit être les $\frac{3}{8}$ du triangle total.

Soit FG la perpendiculaire cherchée. On a :

$$\frac{AFG}{ABC} = \frac{AF \times AG}{AC \times AB} = \frac{3}{8} \quad (1).$$

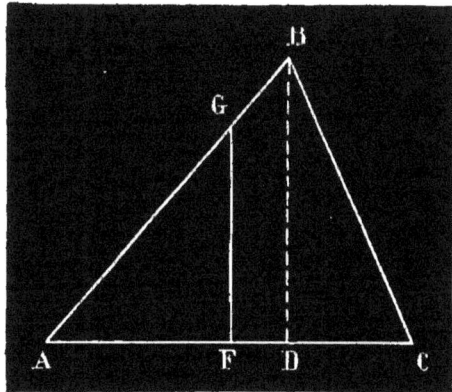

Fig. 192.

Si l'on abaisse du point B une perpendiculaire sur AC, les triangles AFG et ABD sont semblables et donnent

$$\frac{AG}{AB} = \frac{AF}{AD}.$$

L'égalité (1) devient donc

$$\frac{\overline{AF}^2}{AC \times AD} = \frac{3}{8},$$

d'où

$$\overline{AF}^2 = AC \times AD,$$

et

$$AF = \sqrt{\frac{3}{8} AC \times AD}.$$

La longueur AF est égale à la racine carrée du produit des $\frac{3}{8}$ de la base AC multipliés par la distance du point A au pied D de la perpendiculaire abaissée de B sur AC.

Remarque. — Pour partager de la même manière le triangle proportionnellement à trois nombres 3, 4 et 5, on observerait que l'une des parties est les $\frac{3}{12}$ du triangle total, une autre les $\frac{5}{12}$ et, l'on résoudrait la question avec la même facilité qne la précédente.

260. Problème XV. — *Partager un triangle ABC par une perpendiculaire à la base en deux parties dont l'une ait une surface donnée* (fig. 193).

Abaissons la hauteur BD. Mesurons-la ainsi que le segment AD de manière à calculer la surface du triangle rectangle ABD.

On trouve par exemple AD = 50m, BD = 40m. Alors ADB = 50 × 20 = 1,000mq.

Si le triangle déterminé par la perpendiculaire FG doit avoir une surface de 700mq. on a

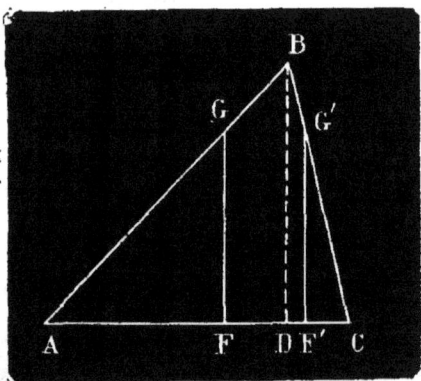

Fig. 193.

$$\frac{700}{1000} = \frac{\overline{AF}^2}{\overline{AD}^2};$$

Car les surfaces de deux triangles semblables sont entre elles comme les carrés des deux côtés homologues. On tire de là :

$$\overline{AF} = \frac{700 \times \overline{AD}^2}{1000}$$

$$AF = AD \times \sqrt{\frac{700}{1000}}.$$

La longueur AF est égale à la distance du point A au pied de la perpen-

diculaire multipliée par la racine carrée du rapport de la surface demandée à la surface du triangle ABD.

Remarque. — Supposons que la surface demandée soit 1200^{mq} ; elle est plus grande que celle du triangle ABD.

On mesure alors la base totale AC, afin d'avoir la surface du triangle ABC ; on trouve :

$$AC = 80^m, \text{ et, par suite, } ABC = 80 \times 20 = 1600^{mq}.$$

La différence entre 1600 et 1200 est 400.

Or DC $= 30^m$ et ADC $= 30 \times 20 = 600^{mq}$. On élève une perpendicu-

laire F'G' sur AA, telle que $\dfrac{400}{600} = \dfrac{\overline{CF'}^2}{\overline{CD}^2}$,

d'où
$$CF = CD \times \sqrt{\frac{400}{600}}.$$

261. Problème XVI.

— *Partager un triangle ABC en deux parties équivalentes par une droite parallèle à une direction donnée MN (fig. 194).*

Menons par le sommet A une parallèle AD à MN ; si BD est plus grand que CD, la parallèle cherchée est située dans le triangle ADB, soit FG cette ligne.

On a :

$$\frac{FBG}{ABC} = \frac{BF \times BG}{BA \times BC} = \frac{1}{2},$$

or, des triangles semblables, BFG et BAD, on tire :

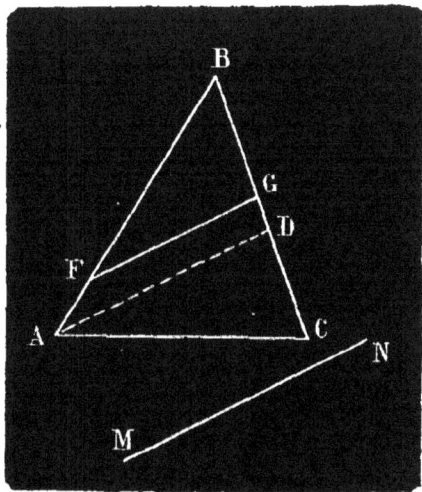

Fig. 194.

$$\frac{BF}{BA} = \frac{BG}{BD},$$

donc
$$\frac{BG^2}{BC \times BD} = \frac{1}{2},$$

d'où
$$BG = \sqrt{\tfrac{1}{2} BC \times BD}.$$

La longueur BG est égale à la racine carrée de la moitié du côté BC multipliée par BD.

On mesure donc BC, BD et l'on calcule BG, puis on mène par le point G une parallèle à AD.

262. Problème XVII. — *Partager un triangle ABC en cinq parties équivalentes par des parallèles à une direction donnée MN (fig. 195).*

Divisons le côté BC en cinq parties égales et supposons que la parallèle AD menée par le point A à la ligne MN tombe entre la 3e et la 4e division à partir du sommet B. Le triangle ABD est plus grand que les $\frac{3}{5}$ du triangle total ABC; on en conclut que trois parallèles seront situées dans le triangle ABD et la quatrième dans le triangle ADC. Par un raisonnement analogue au précédent on prouverait que

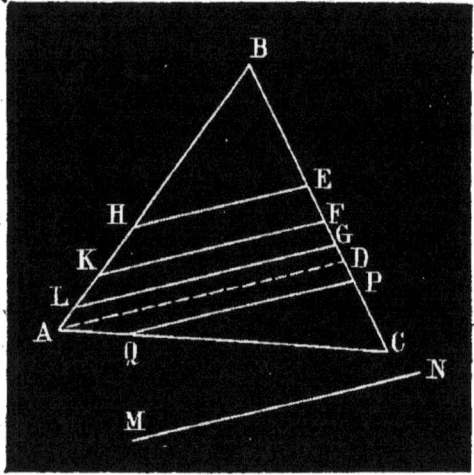

Fig. 195.

$$ BE = \sqrt{\frac{1}{5}\,BC \times BD} \quad , \quad BF = \sqrt{\frac{2}{5}\,BC \times BD} $$

$$ BG = \sqrt{\frac{3}{5}\,BC \times BD} \quad . \quad CP = \sqrt{\frac{1}{5}\,BC \times CD} $$

263. Problème XVIII. — *Partager un triangle ABC en deux parties proportionnelles aux nombres 3 et 5 par une parallèle à une direction donnée MN (fig. 196).*

Soit FG la parallèle cherchée; le triangle BFG est les $\frac{3}{8}$ du triangle total ABC, donc

$$ \frac{BF \times BG}{BC \times BA} = \frac{3}{8}. $$

Mais si l'on mène la parallèle AD à MN, on a :

$$ \frac{BG}{BA} = \frac{BF}{BD}, $$

d'où

$$ \frac{\overline{BF}^2}{BC \times BD} = \frac{3}{8}, $$

et

$$ BF = \sqrt{\frac{3}{8}\,BC \times BD}. $$

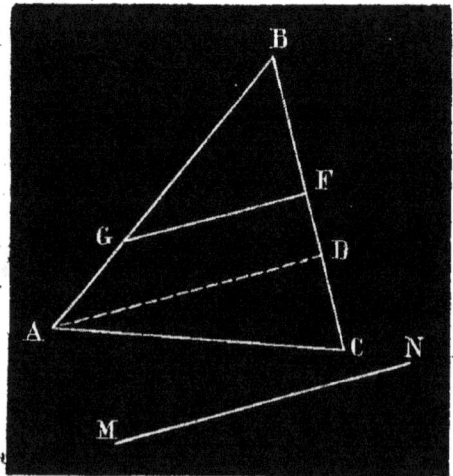

Fig. 196.

La longueur BF est égale à la racine carrée du produit des $\frac{3}{8}$ de BC multipliés par BD.

Remarque. — Si l'on voulait partager de la même manière le triangle proportionnellement à trois nombres 3, 5 et 7, on remarquerait que l'une des parties serait les $\frac{3}{15}$ du triangle total, la 3e les $\frac{7}{15}$, et l'on opérerait comme dans le cas précédent.

264. Problème XIX. — Partager un triangle ABC qui a 360mq de surface en deux parties dont l'une ait 150mq par une parallèle à une direction donnée MN (fig. 197).

Soit GF la parallèle cherchée; on a

$$\frac{BFG}{ABC} = \frac{150}{360}.$$

En appliquant la formule du nº 263 on aura :

$$BF = \sqrt{\frac{150}{360} BC \times BD}.$$

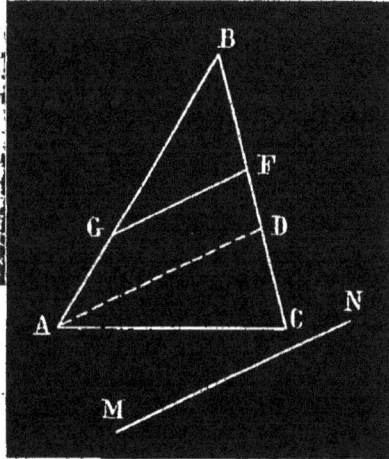

Fig. 197.

Remarque. — Quel que soit le nombre des parties demandées, on résoudra le problème de la même manière avec une égale facilité.

265. Problème XX. — Partager un triangle ABC en deux parties équivalentes par une droite partant d'un point donné O sur l'un des côtés (fig. 198).

On calculera d'abord la surface du triangle ABC, on divisera cette surface par 2 et l'on aura la valeur de chaque partie. Supposons que ABC = 32 m. 48; chaque partie aura 16ares,24.

Mesurons la perpendiculaire OD, abaissée de O sur AC et divisons 1624 par la moitié de la longueur trouvée, nous aurons la base d'un triangle ayant

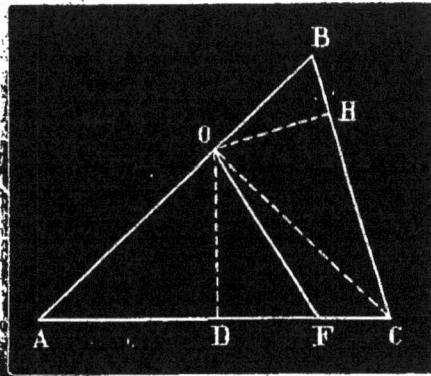

Fig. 198.

pour hauteur OD et 1624mq de surface; supposons que OD ait 54m; la base du triangle sera $\frac{1624}{27} = 60^m,10$. On portera sur AC une longueur AF de 60m,10. La ligne OF divisera le triangle en deux parties équivalentes.

On peut chercher d'abord la surface du triangle BOC, ce qui donne une quantité inférieure à 1624^{mq} ; on calcule alors la base CF d'un triangle OFC ayant pour hauteur OD, pour surface la différence de BOC avec 1624. La somme des deux triangles BOC et OFC représente la moitié de ABC.

Remarque. — S'il s'agissait de diviser le triangle ABC en 3, 4, 5 parties équivalentes aboutissant au point O, on opérerait absolument de la même manière.

266. Problème XXI. — *Partager un triangle ABC en trois parties équivalentes de manière que chaque portion vienne aboutir à un puits P situé à l'intérieur* (fig. 199).

Si l'on suppose que la surface du triangle ABC soit de 40^{ares},80, chaque portion aura

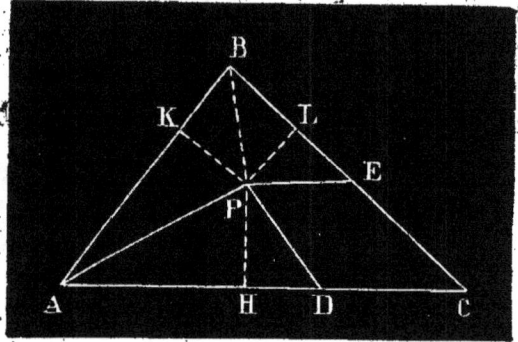

Fig. 199.

$$\frac{40^a,80}{3} = 13^a,60.$$

En divisant 1360 par la moitié de la perpendiculaire PH abaissée de P sur AC, nous aurons la longueur à prendre sur AC, à partir de A pour la base d'un triangle APO représentant le tiers du triangle ABC.

Calculons ensuite la surface du triangle APB ; si l'on trouve 840^{mq}, il manque à ce triangle 1360 — 840 = 520^{mq} pour représenter la 2e portion ; on lui ajoute alors un triangle BPE dont on calcule la base BE en divisant 520 par la moitié de la perpendiculaire PL abaissée de P sur BE.

La 3e partie est évidemment le quadrilatère PECD. Il est bon de le vérifier en mesurant la surface de ce quadrilatère ; pour cela on n'a qu'à multiplier CD par $\frac{PH}{2}$, CE par $\frac{PL}{2}$ et additionner les résultats.

267. Problème XXII. — *Partager un rectangle ABCD en cinq parties égales par des perpendiculaires à l'un de ses côtés* (fig. 200).

Il suffit évidemment de diviser la base AB en cinq parties égales et d'élever des perpendiculaires sur cette ligne par les points de division. Les rectangles obtenus sont égaux comme ayant même base et même hauteur.

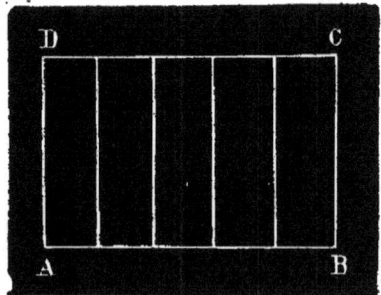

Fig. 200.

268. Problème XXIII. — *Partager un parallélogramme ABCD en cinq parties égales par des parallèles au côté AD* (fig. 201).

Si l'on divise le côté AB en cinq parties égales et qu'on mène par les points de division des parallèles à AD, on obtient cinq parallélogrammes égaux entre eux comme ayant un angle égal compris entre deux côtés égaux. Chacun d'eux représente donc le cinquième du parallélogramme donné.

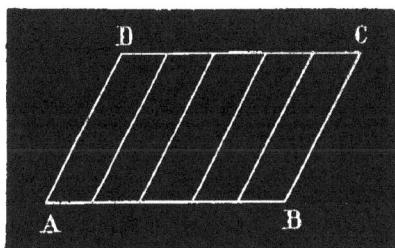

Fig. 201.

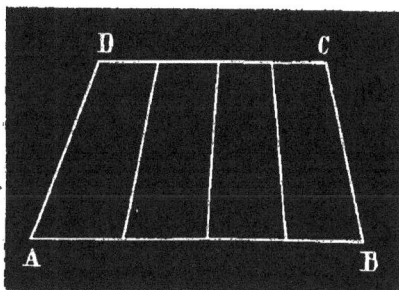

Fig. 202.

269. Problème XXIV. — *Partager un trapèze* ABCD *en quatre parties équivalentes par des droites aboutissant aux deux bases* (fig. 202).

Divisons les bases AB et DC chacune en quatre parties égales, et joignons par des droites les points de division homologues. Nous obtiendrons quatre trapèzes équivalents comme ayant des bases égales et même hauteur.

270. Problème XXV. — *Partager un trapèze* ABCD *par une parallèle* FG *aux bases de manière que la portion* AFGB *adjacente à la grande base soit une fraction* $\frac{m}{n}$ *du trapèze donné* (fig. 203).

Prenons pour inconnue la longueur x de la parallèle FG et appelons B, b, les deux bases du trapèze.

Si l'on prolonge les côtés non parallèles jusqu'à leur rencontre O, on obtient trois triangles semblables AOB, FOG, COD, qui sont proportionnels aux carrés de leurs bases. On a donc :

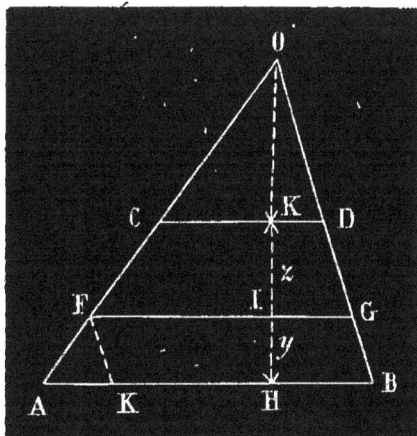

Fig. 203.

$$\frac{AOB}{B^2} = \frac{FOG}{x^2} = \frac{COD}{b^2},$$

d'où l'on tire

$$\frac{AOB - FOG}{B^2 - x^2} = \frac{AOB - COD}{B^2 - b^2},$$

ou

$$\frac{AFGB}{B^2 - x^2} = \frac{ACDB}{B^2 - b^2};$$

ce qui peut s'écrire :

$$\frac{AFGB}{ACDB} = \frac{B^2 - x^2}{B^2 - b^2}.$$

Or, par hypothèse

$$\frac{\text{AFGB}}{\text{ACDB}} = \frac{m}{n},$$

donc

$$\frac{\text{B}^2 - x^2}{\text{B}^2 - b^2} = \frac{m}{n},$$

d'où

$$x = \sqrt{\text{B}^2 - \frac{m}{n}(\text{B}^2 - b^2)} \qquad (1).$$

271. Remarque. — Si l'on veut que la portion CDGF adjacente à la petite base soit une fraction $\frac{m}{n}$ du trapèze donné, on dirigera le calcul de la manière suivante :

$$\frac{\text{AOB}}{\text{B}^2} = \frac{\text{FOG}}{x^2} = \frac{\text{COD}}{b^2},$$

d'où

$$\frac{\text{FOG} - \text{COD}}{x^2 - b^2} = \frac{\text{AOB} - \text{COD}}{\text{B}^2 - b^2},$$

ou

$$\frac{\text{FCDG}}{x^2 - b^2} = \frac{\text{ACDB}}{\text{B}^2 - b^2},$$

puis

$$\frac{x^2 - b^2}{\text{B}^2 - b^2} = \frac{\text{FCDG}}{\text{ACDB}} = \frac{m}{n},$$

d'où

$$x = \sqrt{b^2 + \frac{m}{n}(\text{B}^2 - b^2)} \qquad (2).$$

Après avoir calculé FG à l'aide de l'une des formules (1) et (2), il suffit de porter sur AB une longueur BK égale à FG, de mener par K une parallèle à BD et par F une parallèle à AB.

Il peut être avantageux de déterminer la position du point I où la parallèle FG rencontre la hauteur KH du trapèze, car alors on n'a plus qu'à mener par le point I une perpendiculaire à KH.

Désignons par h la hauteur KH et par y la quantité IH.

On a :
$$y = \frac{\text{AFGB}}{\frac{\text{AB} + \text{FG}}{2}}$$

ou
$$y = \frac{\frac{m}{n} + \frac{\text{B} + b}{2} \times h}{\frac{\text{B} + \sqrt{\text{B}^2 - \frac{m}{n}(\text{B}^2 - b^2)}}{2}}$$

d'où
$$y = \frac{\frac{m}{n}(\text{B} + b)h\left(\text{B} - \sqrt{\text{B}^2 - \frac{m}{n}(\text{B}^2 - b^2)}\right)}{\text{B}^2 - \text{B}^2 + \frac{m}{n}(\text{B}^2 - b^2)},$$

et en réduisant

$$y = \frac{h\left(B - \sqrt{B^2 - \dfrac{m}{n}(B^2 - b^2)}\right)}{B - b} \qquad (1).$$

Désignons Kl par z et supposons que $FCDG = \dfrac{m}{n} ABDC$.

On a :

$$z = \frac{FCDG}{\dfrac{FG + CD}{2}},$$

óu

$$z = \frac{\dfrac{m}{n}\dfrac{B + b}{2}h}{\dfrac{b + \sqrt{b^2 + \dfrac{m}{n}(B^2 - b^2)}}{2}}$$

d'où

$$\alpha = \frac{\dfrac{m}{n}(B + b)h\left(\sqrt{b^2 + \dfrac{m}{n}(B^2 - b^2)} - b\right)}{b^2 + \dfrac{m}{n}(B^2 - b^2) - b^2}$$

et

$$\alpha = \frac{h\left(\sqrt{b^2 + \dfrac{m}{n}(B^2 - b^2)} - b\right)}{B - b}. \qquad (2).$$

APPLICATIONS NUMÉRIQUES

1º Si l'on demande de partager le trapèze en deux parties équivalentes on fait $\dfrac{m}{n} = \dfrac{1}{2}$ et l'on a :

$$FG = \sqrt{B^2 - \frac{1}{2}(B^2 - b^2)} = \sqrt{\frac{1}{2}(B^2 + b^2)}.$$

2º Pour partager le trapèze en cinq parties équivalentes, on a :

1re parallèle. . . . . $= \sqrt{B^2 - \dfrac{1}{5}(B^2 - b^2)}.$

2º parallèle. . . . . $= \sqrt{B^2 - \dfrac{2}{5}(B^2 - b^2)}.$

3º parallèle. . . . . $= \sqrt{B^2 - \dfrac{3}{5}(B^2 - b^2)}.$

4º parallèle. . . . . $= \sqrt{B^2 - \dfrac{4}{5}(B^2 - b^2)}.$

3º S'il s'agit de partager le trapèze proportionnellement aux trois nombres 2, 3, 4 ·

La 1re partie est les $\dfrac{2}{9}$ du trapèze,

Les deux premières parties sont les $\frac{5}{9}$ du trapèze.

Donc la première parallèle $= \sqrt{B^2 - \frac{2}{9}(B^2 - b^2)}$.

la deuxième parallèle $= \sqrt{B^2 - \frac{5}{9}(B^2 - b^2)}$.

4° Le trapèze a une surface de 1600^{mq}; il s'agit de le diviser par une parallèle aux bases en deux parties telles que celle qui est adjacente à la grande base ait 1180^{mq}.

La longueur de la parallèle est

$$\sqrt{B^2 - \frac{1180}{1600}(B^2 - b^2)}.$$

Remarque. — La méthode que nous employons n'exige que la connaissance des deux bases du trapèze ; elle est la seule possible dans le cas où l'on ne peut pas déterminer sur le terrain le point de rencontre des côtés non parallèles.

272. Problème XXVI. — *Partager un terrain ABCDE en quatre parties équivalentes aboutissant à un même point O* (fig. 204).

1° *Le point O est sur l'un des côtés de la figure.*

Mesurons d'abord la surface du terrain ; soit 43^a,80 cette surface. Chaque portion aura

$$\frac{4380}{4} = 1095^{mq}.$$

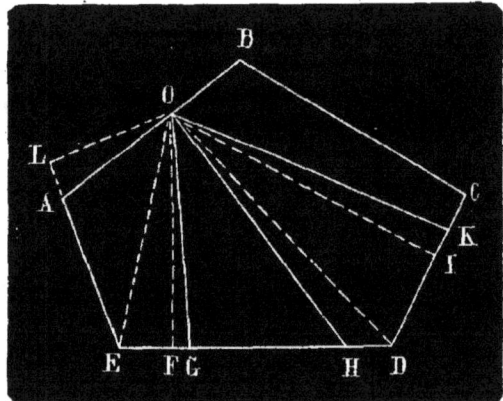

Fig. 204.

Pour déterminer la 1re partie, mesurons le triangle OAE ; on trouve 800^{mq} ; il manque 1095 —800 = 295 ; on complète la surface par un triangle OEG, dont on calcule la base EG en divisant 295 par la moitié de la perpendiculaire abaissée de O sur ED. La 1re portion est alors le quadrilatère OAEG.

Pour la 2e portion on divise 1095 par la moitié de OE et l'on a la base GH d'un triangle OGH qui représente cette 2e portion ; si GH était plus grand que GD, on prendrait d'abord le triangle GOD, auquel on ajouterait un autre triangle ayant sa base sur DC.

Quant à la 3e partie, calculons d'abord le triangle HOD en multipliant HD par la moitié de OF, soit 200^{mq} le résultat ; il faut ajouter à ce triangle un autre triangle DOK ayant 1095 — 200 = 895^{mq}. La base DK de ce triangle est égale au quotient de 895 par la moitié de la perpendiculaire OI abaissée de O sur DC.

Si l'on a bien opéré, le quadrilatère OBCK représente la 4e portion.

2° *Le point O est à l'intérieur du polygone* (fig. 205).

La question n'est pas plus difficile lorsque le point O est à l'intérieur du polygone.

Indiquons sommaire-
ment les opérations :

Polygone ABCDE =
$48^{ares},60$;

chaque portion doit avoir

$$\frac{4860}{4} = 1215^{mq}.$$

1re *portion*. — Mesure
du triangle AOE $= 1000^{mq}$;
il manque

$1215 - 1000 = 215.$

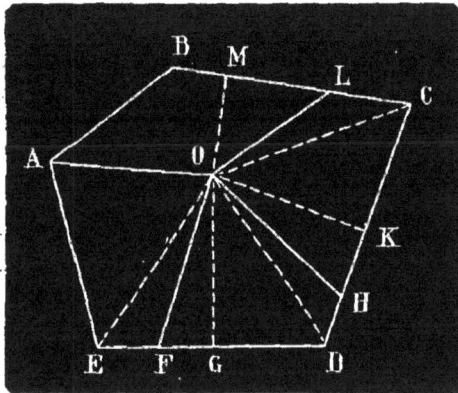

Fig. 205.

Quotient de 215 par la moitié de OG $= 20^m$.

On fait donc EF $= 20$ et l'on trace OF.

La 1re portion est OAEF.

2e *portion* : $\text{FOD} = \text{FD} \times \dfrac{\text{OG}}{2} = 1080^{mq}.$

$$1215 - 1080 = 135^{mq} \; ; \; \text{HD} = \frac{135}{\frac{1}{2}\,\text{OK}}.$$

La 2e portion est FOHD.

3e *portion* : $\text{HOC} = \text{HC} \times \dfrac{\text{OK}}{2} = 937^{mq}.$

$$1215 - 937 = 278^{mq}.$$

$$\text{CL} = \frac{278}{\frac{1}{2}\,\text{OM}} = 26^m.$$

La 3e portion est HOLC.

Par suite, la 4e portion est OABL.

Remarque. — Si le partage doit être fait proportionnellement à des nombres donnés, on cherche la contenance de chaque partie en partageant proportionnellement à ces nombres la surface totale du polygone et l'on détermine les limites comme précédemment.

273. Problème XXVII. — *Partager un polygone ABCDE en quatre parties équivalentes par des perpendiculaires au côté AB (fig. 206).*

Soit 1400^{mq} la surface du polygone ; chaque partie doit avoir

$$\frac{1400}{4} = 350^{mq}.$$

Menons d'abord la perpendiculaire AF par le sommet A et mesurons le triangle AEF; on trouve, par exemple, 120^{mq}.

Calculons maintenant la surface du trapèze AFDK obtenu en abaissant de D la perpendiculaire DK; soit 500^{mq}; on en détachera une partie FHGA de 350 — 120 = 230^{mq} en élevant une perpendiculaire GH dont on calculera la longueur et par suite la position à l'aide de la formule (2) (n° 270).

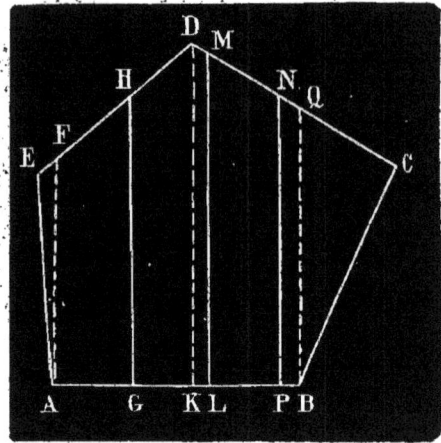

Fig. 206.

$$GH = \sqrt{\overline{AF}^2 + \frac{230}{500}\left(\overline{DK}^2 - \overline{AF}^2\right)},$$

ou bien on calculera la distance AG avec la formule (2) (n° 271), qui donne

$$AG = AK \frac{\left[\sqrt{\overline{AF}^2 + \frac{230}{500}\left(\overline{DK}^2 - \overline{AF}^2\right)} - AF\right]}{DK - AF}.$$

Le quadrilatère AEHG formera la première portion.

La 2e partie se composera de HGKD valant 500 — 230 = 270^{mq}, plus un trapèze DKLM ayant 350 — 270 = 80^{mq} que l'on détachera du trapèze DKBQ.

Pour obtenir la longueur de LM et sa position il suffit de calculer le trapèze DKBQ (soit 600^{mq} sa surface) et d'appliquer la formule (1) (n° 270)

$$LM = \sqrt{\overline{DK}^2 - \frac{80}{600}\left(\overline{DK}^2 - \overline{BQ}^2\right)}, \text{ ou la formule (1) (n° 271) qui donne}$$

la distance KL.

La troisième portion est entièrement située à l'intérieur du trapèze DCBQ, car la surface de MLBQ est de 600 — 80 = 520^{mq}.

On aura :

$$PN = \sqrt{\overline{DK} - \frac{350 + 80}{600}\left(\overline{DK}^2 - \overline{BQ}^2\right)},$$

ou

$$KP = \frac{\overline{KB}\left[KD - \sqrt{\overline{KD}^2 - \frac{320 + 80}{600}\left(KD^2 - BQ^2\right)}\right]}{KD - BQ}.$$

La quatrième portion sera ce qui reste du polygone, c'est-à-dire NPBC.

Remarque. — S'il s'agissait de partager le polygone ABCDE par des perpendiculaires au côté AB en parties proportionnelles à des nombres donnés ou ayant des surfaces données, on suivrait la même méthode sans plus de difficultés.

274. Problème XXVIII. — *Partager un polygone ABCDEF en quatre parties équivalentes par des parallèles à une direction donnée, mn, (fig. 207).*

Supposons que la surface de chaque partie doive être de 600mq. On mène par le point A une parallèle AG à mn et l'on calcule le triangle ABG, qui a, par hypothèse 430mq de surface. On mène ensuite par C la parallèle CH, ce qui donne un trapèze AGCH que l'on mesure.

Soit 520mq la surface; il en résulte que le quadrilatère ABCH a 430 + 520 = 950mq; il faut détacher de cette figure, par une parallèle MN, un trapèze MNHC ayant 950 — 600 = 350mq. Pour déterminer MN on aura

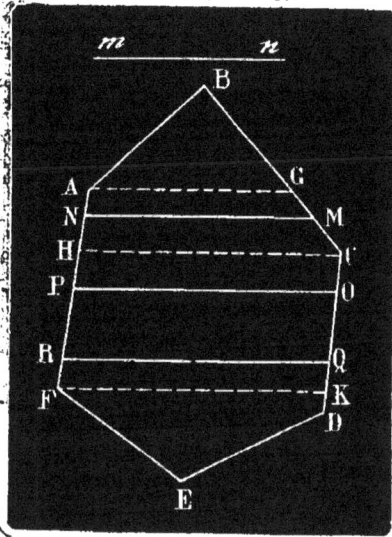

Fig. 207.

$$MN = \sqrt{\overline{CH}^2 - \frac{350}{600}\left(\overline{CH}^2 - \overline{AG}^2\right)}. \qquad (n° 270).$$

La deuxième portion comprend d'abord MNHC qui a 350mq, plus un trapèze COPH de 600 — 350 = 250mq, détaché du trapèze CHFK obtenu en menant par le sommet F une parallèle à mn.

Supposons que CHFK = 1000mq, on aura :

$$OP = \sqrt{\overline{CH}^2 + \frac{250}{1000}\left(\overline{FK}^2 - \overline{CH}^2\right)},$$

ce qui détermine la position de OP.

Enfin si RQOP est la troisième portion, on a :

$$CHRQ = 250 + 600 = 850,$$

par suite

$$RQ = \sqrt{\overline{CH}^2 + \frac{850}{1000}\left(\overline{FK}^2 - \overline{CH}^2\right)}.$$

Le quadrilatère RKDF représente la 4e portion. On pourrait calculer les hauteurs des trapèzes à l'aide des formules n° 171.

Remarque I. — Le partage proportionnellement à des nombres ou en parties de grandeurs données se ferait de la même manière.

Remarque II. — Si mn est parallèle à l'un des côtés du polygone, le problème : « Partager un polygone en parties équivalentes par des parallèles à l'un des côtés » est résolu.

275. Problème XXIX. — *Partager en trois parties équivalentes aboutissant à un* point intérieur O, *un terrain* ABCDEF *ayant d'un côté un contour sinueux* (fig. 208).

Si le terrain a une surface totale de 2400mq; chaque partie doit avoir

$$\frac{2400}{3} = 800^{mq}.$$

Il y a avantage à déterminer d'abord les portions adjacentes aux côtés rectilignes.

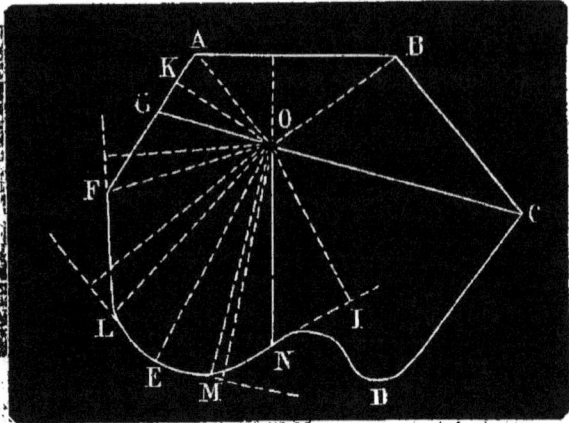

Fig. 208.

En mesurant les deux triangles COB et AOB, on trouve que la somme de leurs surfaces est 710mq. Il faut les augmenter d'un triangle AOG, ayant 800 — 710 = 90mq et dont la base AG est égale au quotient de 90 par la moitié de la perpendiculaire OK sur AF. La première portion est donc GABCO.

Pour déterminer la deuxième portion, on calculera d'abord le triangle OGF, auquel on ajoutera successivement d'autres triangles FOL, LOE, EOM, MON jusqu'à ce que l'on obtienne une surface totale de 800mq ; ces petits triangles ont pour bases des éléments de la courbe que l'on peut considérer comme sensiblement rectilignes. Si l'on peut prolonger ces éléments comme l'indique la figure, on abaissera du point O des perpendiculaires sur leurs directions respectives et l'on trouvera leurs surfaces en multipliant chaque base par la hauteur correspondante. Mais si la courbe est une rivière, le prolongement des éléments rectilignes est impossible ; dans ce cas, on doit calculer la surface des triangles à l'aide des trois côtés. L'opération est longue, mais c'est la seule juste.

Supposons qu'après avoir mesuré le dernier triangle MON, on trouve 50mq de trop ; alors on reporte le point N dans la direction de NM d'une quantité égale au quotient de 50 par la moitié de la perpendiculaire Ol abaissée de O sur la direction de MN.

La partie restante NOCD est nécessairement la 3e portion ; mais comme les causes d'erreur sont nombreuses, il est bon de la mesurer pour s'assurer qu'elle a la contenance demandée.

Remarque. — L'opération ne serait ni plus longue ni plus difficile s'il s'agissait de partager le terrain à contour sinueux proportionnellement à des nombres donnés ou en parties de grandeurs données.

276. Problème XXX. *Partager le terrain* ABCD *en trois parties équivalentes* (fig. 209). 1° Les côtés rectilignes AD et BC sont parallèles.

Élevons une perpendiculaire quelconque xy, sur AD, et sur xy des perpendiculaires UH, VK... etc., assez rapprochées pour que les courbes DE, EF, FG... etc., AH, HK, KL, etc., puissent être considérées sensiblement comme rectilignes. On n'aura plus qu'à mesurer les lignes HE, KF, LG, etc., à les diviser en trois parties égales et à joindre par des droites les points de division N, P, R,... etc.,

N, O, X... etc. Les trois trapèzes DNPE, NMOP, MAHO, sont équivalents comme ayant des bases égales et même hauteur DU. Il en serait de même des trois trapèzes compris entre deux perpendiculaires consécutives quelconques.

Donc les trois portions ABNM, MXYN et NYCD sont équivalentes.

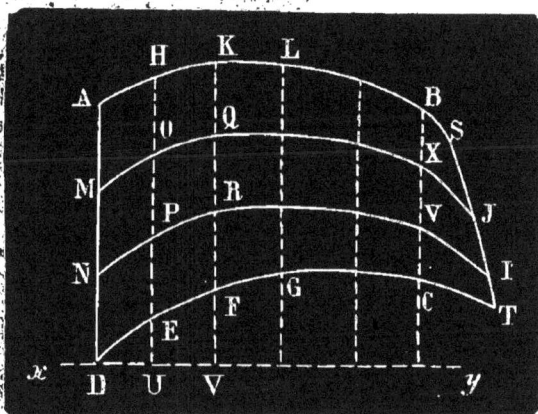

Fig. 209.

2° *Le terrain est limité à gauche et à droite par deux lignes* AD *et* ST *non parallèles.*

On appliquera la méthode précédente jusque dans le voisinage de ST, puis on partagera BSTC en trois parties équivalentes par des droites XJ, YI partant des points X et Y.

277. Problème XXXI. — *Partager en trois parties équivalentes un terrain* M *limité de toutes parts par un contour sinueux* (fig. 210).

Nous supposerons que le partage doit être fait dans le sens de la longueur.

Traçons à l'intérieur ou en dehors du terrain une droite *x y* et élevons sur cette ligne, comme dans le problème précédent, des perpendiculaires assez rapprochées pour que les arcs interceptés sur les courbes puissent être considérés comme rectilignes. Divisons ensuite en trois parties égales les segments de ces perpendiculaires compris à l'intérieur du terrain, et joignons les points de division comme l'indique la figure. Toute la portion du terrain située entre les perpendiculaires extrêmes sera divisée en trois parties équivalentes. On n'aura plus qu'à partager en trois parties équivalentes les deux portions du terrain situées en dehors des perpendiculaires extrêmes.

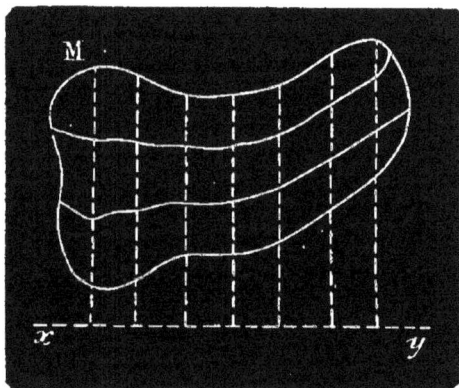

Fig. 210.

Remarque. — Si le terrain était très allongé et étroit, il vaudrait mieux le partager par des droites dirigées dans le sens de la largeur.

278. Problème XXXII. — *Partager en trois parties équivalentes un terrain ABCDEFGH contenant une friche EFCD, de manière que chaque parcelle contienne la même quantité de friche* (fig. 211).

Commençons par mesurer le mauvais terrain EFCD, et partageons-le en trois parties équivalentes par des droites KL et MN. On mesure ensuite le bon terrain ABCFGH, et on le partage en trois parties équivalentes par des droites LO et NP partant des points L et N. Pour cela on trace à vue d'œil une droite OL telle que la surface OHGFL représente à peu près l'une des portions. On ne tombe pas juste ; alors on retranche de la surface ou on lui ajoute de petits triangles ayant

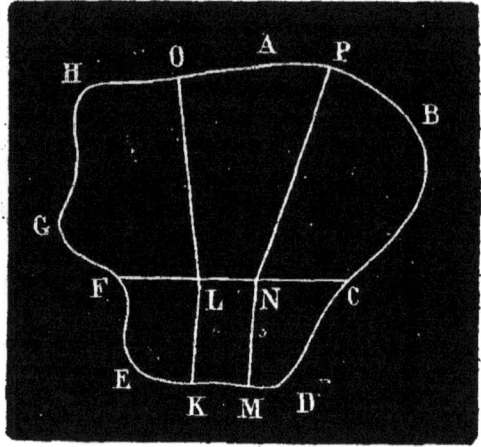

Fig. 211.

pour sommet le point L et pour bases les éléments rectilignes de la courbe HOA (nº 275) jusqu'à ce qu'on ait obtenu la surface voulue.

On détermine de la même manière la position de la deuxième droite NP.

279. Problème XXXIII. — *Partager en trois parties équivalentes un terrain limité par une rivière de manière que chaque parcelle soit bordée par une même longueur de rivière* (fig. 212).

Il est évident qu'il faut d'abord mesurer la longueur totale de la portion AB de la rivière limitant la propriété, diviser cette longueur par 3 et porter sur AB les longueurs AC et CD égales au quotient obtenu.

Les deux points C et D seront les deux points obligés où doivent aboutir les limites.

Après avoir mesuré la surface totale du terrain et calculé la contenance de chaque parcelle, on tracera à vue d'œil une droite CF détachant à peu près la valeur de l'une des portions,

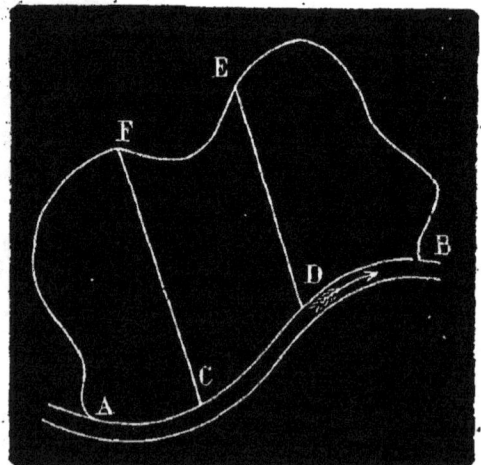

Fig. 212.

on la mesurera et l'on transportera le point F à droite ou à gauche suivant que le résultat sera plus petit ou plus grand que la surface de l'une des portions.

Même opération pour la ligne DE.

280: Problème XXXIV. — *Rectifier la limite de deux propriétés*
(fig. 213).

Soit MNOP la limite sinueuse
de deux propriétés H et K qu'il
s'agit de remplacer par une ligne
droite.

Traçons une droite PA telle
que la portion AMNQ, enlevée à
la propriété K, soit à peu près
équivalente à la partie QOP, enlevée à H.

En les mesurant, on trouve que
AMNQ = 150^{mq} et QOP = 180^{mq}. Il
faut par conséquent rendre 180 —
150 = 30^{mq} à la portion H, en un
triangle ayant PA pour base et

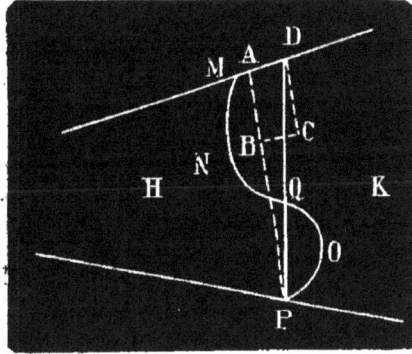

Fig. 213.

son sommet sur le prolongement de MA. Si PA = 40^m, la hauteur de ce
triangle est $\frac{30}{20} = 1^m,50$. En un point quelconque B de AP on élève une
perpendiculaire BC égale à 1^m,50, et l'on mène par le point C une parallèle CD à PA, le point D où elle coupe MA est le sommet du triangle.

La limite rectiligne est alors PD.

281. Problème XXXV. — *Un terrain ABCD a été partagé en
deux parties équivalentes par une droite EF. En mesurant les deux parcelles on trouve que* ABFE = 1620^{mq},
EDCF = 1800^{mq}. *On demande de rectifier l'erreur* (fig. 214).

La différence entre les deux parcelles est 1800 — 1620 = 180^{mq}; il
faut donc prendre $\frac{180}{2} = 90^{mq}$ à la
parcelle EFCD pour les ajouter à
l'autre. Mesurons la perpendiculaire
EH abaissée de E sur BC et divisons
la surface 90 par la moitié de EH,
nous aurons la quantité FK dont on
doit reporter le point F.

On pourrait opérer comme dans
le problème précédent.

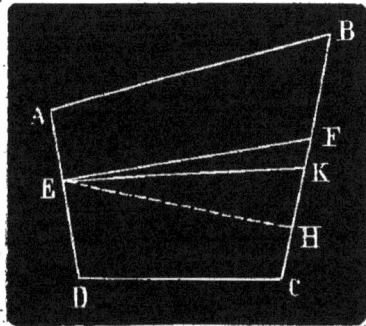

Fig. 214.

Si la limite des deux propriétés est une courbe, la méthode que nous
indiquons n'est pas applicable.

Supposons que la limite soit la courbe FC (fig. 215) et qu'on doive
prendre 90^{mq} à la parcelle N pour les ajouter à la parcelle M. S'il n'y a
aucun inconvénient à rectifier autant que possible la courbe, on prendra
d'abord la surface CHG, qui vaut par exemple 40^{mq}. On prendra le reste,
c'est-à-dire 50^{mq}, dans le voisinage du point F. On tracera d'abord une
droite FI à vue, on évaluera la surface de la figure FKI, et si elle est trop
faible on y ajoutera le triangle IFO égal à ce qui manque. La limite
obtenue sera GHOF.

Il peut arriver qu'on désire maintenir à la limite la même forme.

Soient EF la limite courbe des deux propriétés M et N et GH la courbe parallèle à la première qu'il s'agit de construire (fig. 216). La surface de la figure EFHG doit être par exemple de 90^{mq}. Supposons que les droites AD et BC soient parallèles et menons-leur la perpendiculaire commune AK.

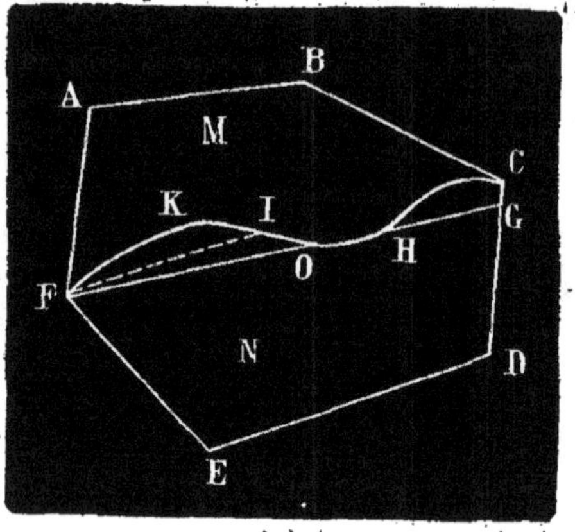

Si l'on divise EF en parties assez petites pour qu'on puisse les considérer comme droites, et que des différents points de division on abaisse des perpendiculaires sur AK jusqu'à leur rencontre avec GH, on divise la surface EFHG en parallélogrammes ayant par hypothèse même base EG. La somme des hauteurs de ces parallélogrammes est évidemment égale à AK. Leur surface totale étant 90^{mq}, on obtiendra EF en divisant 90 par AK qui vaut par exemple 80^m; on a donc EF $= \dfrac{90}{80} = 1^m,125$.

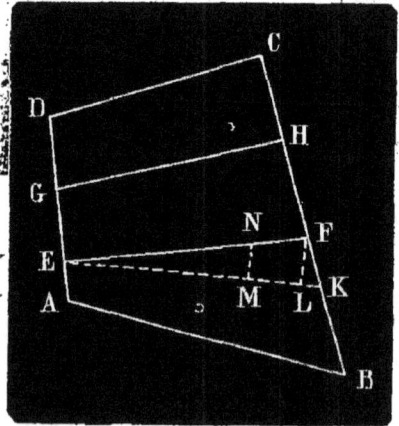

Fig. 215.

On déterminera un certain nombre de points de la courbe GH afin de pouvoir la tracer sur le sol.

Si BC n'est pas parallèle à AD, on trace AK perpendiculaire à AD, et au lieu d'abaisser la dernière perpendiculaire du point F sur AK, on l'abaisse d'un point voisin de F, à peu près vers le milieu du segment FH. On commet alors une légère erreur parfaitement négligeable.

282. Problème XXXVI.— *Partager en trois parties équivalentes un terrain boisé ABCD (fig. 217).*

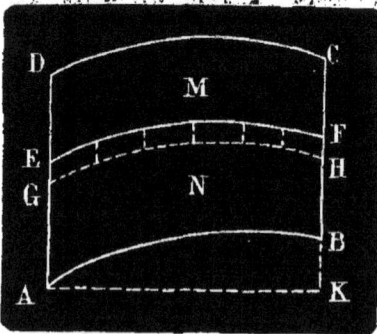

Fig. 216.

Fig. 217.

Le partage se fait d'abord sur le plan; soient EF et GH les lignes de séparation. On fixe ensuite sur le sol les points E, F, G, H et l'on trace des laies suivant les droites EF et GH; pour EF on mesure l'angle AEF sur le plan et l'on jalonne sur le terrain une droite faisant avec AD le même angle, mais si l'on commet une erreur et que l'on obtienne EK, par exemple, on abaissera du point F la perpendiculaire FL que l'on mesure; en un point quelconque M de EK, on élève une perpendiculaire MN telle que $\dfrac{MN}{FL} = \dfrac{EM}{EL}$ d'où $MN = \dfrac{FL \times EM}{EL}$.

L'extrémité de MN est alors un point de EF, on en détermine ainsi autant que l'on veut.

Même opération pour la droite GH.

CHAPITRE VII

PROBLÈMES DE GÉOMÉTRIE PRATIQUE.

283. Problème I. — *Mesurer la distance d'un point donné* A *à un point* B *dont on est séparé par une rivière* (fig. 218).

1° *Avec l'équerre.* La méthode la plus simple consiste à élever une perpendiculaire AF sur la direction AB et à promener l'équerre jusqu'en un point F tel qu'un rayon visuel étant dirigé sur le point A, celui qui fait avec lui un angle de 45° passe par le point B. Alors le triangle BAF est isocèle et AF = AB.

On peut aussi mesurer sur AF une longueur connue AC, élever au point C une perpendiculaire CB' et jalonner la direction BOB' qui joint le point B au milieu O de AC. Les triangles AOB et OCB' ont AO = OC, les

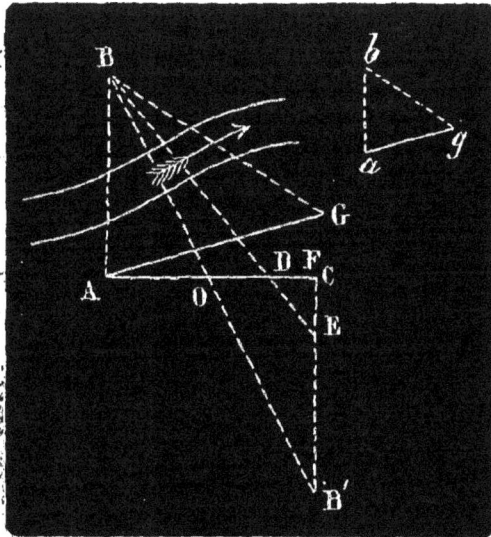

angles BAO et BCO égaux comme droits, BOC et B'OC égaux comme opposés par le sommet; ces triangles sont égaux; par suite CB' = AB.

Si l'on joint B à un point quelconque D de AC, les triangles BAD et DEC sont semblables; on en tire :

$$\frac{AB}{CE} = \frac{AD}{DC},$$

d'où

$$AB = \frac{AD \times CE}{DC}.$$

On mesure donc AD, DC et CE et l'on calcule AB.

2° *Avec le graphomètre.* Traçons une base quelconque AG, mesurons-la ainsi que les angles BAG et BGA, et construisons sur le papier avec ces données un triangle *agb* semblable à AGB ; la ligne *ab* représente la longueur de AB réduite à l'échelle du dessin.

3° *Avec la chaine seule*. On fait la même construction que pour opérer avec le graphomètre, seulement on lève les angles au mètre (n° 195) au lieu de les mesurer directement.

4° *Avec la planchette*. On lève le plan du triangle ABG. Pour cela, on place la planchette en station au point A (n° 199), puis on trace sur le papier des droites *ab*, *ag* dans les directions AB et AG, on fait *ag* égal à la longueur de AG réduite à une échelle connue. On transporte ensuite la planchette en G de manière que *g* et G soient sur une même verticale et que la ligne *ga* soit dirigée suivant GA ; on trace alors une ligne *gb* dans la direction GB. La droite *ab* représente la longueur réduite de AB.

284. Problème II. — *Mesurer la distance de deux points inaccessibles* A *et* B (fig. 219).

1° *Avec l'équerre*. Traçons une droite quelconque *xy*, et abaissons sur cette ligne des perpendiculaires AC et BD des points A et B. Si l'on

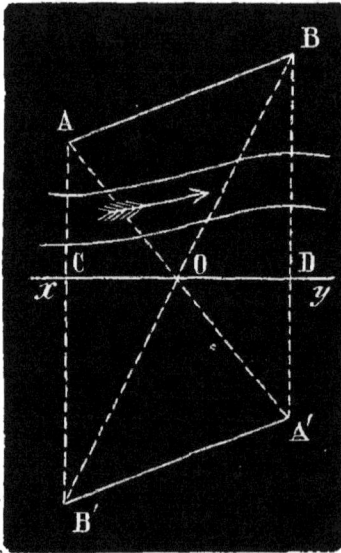
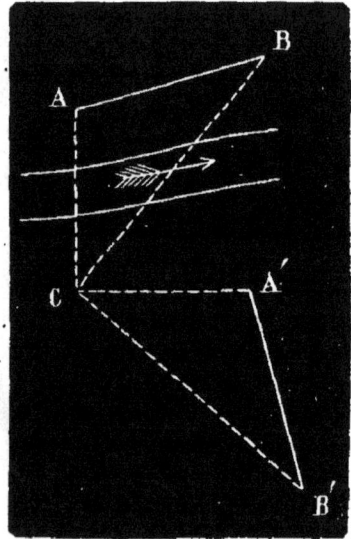

Fig. 219. Fig. 220.

jalonne ensuite les directions AO et BO qui joignent les points A et B au point O, milieu de CD et qu'on les prolonge jusqu'à leurs rencontres A′ et B′ avec les perpendiculaires BD et AC, la droite A′B′ est égale à AB. En effet, les triangles BOD et B′OC sont égaux, car ils ont OD = OC, l'angle BOD = à l'angle B′OC comme opposés par le sommet, l'angle ODB = à l'angle DCB′ comme droits ; on en conclut que OB′ = OB. Pour la même raison, les triangles AOC et A′OD sont égaux et OA′ = OA. Alors les deux triangles A′OB′ et AOB sont égaux comme ayant un angle égal compris entre deux côtés égaux chacun à chacun ; donc A′B′ = AB.

Cette manière d'opérer n'est pratique que si l'on est assez rapproché des points A et B.

On peut opérer d'une autre manière avec l'équerre (fig. 220).

Choisissons un point C sur le terrain accessible et élevons-en ce point

11

des perpendiculaires CA′ et CB′ sur les directions CA et CB. Promenons ensuite l'équerre sur CA′ jusqu'en un point A′ tel qu'un rayon visuel étant dirigé sur le point C, celui qui fait avec lui un angle de 45° passe par A. Le triangle rectangle AA′ est alors isocèle et l'on a CA′ = CA (n° 283). On détermine de la même manière le point B′ tel que CB′ = CB; les angles ACB et A′CB′ sont égaux comme ayant les côtés perpendiculaires; il en résulte que les triangles A′CB′ et ACB sont égaux comme ayant un angle égal compris entre des côtés égaux. Donc A′B′ = AB.

2° *Avec le grapho-mètre.* On mesure avec la chaîne une base CD (fig. 221), et avec le graphomètre les angles ACD, BCD, BDC et ADC. Puis, sur le papier, on trace une droite *cd* représentant à une échelle connue la ligne CD du terrain et l'on construit les angles *acd*, *bcd*, *bdc* et *adc* respectivement égaux à ceux mesurés sur le sol; on trace *ab*; cette droite représente à l'échelle du dessin la droite AB.

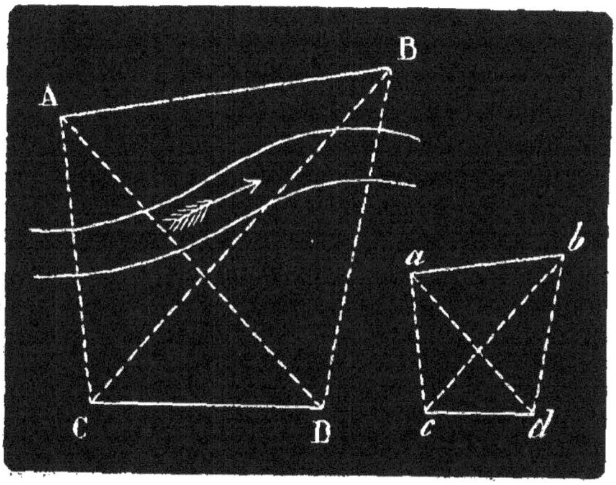

Fig. 221.

3° *Avec la chaîne seule.* Si l'on n'a pas de graphomètre, on lève les angles au mètre (n° 195).

4° *Avec la planchette.* On place la planchette en station au point C (n° 199) et l'on trace des droites *ca*, *cb*, *cd* dans les directions CA, CB et CD. On mesure CD et l'on porte la longueur réduite *cd* sur la ligne homologue tracée sur le papier. On place de nouveau la planchette en station au point D de manière que le point *d* soit sur la verticale de D et que la ligne *dc* prenne la direction DC.

Il ne reste qu'à tracer les droites *da* et *db* dans les directions DA et DB, ce qui détermine les points *a* et *b*, homologues de A et de B.

On mesure *ab* et.l'on a à l'échelle du dessin la longueur réduite de AB.

285. Problème III. — *Mesurer la hauteur d'une tour dont le pied est accessible* (fig. 222) :

1° *Avec le graphomètre.* Soit AB la hauteur de la tour à mesurer; traçons une base

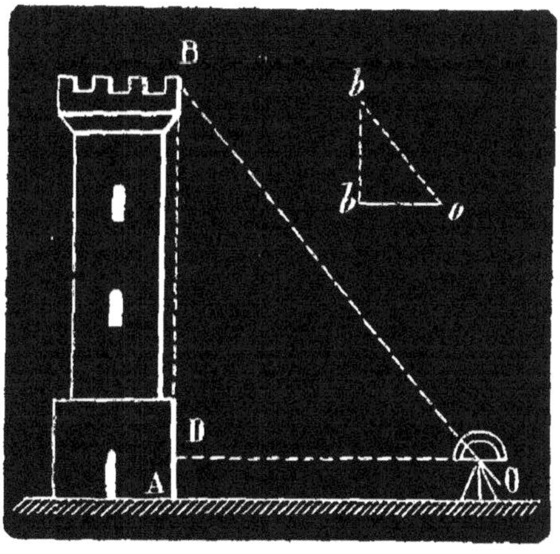

Fig. 222.

AC passant par l'axe de l'édifice et plaçons en un point quelconque C de cette ligne un graphomètre, de manière que le plan du limbe soit vertical et que la ligne de foi soit horizontale.

Pour obtenir ce dernier résultat on fait passer un fil à plomb par le 90e degré et l'on fait tourner l'instrument autour de son axe, de manière que la direction du fil passe par le centre. Le rayon qui aboutit au 90e degré est alors vertical; il en résulte que la ligne de foi qui est perpendiculaire à ce rayon est horizontale.

L'instrument étant ainsi disposé, on dirige un rayon visuel sur la tour par l'alidade fixe et l'on repère le point D où il rencontre l'édifice. Dirigeant ensuite l'alidade mobile sur le sommet B de la tour, on lit, sur l'instrument, l'angle BOD. Si l'on mesure ensuite la ligne DO, c'est-à-dire AC, en tenant la chaîne horizontalement, le triangle rectangle BDO est déterminé.

Construisons maintenant un triangle *bdo* semblable à BDO, mesurons *db* et ajoutons-y la longueur DA mesurée directement, nous aurons la hauteur de la tour;

2° *Avec la chaîne et un miroir* (fig. 223). La hauteur à mesurer est AB. L'opérateur place dans le voisinage un miroir MN dans une position horizontale; muni d'un fil à plomb dont il place le fil près de son œil, il se retire sur la droite AC passant par l'axe de la tour et le centre du miroir jusqu'à ce qu'il aperçoive l'image du sommet de l'édifice. Il mesure alors les lignes AC, CD et OD, ce qui permet de calculer AB.

En effet, le rayon lumineux BC se réfléchit de manière à former avec la normale CF un angle OCF

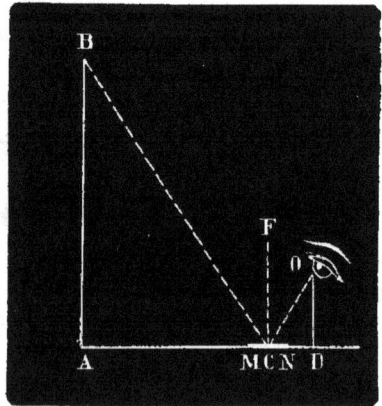

Fig. 223.

égal à l'angle BCF; les compléments OCD et BCA de ces angles son donc égaux. Il en résulte que les triangles rectangles ABC et CDO sont semblables.

On a donc :

$$\frac{AB}{OD} = \frac{AC}{CD},$$

d'où

$$AB = \frac{AC \times OD}{CD};$$

3° *Avec la chaîne et deux jalons* (fig. 224). Sur une ligne A*x* sensiblement horizontale ou uniformément inclinée passant par le pied de la tour, on place un jalon vertical CD et un peu plus loin, sur la même ligne, un deuxième jalon EF plus

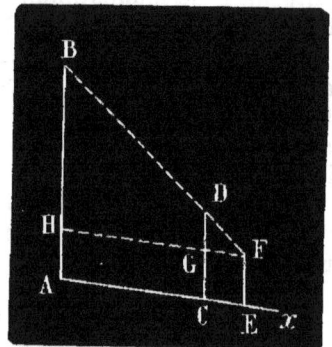

Fig. 224.

petit que le premier et de manière que la droite joignant leurs extrémités F et D passe par le sommet B de la tour, on mesure alors les droites AE = HF et CE = GF en suivant l'inclinaison du sol; on connaît d'ailleurs la différence DG entre les longueurs des deux jalons.

Les triangles semblables BHF et DGF donnent

$$\frac{BH}{DG} = \frac{HF}{GF},$$

d'où

$$BH = \frac{DG \times HF}{GF}.$$

Il suffit d'ajouter à BH la longueur du petit jalon pour avoir la hauteur totale de la tour.

4° *Avec l'ombre*. On mesure l'ombre projetée sur le terrain par la tour et l'ombre portée au même instant par une tige verticale de longueur connue, 1m30 par exemple; soit 0m65 l'ombre de cette tige et 18m50 celle de l'édifice.

On raisonne ainsi :

0m,65 d'ombre proviennent d'un objet ayant 1m,30 de hauteur.

$$1^m \qquad\qquad - \qquad\qquad - \qquad\qquad \frac{1,30}{0,65}$$

$$18^m,50 \qquad - \qquad\qquad - \qquad\qquad \frac{1,30 \times 18,50}{0,65} = 37^m.$$

286. Problème IV. — *Mesurer la hauteur d'une tour dont le pied est inaccessible* (fig. 225).

On trace sur un terrain horizontal une base CD dont le prolongement passe par l'axe de la tour. On mesure CD avec la chaîne, et à l'aide du graphomètre les angles EAB et EBA. Si l'on construit maintenant à une échelle connue

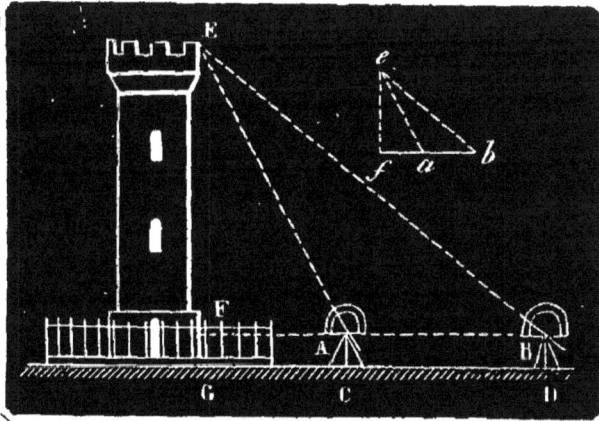

Fig. 225.

un triangle *abe* semblable à ABE et qu'on abaisse du point *e* une perpendiculaire *ef* sur la direction de *ba*, cette perpendiculaire représente, à l'échelle du dessin, la hauteur EF ; il n'y a plus qu'à ajouter à EF la quantité FG égale à la hauteur du graphomètre pour avoir la hauteur totale de la tour.

287. Problème V. — *Trouver la hauteur d'une montagne* (fig. 226).

Traçons une base quelconque AB aux abords de la montagne. Mesurons-la ainsi que les angles CAB et CBA en ayant soin de placer le limbe du graphomètre dans le plan CBA, et faisons sur le papier un triangle *acb* semblable à ACB; on en tire la longueur de AC. Or, avec le graphomètre, on peut mesurer l'angle CAD; il suffit pour cela de placer le limbe dans le plan vertical CAD, de manière que la ligne de foi soit horizontale (n° 285); l'alidade mobile dirigée vers le sommet C de la montagne indique la valeur de l'angle CAD.

On peut dès lors construire un triangle semblable au triangle rectangle ACD dont on connaît l'hypoténuse et un angle aigu. On en tire facilement la valeur de CD.

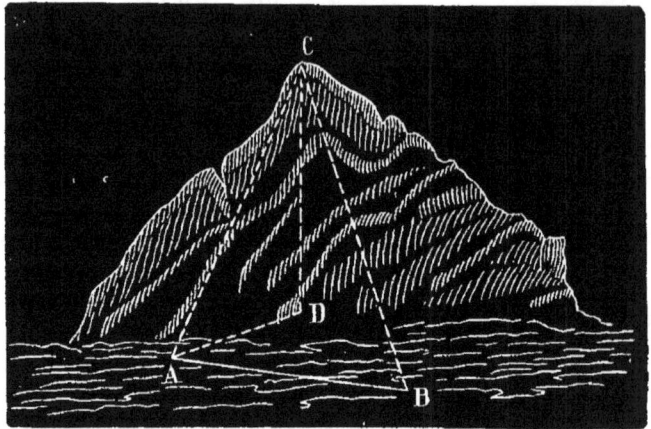

Fig. 226.

288. Problème VI. — *Trouver le rayon d'une tour ou d'un bassin circulaire inaccessible.*

1° *Avec l'équerre* (fig. 227). En un point quelconque F on mène avec l'équerre un rayon visuel FE tangent à la tour, puis on jalonne la direction FA perpendiculaire à FE. Ensuite on détermine sur FA un point D tel que la perpendiculaire DC sur cette ligne soit tangente à la tour.

Le quadrilatère CDFE est un rectangle; donc DF = CE.

2° *Avec le graphomètre* (fig. 228). On mesure une base AB sur le terrain accessible. On mène du point A les rayons visuels AC et AE tangents à la tour. Les angles CAB et EAB mesurés avec le graphomètre permettent de calculer l'angle OAB. En effet, la droite AO est bissectrice de l'angle formé par les tangentes AC et AE, et l'on a

$$OAB = \frac{CAB + EAB}{2}$$

On mesure de même les angles DBA et FBA formés par la droite AB et les rayons visuels BD et FB tangents à la tour.

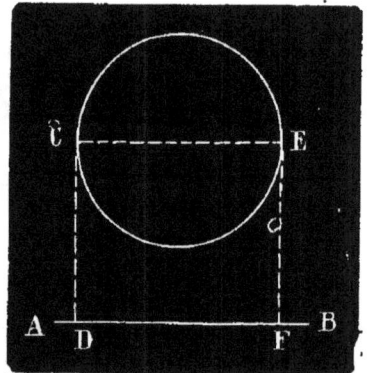

Fig. 227.

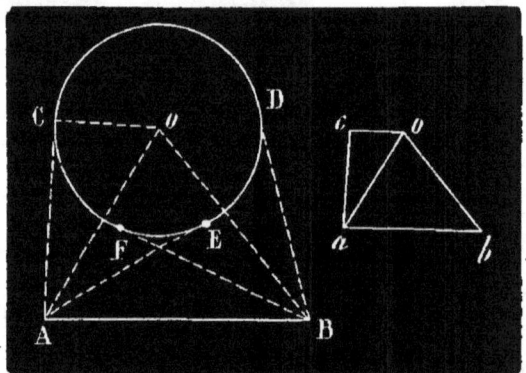

Fig. 228.

On en tire :

$$OBA = \frac{DBA + FBA}{2}.$$

Si l'on construit un triangle *oab* semblable à OAB, et qu'au point *a* on fasse un angle *oac* égal à OAC que l'on connaît, on n'a qu'à abaisser du point *o* une perpendiculaire sur *ac* pour avoir, en la mesurant à l'échelle du dessin, la longueur du rayon de la tour.

289. Problème VII. — *Mener par un point donné C une parallèle à une ligne AB inaccessible* (fig. 229).

Posons un jalon en un point quelconque D ; menons par C une parallèle à AD ; joignons le point D à un point quelconque G de cette parallèle et prolongeons la ligne DG jusqu'à sa rencontre F avec AC ; jalonnons FB et menons par G une parallèle GE à DB ; cette parallèle rencontre FB en un point E. La droite CE est parallèle à AB. En effet, dans le triangle AFD on a :

$$\frac{FC}{FA} = \frac{FG}{FD}.$$

Le triangle BFD donne

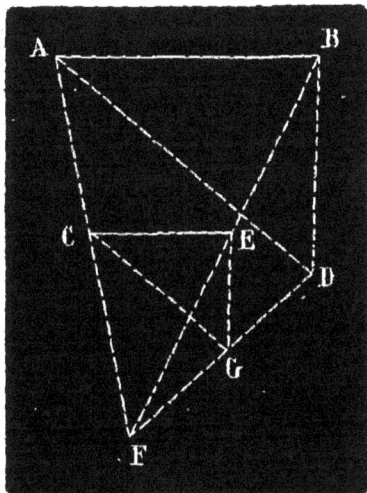

Fig. 229.

$$\frac{FG}{FD} = \frac{FE}{EB},$$

donc

$$\frac{FC}{FA} = \frac{FE}{FB}.$$

La droite CE divisant en parties proportionnelles les deux côtés FA et FB du triangle AFB est parallèle au troisième côté AB.   c. q. f. d.

Remarque. — Pour mener par un point C une perpendiculaire à une ligne AB inaccessible, on mène par ce point une parallèle à AB en faisant la construction précédente. On élève ensuite une perpendiculaire sur cette parallèle ; elle est aussi perpendiculaire à AB.

290. Problème VIII. — *Tracer sur le terrain une circonférence passant par trois points donnés non en ligne droite* (fig. 230).

Soient A, B et C les trois points donnés. Joignons les points A et B à un point quelconque D de la circonférence déterminée par les trois points ;

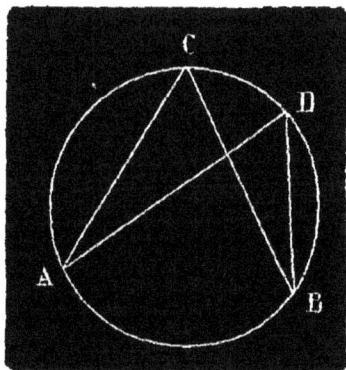

Fig. 230.

les angles CAD et CBD sont égaux comme angles inscrits ayant pour mesure la moitié du même arc CD. Donc, si l'on trace sur le terrain deux droites AD et BD faisant avec AC et BC des angles égaux CAD et CBD, ces droites se coupent en un point D qui est situé sur la circonférence ; on peut ainsi déterminer un très grand nombre de points de la courbe de manière à la tracer à peu près exactement.

291. Problème IX. — *Raccorder deux lignes droites par un arc de cercle* (fig. 231).

Lorsqu'une route ou un canal doit quitter une direction AB pour en prendre une autre BC, le changement de direction ne saurait se faire brusquement en B. On raccorde généralement les deux droites AB et BC par un arc de cercle dont le rayon est donné. Supposons le problème résolu et soit DE un arc de rayon connu DO tangent en D et en E aux droites AB et BC. Le centre de cet arc est situé sur la bissectrice BO de l'angle ABC. Il s'agit : 1° de déterminer les points de contact D et E et 2° de tracer l'arc DE en construisant plusieurs de ses points.

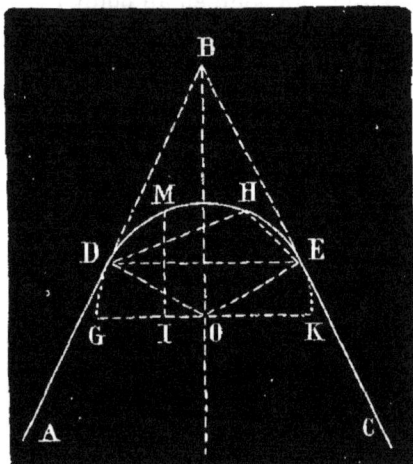

Fig. 231.

Avec le graphomètre, on mesure l'angle DBO du triangle rectangle BDO, ce qui permet de calculer l'angle DOB. On connaît alors le côté DO et les deux angles adjacents ; on construit le plan de ce triangle et l'on en tire la longueur de BD et aussi celle de BE qui est égale à BD.

Soit maintenant H un point quelconque de l'arc de cercle. L'angle HEB, formé par une tangente et une corde, a pour mesure la moitié de l'arc EH ; il est donc égal à l'angle inscrit HDE qui a pour mesure la moitié du même arc.

Donc si l'on trace avec le graphomètre une droite EH faisant avec EB un angle connu, 10° par exemple, et qu'on en trace une deuxième DH faisant avec DE un angle HDE égal au premier, ces deux droites se coupent en un point H situé sur l'arc de cercle.

On détermine ainsi autant de points que l'on veut.

La détermination des points de la courbe peut aussi se faire par des ordonnées. Soient GK le diamètre du cercle perpendiculaire à BO, et IM une ordonnée, on a :

$$\overline{IM}^2 = GI \times IK.$$

292. Problème X. — *Raccorder deux lignes droites par un arc de parabole* (fig. 232).

Soient AB et CB les deux droites à raccorder par un arc de parabole tangent à ces droites aux points A et C. Ces deux points peuvent être pris à volonté. On divise les droites AB et BC en un même nombre de parties égales, sept par exemple; on trace ensuite les droites DK, EL, FM, GN, etc., qui se coupent deux à deux aux points b, c, d, e, f; ce sont autant de tangentes à la parabole que l'on veut construire.

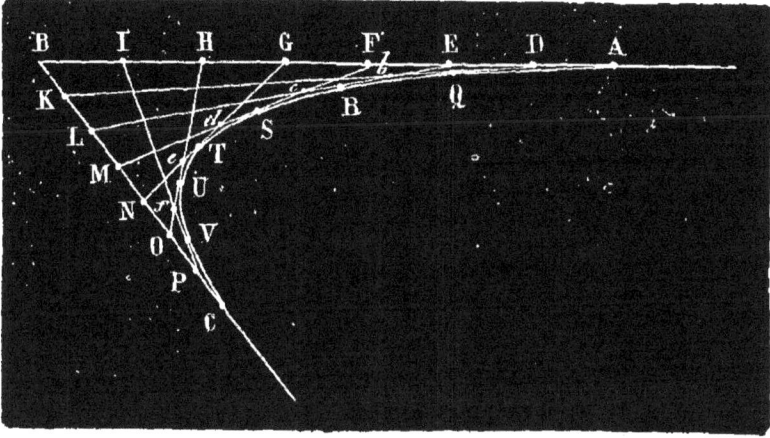

Fig. 232.

Le point de contact de chacune d'elles est au milieu de la distance des deux points où elle coupe la tangente qui la précède et celle qui la suit immédiatement. Ainsi Q est au milieu de Db, R au milieu de bc, S au milieu de cd, T au milieu de de, etc.

La démonstration de ce principe sortirait de notre cadre.

CHAPITRE VIII

QUESTIONS USUELLES SUR LE CUBAGE.

293. Rappelons d'abord les formules qui donnent le volume des corps géométriques.

1º *Le volume d'un parallélipipède rectangle est égal au produit de la surface de sa base par sa hauteur;*

Formule :
$$V = B \times H.$$

2º *Le volume d'un cube est égal au cube de son arête;*
$$V = a^3.$$

3º *Le volume d'un prisme est égal au produit de sa base par sa hauteur;*
$$V = B \times H.$$

4º *Le volume d'une pyramide est égal au tiers du produit de sa base par sa hauteur;*
$$V = \frac{1}{3} B \times H.$$

5º *Le volume d'un tronc de pyramide à bases parallèles est égal à la somme des volumes des trois pyramides ayant même hauteur que le tronc, et* pour bases, l'une la grande base, l'autre la petite base, et la troisième une moyenne proportionnelle entre les deux bases ;

$$V = \frac{1}{3} H (B + b + \sqrt{Bb}).$$

Si l'on appelle A et a deux côtés homologues des bases, la formule devient :

$$V = \frac{1}{3} B \times H \left(1 + \frac{a}{A} + \frac{a^2}{A^2} \right).$$

6° *Le volume d'un tronc de prisme triangulaire est égal à la surface de sa section droite multipliée par le tiers de la somme de ses trois arêtes latérales ;*

$$V = S \times \frac{l + l' + l''}{3}.$$

7° *Le volume d'un cylindre circulaire droit est égal au produit de sa base par sa hauteur ;*

$$V = \pi R^2 H.$$

8° *Le volume d'un cône droit à base circulaire est égal au tiers du produit de sa base par sa hauteur ;*

$$V = \frac{1}{3} \pi R^2 H.$$

9° *Le volume d'un tronc de cône droit à bases circulaires est égal à la somme de trois cônes ayant même hauteur que le tronc et pour bases, l'un la grande base, l'autre la petite base, et le troisième une moyenne proportionnelle entre les deux bases ;*

$$V = \frac{1}{3} \pi H (R^2 + r^2 + Rr^2).$$

10° *Le volume d'une sphère est égal au produit de sa surface par le tiers de son rayon ;*

La surface étant $4\pi R^2$, le volume est

$$V = 4\pi R^2 \times \frac{R}{3},$$

ou $\qquad V = \frac{4}{3} \pi R^3.$

Le diamètre étant D, on a aussi :

$$V = \frac{1}{6} \pi D^3.$$

11° *Le volume d'un segment sphérique est égal à la demi-somme de ses bases multipliée par leur distance, plus le volume de la sphère qui aurait cette distance pour diamètre* (fig. 233).

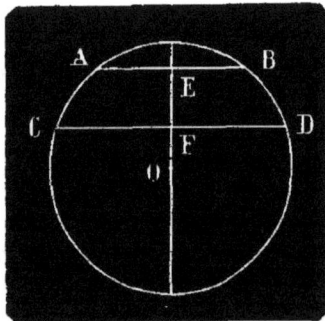

Fig. 233.

$$V = \frac{1}{2} \pi (\overline{CF}^2 + \overline{AE}^2) \times EF + \frac{1}{6} \pi EF^3$$

VOLUMES A TALUS.

294. On dispose sous laforme de volumes à talus les tas de pierres au bord des routes, les tas de sel, de blé, de farine, de minerai, de sable, etc. ; certains fossés, les tombereaux, les caisses des maçons ont la même forme. Il est donc utile de savoir évaluer ces volumes.

La figure 234 représente un solide ayant pour base un rectangle ABCD dont les dimensions sont a et b ; la face supérieure est un 2ᵉ rectangle EFGH dont les côtés sont parallèles à ceux du premier ; soient a' et b' les longueurs de ces côtés.

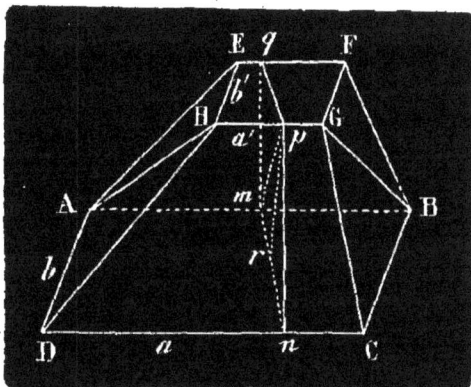

Fig. 234.

Les quatre autres faces sont nécessairement des trapèzes. Le plan passant par les arêtes parallèles AB et HG divise le volume en deux troncs de prismes ABCDHG, EFGHAB.

Déterminons la section droite du volume en menant un plan quelconque perpendiculaire à l'arête HG ; on obtient un trapèze $mnpq$ ayant pour hauteur $pr = h$. Si l'on trace la droite mp, les triangles mnp et mpq sont les sections droites des deux troncs de prisme.

Or,

$$\text{ABCDHG} = mnp \times \frac{2a + a'}{3}$$

$$= \frac{bh}{2} \times \frac{2a + a'}{3}.$$

$$\text{EFGHAB} = mpq \times \frac{2a'' + a}{3}.$$

$$= \frac{b'h}{2} \times \frac{2a' + a}{3}.$$

En désignant le volume total par V, il vient :

$$V = \frac{bh}{2} \times \frac{2a + a'}{3} + \frac{b'h}{2} \times \frac{2a' + a}{8},$$

$$V = \frac{1}{6} h[b(2a + a') + b'(2a' + a)] \qquad (1)$$

295. On démontre que tout volume à talus est équivalent à un parallélipipède rectangle, ayant même hauteur que le volume donné et pour base un rectangle dont les dimensions sont la demi-somme des longueurs et la demi-somme des largeurs, plus une pyramide ayant aussi même hauteur que le volume donné et pour base un rectangle dont les côtés sont la demi-différence des longueurs et la demi-différence des largeurs.

On en conclut la règle suivante :

Pour évaluer un volume à talus il faut multiplier la hauteur par la demi-somme des longueurs et par la demi-somme des largeurs ; multiplier ensuite le tiers de la hauteur par la demi-différence des longueurs et par la demi-différence des largeurs ; ajouter les deux résultats : le total est le volume cherché.

La formule est par conséquent :

$$V = h \times \frac{a + a'}{2} \times \frac{b + b'}{2} + \frac{h}{3} \times \frac{a - a'}{2} \times \frac{b - b'}{2} \qquad (2)$$

296. Application numérique. — $h = 1,50$, $a = 4,30$, $a' = 0,70$,

$$b = 2,61 \ , \ b' = 0,11.$$

Formule (1) :

$$V = \frac{1}{6} \times 1,5 \ [2,61 \ (4,30 \times 2 + 0,70) + 0,11 \ (0,70 \times 2 + 4,36)] = 6^{mc},225.$$

Formule (2)

$$V = 1,5 \times \frac{4,30 + 0,70}{2} \times \frac{2,61 - 0,11}{2} + \frac{1,5}{3} \times \frac{4,30 - 0,70}{2} \times \frac{2,61 - 0,11}{2} =$$
$$6^{mc},225.$$

Remarque. — Les formules (1) et (2) sont encore applicables lorsque certaines dimensions du volume deviennent nulles.

Si l'on pose $b' = o$, on a un tronc de prisme ; pour $b' = o$, $a' = o$, le volume devient une pyramide ; enfin, si l'on fait $a = a'$ $b = b'$, on a un parallélipipède. Il est facile de voir que les deux formules se modifient suivant les cas et donnent les mêmes résultats que l'étude directe de ces corps géométriques.

CONTENANCE DES CAVES, DES CITERNES.

297. Une cave ou une citerne se compose généralement d'un parallélipipède rectangle creusé dans le sol et surmonté d'une voûte cylindrique ou surbaissée.

Quelle que soit la forme de la voûte, la section droite du souterrain est représentée par la surface du mur vertical qui le limite à l'une de ses extrémités. On évalue cette surface en mètres carrés, on la multiplie par la longueur de la cave et l'on a en mètres cubes le volume cherché. La seule difficulté consiste donc à trouver la surface du mur vertical.

Tantôt elle se compose d'un rectangle surmonté d'un demi-cercle, d'un segment de cercle ou d'une demi-ellipse ; tantôt c'est un trapèze surmonté de l'une ou l'autre de ces courbes ; quelquefois c'est un demi-cercle seulement. Sachant trouver l'aire de toutes ces figures, on peut résoudre le problème.

Il est évident que si la voûte est supportée par des piliers, on doit en calculer le volume et le retrancher du résultat trouvé.

SURFACE ET VOLUME D'UNE VOUTE.

298. Il y a plusieurs espèces de voûtes :

Les voûtes à **plein cintre** *ou berceaux cylindriques*;

Les voûtes en **dôme** ;

Les voûtes **surbaissées** ;

Les voûtes d'**arêtes** ;

Les voûtes en **arc de cloître** ;

1° **Berceau cylindrique.** — Un berceau cylindrique se compose généralement d'un demi-cylindre qui recouvre un espace rectangulaire.

On en obtient évidemment la surface intérieure (*intrados*) en multipliant la demi-circonférence qui lui sert de base par sa longueur. L'extrados, c'est-à-dire la surface formée par la partie extérieure des voussoirs, est le plus souvent une surface cylindrique ayant même axe que l'intrados. Il en résulte que le volume de la voûte est celui d'un demi-anneau cylindrique ayant pour base une demi-couronne circulaire. On l'évalue en multipliant la surface de cette demi-couronne par la longueur de la voûte.

Si l'arc d'intrados n'est pas égal à une demi-circonférence, on mesure cet arc avec un mètre à ruban, puis on le multiplie par la longueur de la voûte, ce qui donne la surface intérieure.

Pour déterminer le volume de la construction, il faut d'abord évaluer la portion de couronne circulaire qui lui sert de base; or cette surface est la différence entre deux segments de cercle que l'on mesure en cherchant d'abord l'aire du secteur correspondant et en retranchant du résultat la surface du triangle qui a pour base la corde du segment et pour sommet le centre du cercle. Le volume s'obtient ensuite en multipliant cette portion de couronne par la longueur de la voûte.

2° **Voûte en dôme.** — Une voûte en dôme peut être engendrée par un quart de cercle tournant sur un rayon vertical ou par un arc de cercle plus petit que le quart d'une circonférence.

Dans le premier cas les surfaces d'intrados et d'extrados sont celles de deux demi-sphères concentriques ; dans le deuxième, ces surfaces sont des zones sphériques ; on évalue facilement ces surfaces à l'aide des formules que l'on trouve dans tous les traités de géométrie.

Le volume est la différence de deux demi-sphères ou de deux segments sphériques (n° 293).

3° **Voûte surbaissée.** — L'arc d'une voûte surbaissée est généralement une demi-ellipse ou une portion plus petite d'ellipse. On le mesure avec le mètre à ruban ; si on le multiplie ensuite par la longueur de la voûte, on a la surface d'intrados.

Pour avoir une valeur approchée du volume, on peut multiplier la demi-somme des arcs d'intrados et d'extrados par l'épaisseur et la longueur de la voûte.

Si l'on voulait opérer juste, il faudrait calculer les surfaces des demi-ellipses qui servent de bases aux cylindres intérieur et extérieur, en faire la différence et multiplier le résultat par la longueur [1]. Le moyen approché suffit généralement dans la pratique.

4° **Voûte d'arête** (fig. 235). — L'intrados d'une voûte d'arête est formé par les surfaces de deux cylindres ayant même montée, et dont les axes se rencontrent à angle droit. (Voir notre *Cours de géométrie descriptive*, 4° année).

On commence par mesurer les surfaces des 4 demi-cylindres A, B, C et D qui sont égaux deux à deux. Quant à la portion EFGH, elle est formée de quatre parties égales deux à deux et qui ont chacune la forme d'un triangle à côtes curvilignes. Considérons HOG.

On divise l'arc HG rabattu en HKG en un certain nombre de parties égales, 8 par exemple, et l'on mène par les points de division les génératrices du cylindre jusqu'à leur rencontre avec les courbes HO et OG.

On développe HKG suivant une ligne droite H'K' que l'on divise également en huit parties égales ; aux points de division de cette

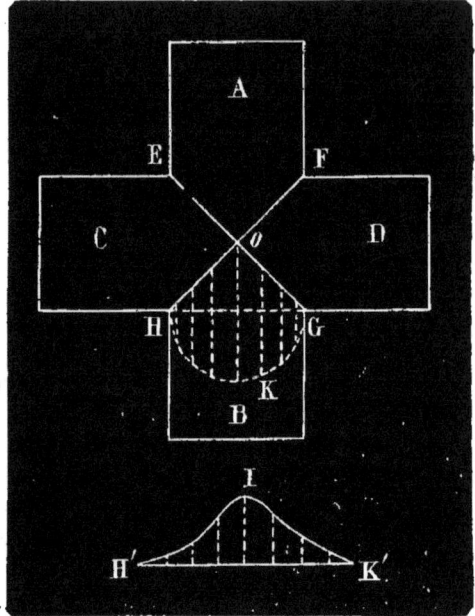

Fig. 235.

droite on élève des ordonnées égales aux génératrices correspondantes ; la courbe qui joint leurs extrémités représente la transformée de la courbe HOG et la surface H'IK' le développement de la portion HOG. On calcule alors la surface H'IK' à l'aide de la formule de Poncelet (n° 238).

On en fait autant pour l'une des parties adjacentes FOG, par exemple. On additionne les deux résultats et l'on en prend le double, ce qui donne la surface de la figure entière EFGH.

Si l'on veut se contenter d'une approximation, on peut mesurer les trois courbes HG, HO et OG, et les considérer comme les trois côtés d'un triangle rectiligne dont on calcule la surface par la formule du n° 21.

Quant au volume, il est difficile de le déterminer avec précision ; mais on en a une valeur suffisamment approchée dans la pratique en multipliant la surface d'intrados par l'épaisseur de la voûte.

5° **Voûte en arc de cloître** (fig. 236.) — La voûte en arc de cloître sert à recouvrir un espace rectangulaire. Elle est formée par deux cylindres de même montée qui se rencontrent à angle droit. L'un a pour directrice un cercle de diamètre DC, l'autre une ellipse dont le grand axe est BC. Elle diffère de la voûte d'arête en ce que les courbes d'intersection des cylindres sont en creux au lieu d'être en saillie.

1. La formule qui donne la surface de l'ellipse est πab, a et b étant les demi-axes.

Cherchons d'abord l'aire des parties AOD et BOC qui appartiennent au même cylindre.

A cet effet on développe le cylindre ABCD dont la directrice est DMC, et l'on cherche sur le développement les transformées des courbes AC et DB, comme l'indique la figure. Si l'on calcule maintenant la surface du rectangle EFG et qu'on en retranche les surfaces EKF et HKG calculées à l'aide de la formule de Poncelet, on a exactement la surface des parties AOD et BOC de la voûte.

On en ferait autant

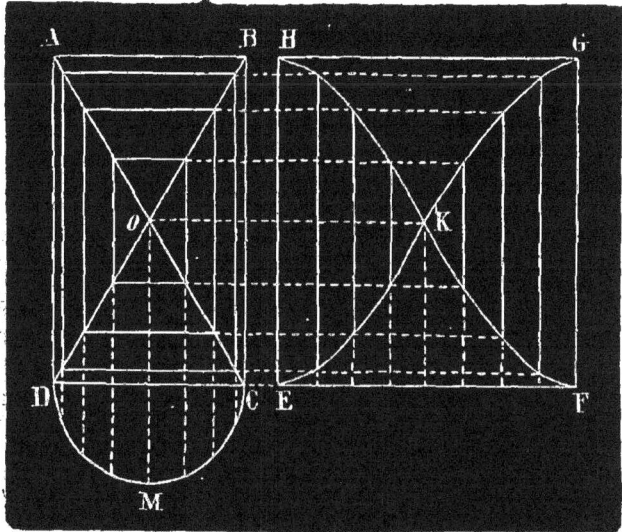
Fig. 236.

pour les deux autres parties AOB et DOC.

Si l'on n'a besoin que d'une approximation grossière, on peut considérer AOD, par exemple, comme un triangle rectiligne dont les côtés seraient AD et les courbes AO et DO. De même pour les autres parties.

Pour avoir approximativement le volume, on peut, comme dans la voûte d'arête, multiplier la surface d'intrados par l'épaisseur.

Remarque. — On calcule la surface et le volume d'une voûte pour payer les maçons, les plâtriers, les peintres, etc.

TOISÉ DES MURS, DES PORTES, DES CROISÉES, DES PLANCHERS QUI COMPOSENT UN APPARTEMENT.

299. On cherche la superficie des murs pour payer les maçons et les ouvriers qui ont posé les enduits. On évalue la superficie des portes et des croisées pour payer les peintres, celle des planchers pour payer les menuisiers ; on calcule souvent aussi le volume des murs pour payer les maçons.

Les figures que les murs représennt sont, en général, des rectangles au-dessus desquels sont des triangles ou des trapèzes, des trapèzes au-dessus desquels sont des triangles ou d'autres trapèzes ; on sait évaluer la superficie de ces figures. On a le volume d'un mur en multipliant la surface d'un côté par son épaisseur.

Le toisé des portes et des croisées est facile ; elles ont la forme d'un rectangle. Un plancher a en général la même forme ; s'il en est autrement, on le décompose en triangles.

Il est utile de calculer le volume d'une chambre afin de savoir si la quantité d'air qu'elle contient est suffisante, d'après les règles de l'hygiène. On obtient ce volume en multipliant la surface du plancher par la hauteur de l'appartement.

CUBAGE DES BOIS.

300. Bois équarris. — Les bois équarris ont généralement la forme de prismes droits ; leur volume est par conséquent égal au produit de la surface de l'une des extrémités par la longueur de la poutre.

Le volume d'une planche s'obtient en multipliant sa longueur par sa largeur, et par son épaisseur quand elle est régulière, c'est-à-dire qu'elle a la forme d'un parallélipipède rectangle.

Si elle est plus large à l'une de ses extrémités qu'à l'autre, elle à la forme d'un prisme droit ayant pour base un trapèze. Dans ce cas on multiplie la longueur par la largeur prise au milieu et par l'épaisseur.

301. Bois en grume. — On appelle bois en grume les bois qui sont encore revêtus de leur écorce. Ils ont généralement la forme d'un tronc de cône dont les rayons des bases diffèrent peu (fig. 237).

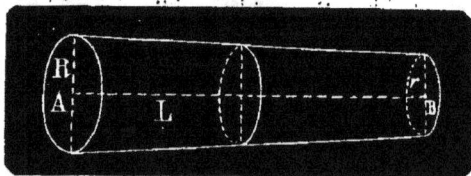

Fig. 237.

Soit AB une pièce de bois de ce genre ; désignons les rayons des bases par R r, et par L la longueur et par V le volume, on a (n° 293).

$$V = \frac{1}{3} \pi L (R^2 + r^2 + Rr).$$

On démontre facilement que

$$3 \left(\frac{R + r}{2}\right)^2 + \left(\frac{R - r}{2}\right)^2 = R^2 + r^2 + Rr,$$

donc

$$V = \frac{1}{3} \pi L \times 3 \left(\frac{R + 2}{2}\right)^2 + \frac{1}{3} \pi L \left(\frac{R - r}{2}\right)^2$$

or

$$\left(\frac{R - r}{2}\right) \text{ est très faible,}$$

on peut donc négliger le terme $\frac{1}{3} \pi L \left(\frac{R - r}{2}\right)^2$, alors

$$V = \frac{1}{3} \pi L \times 3 \left(\frac{R + r}{2}\right)^2$$

ou

$$V = \pi \left(\frac{R + r}{2}\right)^2 \times L.$$

Cette formule représente le volume d'un cylindre droit ayant pour hauteur L et pour base un cercle de rayon $\frac{R + r}{2}$.

Or, ce cercle est précisément le cercle moyen de la pièce de bois. On peut mesurer directement la longueur de sa circonférence avec une corde ou un mètre à ruban, et l'on trouve la surface par la formule $\frac{C^2}{4\pi}$.

On a par suite :

$$V = \frac{C^2}{4\pi} \times L.$$

Règle. — *Pour avoir le volume d'un arbre ayant la forme d'un tronc de cône, on multiplie le carré de sa circonférence moyenne par sa longueur et l'on divise le produit par* 4π.

302. Cubage au cinquième déduit. — Le cubage d'un arbre avec réduction a pour but de trouver le volume que donnerait cet arbre si on l'équarrissait. On a l'habitude de prendre le cinquième de la circonférence moyenne, d'élever ce cinquième au carré et de multiplier ce carré par la longueur de l'arbre.

La circonférence moyenne étant C, la longueur de l'arbre L, le volume de la pièce équarrie V, on a :

$$V = \frac{C^2}{25} L.$$

Le volume V de la pièce en grume est

$$V = \frac{C^2}{4\pi} L.$$

On a donc

$$\frac{v}{V} = \frac{4\pi}{25} = \frac{4 \times 3,14}{25} = \frac{12,56}{25} = \frac{1}{2} \text{ environ.}$$

Il résulte de là que le volume de la pièce équarrie est sensiblement la moitié du volume de la même pièce en grume.

Chêne — Le chêne se cube généralement au cinquième déduit.

Sapin. — Pour le sapin, on suit une méthode bien différente ; on considère le sapin comme portant à peu de chose près un équarrissage égal à son diamètre moyen. Soit D ou 2R le diamètre moyen d'un bois de sapin et L sa longueur, son volume sera d'après le procédé employé $4R^2L$. Le volume du même arbre, en le considérant comme bois en grume, serait $\pi R^2 L$. La première expression, divisée par la seconde, donne :

$$\frac{4R^2L}{\pi R^2 L} = \frac{4}{\pi} = \frac{4}{3} \text{ environ.}$$

303. Cubage au sixième déduit. — Quelques bois dont l'écorce est enlevée (bois pelards) ou qui est très mince, se cubent au sixième déduit.

On prend le sixième de la circonférence moyenne de l'arbre, on retranche ce sixième de la circonférence, on prend le quart du reste qu'on élève au carré et qu'on multiplie par la longueur de l'arbre.

Exemple. — La circonférence moyenne est 1^m,18, la longueur de l'arbre égale 3^m,80. On a :

$$1,18 - \frac{1,18}{6} = 0,984,$$

$$\frac{0,984}{4} = 0,246,$$

$$V = \overline{0,246}^2 \times 3,8 = 0^{mc},2299608.$$

JAUGEAGE DES TONNEAUX.

304. La forme de la capacité intérieure d'un tonneau (fig. 238) est une surface de révolution, divisée en deux parties égales par le plan mené par le centre de la bonde perpendiculairement à l'axe. Si l'on pouvait négliger la courbure de la génératrice AC, la moitié du tonneau pourrait être assimilée à un tronc de cône, et en nommant R le rayon du cercle CD qu'on appelle bouge, r le rayon du cercle AB qu'on appelle jable et h la hauteur OH, on aurait pour l'expression du volume :

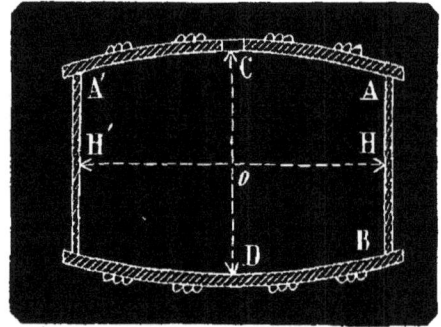

Fig. 238.

$$\frac{1}{3}\pi h (R^2 + Rr + r^2).$$

Mais cette expression donne un volume trop faible puisqu'on a négligé la courbure de l'arc AC ; pour en tenir compte, on remplace le produit Rr par le carré R^2 ce qui donne :

$$\frac{1}{3}\pi h (2R^2 + r^2),$$

pour la capacité de la moitié du tonneau, et

$$\frac{2}{3}\pi h (2R^2 + r^2),$$

pour la capacité entière.

Si H désigne la *longueur* HH′ de la pièce, D le diamètre CD du bouge, d le diamètre AB du jable, et V le volume cherché, on a :

$$h = \frac{1}{2}H \ , \ R = \frac{1}{2}D \ , \ r = \frac{1}{2}d.$$

Substituant ces valeurs, on obtient la formule d'*Ougtred* :

$$V = \frac{1}{12}\pi H(2D^2 + d^2),$$

ou

$$V = 0,262 \ H (2D^2 + d^2).$$

Donc, *pour obtenir la capacité d'un tonneau il faut faire le carré du diamètre du jable, y ajouter le double du carré du bouge, multiplier la somme par la longueur de la pièce, et prendre les 0, 262 du produit.*

C'est en effet la règle suivie pendant longtemps dans les contributions indirectes.

Exemple : On a trouvé pour le diamètre du jable d'une barrique de vin de Bordeaux $d = 0^m, 52$; pour le diamètre du bouge $D = 0^m, 61$ et pour la longueur de la pièce $H = 0^m 90$. On aura :

$$d^2 = \overline{0,52}^2 = 0,2704$$

$$D^2 = \overline{0,61}^2 = 0,3721 \quad , \quad \text{d'où} \quad 2D^2 = 0,7442$$

La somme est donc. 1,0146

Multipliant par $0^m,90$, on trouve $0,91314$; multipliant enfin par $0,262$, on obtient :

$$0^{mc},23924 \quad \text{ou} \quad 239^{litres},24.$$

Aujourd'hui on fait usage en France de la formule suivante dite *formule de Dez.*

$$V = \pi H \left[R - \frac{3}{8} (R - r) \right]^2 = 3,14 . H \left[R - \frac{3}{8} (R - r) \right]^2 .$$

Appliquée à l'exemple ci-dessus, elle donnerait :

$$0^{mc},23486 \quad \text{ou} \quad 234^{litres},86.$$

305. Remarque. Si les surfaces des bases sont elliptiques, chacune d'elles est équivalente à un cercle ayant pour rayon la moyenne géométrique entre le plus grand et le plus petit rayon de l'ellipse. C'est ce rayon moyen proportionnel qu'il faudrait prendre pour celui du bouge ou du jable.

Supposons, par exemple, que le plus grand rayon du jable elliptique soit $0^m 60$ et le plus petit $0^m, 48$, le rayon r que l'on prendra pour appliquer la formule de Dez sera :

$$r = \sqrt{0,60 \times 0,48} = 0^m,53.$$

JAUGEAGE DES NAVIRES.

306. Le jaugeage des navires a pour but de déterminer la capacité intérieure laissée libre pour le chargement. Cette capacité s'évalue en *tonneaux d'arrimage*, dont chacun équivaut à $1^m, 500$ et représente le volume moyen occupé à bord par un poids de 1000 kg. Comme une extrême précision n'est pas nécessaire dans une pareille question, on se contente de la règle empirique suivante :

On mesure la longueur du navire, la largeur de son maître-bau et la hauteur du dessus de ce dernier au-dessus de la carlingue. On fait le produit de ces trois dimensions, et l'on divise par 3,8. Pour les bâtiments à vapeur on déduit 15 pour 100, afin de tenir compte de l'emplacement occupé par les machines. Par *longueur du bâtiment*, il faut entendre ici la moyenne entre la longueur du pont, de râblure en râblure, et la longueur de la quille.

JAUGEAGE DES POMPES.

307. Jauger une pompe c'est évaluer exactement le volume d'eau qu'elle fournit en un temps donné. A cet effet, on reçoit les eaux dans un bassin spécial, que l'on nomme une *cuvette de jauge.*

Ce bassin est divisé en compartiments par des cloisons qui ne vont pas jusqu'au fond, en sorte que pour couler de l'un dans l'autre, l'eau est obligée de passer par-dessous ces cloisons, et que, parvenue à la surface, elle s'y trouve dans l'état de repos nécessaire. La paroi du dernier bassin est percée d'un grand nombre d'orifices circulaires de 2 centimètres de diamètre dont les centres sont placés sur une même ligne horizontale et qui sont munis d'ajutages de 17 millimètres de longueur. Ces orifices sont primitivement bouchés, mais on en débouche le nombre nécessaire pour que le niveau de l'eau dans le bassin se maintienne à 4 centimètres au-dessus des centres des orifices. Quand on a réglé le nombre des orifices ouverts de manière à ce que cette condition soit remplie, on est sûr que le produit de ces orifices est précisément égal au produit de la pompe, puisque le niveau ne varie pas. Or, d'après le dispositions qui ont été prises, le produit d'un quelconque de ces orifices est précisément 1 *pouce d'eau* (mesure nouvelle), c'est-à-dire de 20 mètres en 24 heures. Si n est le nombre des orifices débouchés, $20^{mc} \times n$ est le produit de la pompe en 24 heures.

JAUGEAGE DES COURS D'EAU.

308. Le jaugeage d'un cours d'eau a pour but d'évaluer le volume d'eau qui s'écoule dans l'unité de temps par une section transversale quelconque de ce cours d'eau.

Nous supposerons que le mouvement de l'eau est uniforme. La question se réduira, par suite, à la détermination de la section transversale et de la vitesse moyenne.

Pour déterminer la section transversale on tend un cordeau en travers du courant (fig. 239); on se transporte en bateau le long de ce cordeau, et de distance en distance, de mètre en mètre par exemple, on mesure la profondeur de l'eau à l'aide d'une sonde. Les résultats de cette opération donnent les abscisses horizontales AP et les ordonnées

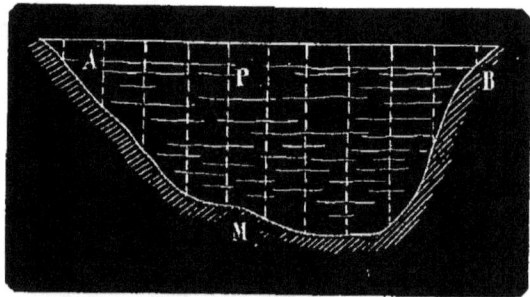

Fig. 239.

verticales PM d'un certain nombre de points du lit; on reporte ces points à une échelle convenue, sur une feuille de dessin, et par ces points on fait passer une courbe continue qui représente le contour de la section.

On peut ensuite évaluer l'aire de cette section à l'aide de la formule de Poncelet.

Pour évaluer la vitesse moyenne, on commence par mesurer la vitesse à la surface, au point où elle paraît la plus grande, et qu'on appelle le fil de l'eau. Pour cela, on plante aux deux bords d'une même section transversale deux piquets destinés à servir de jalons; on choisit en aval, à une distance connue de cette première section, une seconde section transversale que l'on marque de même par deux jalons plantés aux deux bords. On fait jeter en amont de la première station, et vers le milieu du courant, un flotteur formé d'un disque de liège, lesté à sa partie inférieure, de manière qu'il dépasse à peine le niveau de l'eau. Ce flotteur, poussé par l'eau en mouvement, ne tarde pas à prendre la vitesse du courant. On observe le moment précis de son passage à la première section transversale, puis à la seconde; la différence des heures observées indique le temps employé par le flotteur pour passer d'un mouvement uniforme d'une section à l'autre.

Supposons que ce flotteur ait parcouru 200 mètres en 308 secondes; la vitesse à la surface de l'eau est par conséquent :

$$\frac{200^m}{308} = 0^m,649 \text{ ou à peu près } 0^m,65.$$

La vitesse moyenne n'est qu'une fraction de la vitesse à la surface à cause du frottement du liquide sur les bords. Dans les circonstances les plus ordinaires, la vitesse moyenne U est les $0^m 80$ de la vitesse à la surface. Ainsi dans l'exemple ci-dessus on aurait :

$$U = 0^m,649 \times 0,80 = 0^m,519.$$

Cependant pour les grands cours d'eau cette formule paraît donner des valeurs trop grandes; dans des expériences sur la Néva on n'a trouvé que $0^m 75$, sur la Seine $0^m 62$. Dans les canaux tapissés de joncs, la vitesse moyenne n'est que $0^m 60$ de la vitesse à la surface.

Quand on connaît la section transversale S et la vitesse moyenne U, le volume d'eau qui passe par une même section transversale pendant l'unité de temps est :

$$V = S \times U$$

pour

$$S = 26^{mq} \qquad U = 0^m,519,$$

on a :

$$V = 26 \times 0,519 = 13^{mc},494.$$

TROISIÈME PARTIE

QUESTIONS D'ARCHITECTURE, DE COUPE DES PIERRES, DE GÉOGRAPHIE ET DE COSMOGRAPHIE. — COURBES USUELLES.

CHAPITRE PREMIER

LES MOULURES

309. On appelle **moulures** des ornements d'architecture placés en saillie sur la surface d'un mur, d'un pied-droit, d'une arcade, d'une colonne, etc. On applique aussi ce nom aux figures planes qui représentent le profil des moulures.

Le **filet** (fig. 240) est une moulure droite dont la saillie égale l'épaisseur.

La **plate-bande** (fig. 241) est une moulure droite dont l'épaisseur est un multiple de la saillie.

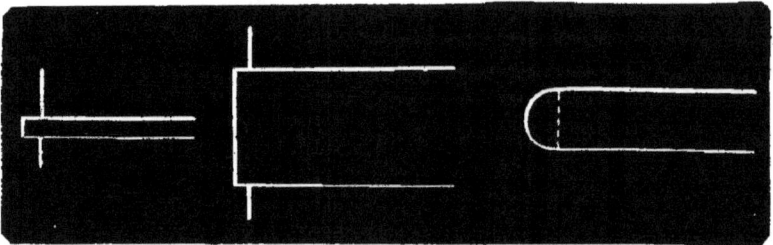

Fig. 240.　　　　Fig. 241.　　　　Fig. 242.

On nomme **baguette** (fig. 242) une moulure circulaire dont le profil est un demi-cercle et qui s'étend en ligne droite sur une surface plane. On appelle **astragale** une moulure qui a même profil que la baguette, mais qui forme une surface de révolution autour d'une colonne. L'astragale porte ordinairement sur un filet que l'on comprend quelquefois dans l'astragale même.

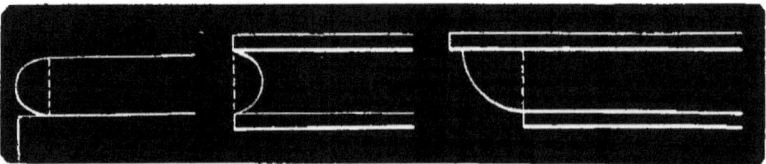

Fig. 243.　　　　Fig. 244.　　　　Fig. 245.

Le **tore** (fig. 243) est une moulure analogue à l'astragale, mais de dimensions beaucoup plus grandes et placée à la partie inférieure d'une colonne.

La figure 244 représente une *gorge*, moulure circulaire creuse, formée d'une demi-circonférence se raccordant avec deux droites horizontales.

Les figures 245, 246, 247, 248 représentent respectivement un **quart de rond**, un **quart de rond renversé**, un **cavet** et un **cavet renversé**. Ces moulures sont formées chacune d'un quart de cercle

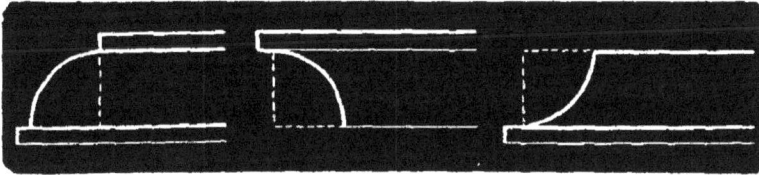

Fig. 246.   Fig. 247.   Fig. 248.

et l'inspection des figures suffit pour faire comprendre comment elles sont tracées. On donne le nom de **congé** à un petit cavet qui se trace comme lui et se renverse de la même manière. La moulure droite placée au-dessus du cavet, ou au-dessous du cavet renversé s'appelle **listel** quand la moulure s'étend en ligne droite ; elle prend le nom de **ceinture** ou **orle** quand la moulure tourne autour d'une colonne.

Les figures 249, 250, 251, 252 représentent respectivement un **talon droit**, un **talon renversé**, une **doucine** et une **doucine renversée**. Ces moulures sont formées chacune de deux quarts de cercle qui se raccordent.

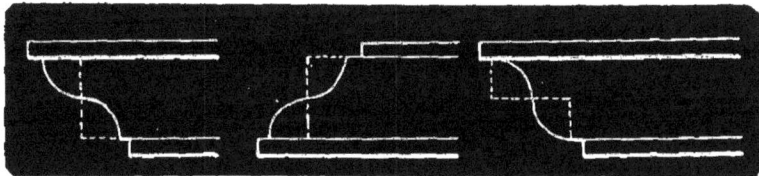

Fig. 249.   Fig. 250.   Fig. 251.

La figure 253 représente une **scotie**, la figure 254 une **scotie renversée**.

Chacune de ces moulures se compose de deux quarts de cercle qui se raccordent par contact intérieur, mais qui sont de rayons différents. Ordinairement le grand rayon est double du petit.

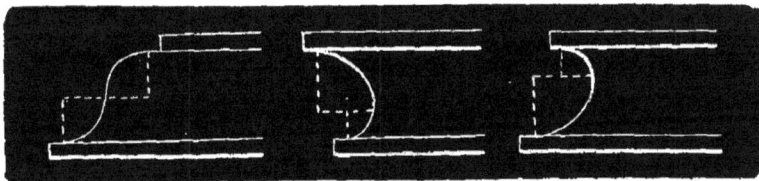

Fig. 252.   Fig. 253.   Fig. 254.

Beaucoup d'architectes tracent les moulures sans le secours du compas, particulièrement les talons, les doucines, les scoties, et préfèrent se laisser guider par leur goût plutôt que par les règles géométriques.

Une *moulure composée* est l'ensemble de plusieurs des moulures précédentes.

Une moulure est *lisse* quand elle est sans ornements ; elle est *ornée* quand on y a taillé soit en creux, soit en relief, des ornements qui peuvent être de divers genres. Une moulure est *couronnée* lorsqu'elle est surmontée d'un filet.

Les moulures qui suivent une ligne inclinée, comme dans les frontons, prennent le nom de *moulures rampantes.*

CHAPITRE II

ORDRES D'ARCHITECTURE.

310. Les systèmes de proportions et d'ornements adoptés par les *Grecs* et les *Romains* pour leurs édifices publics sont appliqués dans la disposition des parties principales des édifices modernes.

Ces différents systèmes portent le nom d'**ordres d'architecture.**

Ils sont au nombre cinq, savoir : l'ordre **toscan**, l'ordre **dorique**, l'ordre **ionique**, l'ordre **corinthien** et l'ordre **composite.**

L'ordre toscan et l'ordre composite nous viennent des Romains, les autres sont grecs, et encore l'ordre dorique d'aujourd'hui n'est-il pas le dorique grec pur ; il a été modifié par les Romains, et porte pour cela le nom de *dorique romain.*

Les premiers édifices religieux ou civils de la *Grèce* étaient construits en charpente. On les a imités dans la construction des édifices en pierre. Aussi trouve-t-on dans ceux-ci les parties principales des premiers : les extrémités des pièces d'un plancher, les piliers ou colonnes destinés à les soutenir, et les supports ou piédestaux sur lesquels reposent ces colonnes.

On distingue donc, dans tous les édifices antiques, trois parties principales un **entablement,** une **colonne**, un **piédestal.**

Chacune de ces parties se subdivise elle-même en trois autres.

Entablement. — Dans une construction en charpente, on distingue le plancher, les solives sur lesquelles il repose et qui ont une direction perpendiculaire à la façade, enfin une maîtresse poutre supportant ces solives. Dans une construction en pierre, l'extrémité ornée du plancher s'appelle **corniche.** La partie où aboutissent les solives porte le nom de **frise ;** enfin la maîtresse poutre est l'**architrave.**

Cette dernière pièce repose sur les colonnes.

Colonne. — La colonne comprend une tête ou **chapiteau,** un corps ou **fût** et un pied qui s'appelle **base.**

Piédestal. — Dans le piédestal on distingue la **corniche,** le **dé** et la **base.**

Chaque ordre est caractérisé par les proportions et les ornements de ces neuf masses principales.

ORDRE TOSCAN.

311. L'ordre **toscan** se distingue par l'absence d'ornements; il a un caractère de solidité et de sévérité qui le fait exclusivement employer dans la construction des casernes, des prisons, des arsenaux, etc.

Le rez-de-chaussée du palais du *Luxembourg* à Paris est d'ordre toscan.

Pour construire le profil de cet ordre, on divise en 19 parties égales, la hauteur totale donnée; on prend trois de ces parties pour l'entablement, quatre pour le piédestal et par conséquent douze pour la colonne. La hauteur de la colonne se divise en quatorze parties égales dont l'une est le **module;** c'est l'unité de longueur adoptée pour exprimer la hauteur et la saillie des différentes parties de l'édifice.

Le module se subdivise en douze *minutes*; on exprime les parties plus petites qu'une minute en fraction de minute.

D'après cela, si 12 parties valent 14 modules, une partie en vaut $\frac{14}{12}$, trois parties, $\frac{14 \times 3}{12} = 3\frac{1}{2}$ et 4 parties $\frac{14 \times 4}{12} = 4\frac{2}{3}$.

La hauteur de l'entablement est donc de 3 modules $\frac{1}{2}$, celle de la colonne de 12 modules et celle du piédestal de 4 modules $\frac{2}{3}$.

Dans le tableau suivant qui indique la disposition des parties dont se compose le profil de l'ordre toscan, la saillie est prise sur le nu de l'architrave pour l'entablement, sur le nu du gorgerin ou du fût pour le chapiteau; enfin sur le nu du dé pour le piédestal.

Le dé a d'ailleurs même épaisseur que le tore qui termine la colonne.

La face supérieure de la corniche qui termine l'entablement n'est pas horizontale afin que l'eau n'y séjourne pas. On élève de deux minutes le point de rencontre de cette face avec le nu de l'architrave; la saillie de la corniche étant un module 6 minutes ou 18 minutes; la pente de la face supérieure est $\frac{2}{18}$ ou $\frac{1}{9}$.

				HAUTEUR. mod. p.		SAILLIE. mod. p.	
	Corniche.						
	Cimaise supérieure.	{	Quart de rond...	0	4	1	4
			Baguette...	0	2	1	2,5
			Filet...	0	0,5	1	2
	Larmier.	{	Congé...	0	1	1	1
			Larmier...	0	5	1	1
			Filet...	0	0,5	0	4,5
	Cimaise inférieure.	} Talon {	en haut...	0	0	0	4
			en bas...	0	4	0	0,5
	Frise ...			1	2	0	0
	Architrave.						
	Listel...			0	2	0	2
	Plate-bande.	{	Congé...	0	2	0	2
			Face...	0	8	0	0

ENTABLEMENT (fig. 255).

Chapiteau (fig. 255).

COLONNE.	Tailloir.	Filet	0	1	0	5
		Congé.	0	1	0	5
		Larmier.	0	2	0	4
	Cimaise.	Quart de rond.	0	3	0	3,85
		Filet.	0	1	0	1
	Gorgerin.	Congé	0	1	0	1
		Gorgerin.	0	3	0	0

Fût (fig. 255 et 256).

Astragale.	Baguette	0	1	0	1,5
	Filet	0	5,5	0	1
Fût.	Congé supérieur	0	1	0	1
	Fût	11	8	0	0
	Congé inférieur.	0	1,5	0	1,5

Base (fig. 256).

Filet.	0	1	0	1,5
Tore	0	5	0	4,5
Plinthe.	0	6	0	4,5

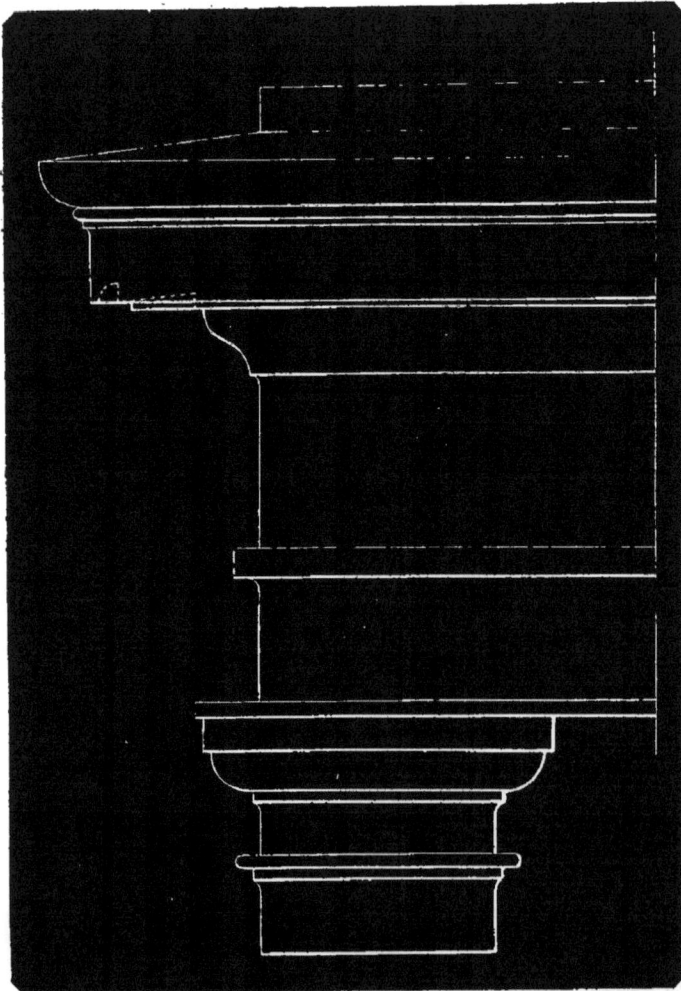

Fig. 255.

PIÉDESTAL (fig. 256).		**Corniche.**				
	Cimaise.	Listel	0	2	0	4
		Talon { en haut.	0	0	0	3,5
		{ en bas.	8	4	0	0,5
		Dé.				
	Socle		3	6	0	0
	Congé		0	2	0	2
		Base.				
	Filet		0	1	0	2
	Socle. . . . . :		0	5	0	4

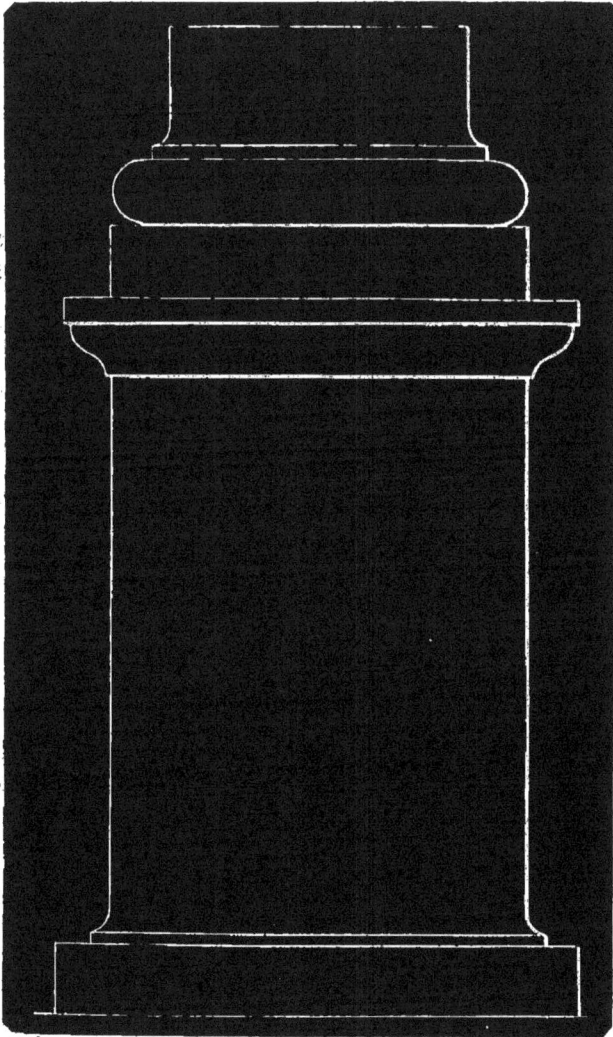

ORDRE DORIQUE.

312. L'ordre **dorique** est caractérisé par les gouttes et les triglyphes.
Les plus beaux modèles de cet ordre sont, dans l'antiquité, le *Parthé-non*, à **Athènes,** les *Propylées* et le temple de *Thésée* dans la même

ville, la *colonne Trajane* à Rome. Parmi les monuments modernes on cite à **Paris**, le vieux *Louvre*, le portail de l'église *Saint-Gervais* (rez-de-chaussée), l'église *Saint-Sulpice* (rez-de-chaussée), l'*Odéon*, le théâtre des *Variétés* (rez-de-chaussée), l'école des *Beaux-Arts*, la colonne de la place *Vendôme*.

Les proportions de l'ordre dorique sont les mêmes que celles de l'ordre toscan ; seulement pour obtenir le module, on divise en 16 parties égales la hauteur de la colonne.

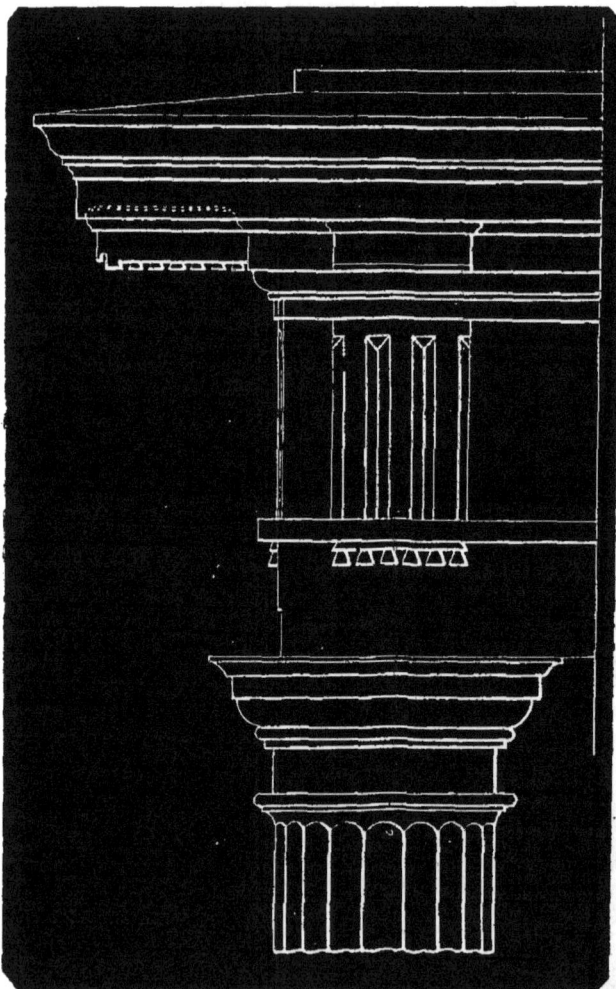

Fig. 237.

	Corniche.	HAUTEUR.		SAILLIE.	
		mod.	p.	mod.	p.
ENTABLEMENT Fig. 257.	Filet de couronnement	0	1	2	0
	Doucine	0	3	1	9
	Filet.	0	0,5	1	9
	Talon. . . . . { en haut . . } { en bas . . }	0	1	{ 1 { 1	8,53 8,25
	Larmier.	0	3,5	1	8
	Talon. . . . . { en haut . . } { en bas . . }	0	1	{ 1 { 1	7,5 6,75

Corniche.

	HAUTEUR. mod.	p.	SAILLIE. mod.	p.
MUTULES. — Elles représentent l'extrémité des chevrons..	0	3	1	6,5
GOUTTES. — Ornement inférieur des mutules, au nombre de 36 sous chacune.	0	5	»	»
Quart de rond.	0	2	0	3,5
Filet.	0	0,5	0	1,5
Chapeau des triglyphes.	0	2	0	1

Frise.

	HAUTEUR. mod.	p.	SAILLIE. mod.	p.
Triglyphes	1	6	0	0,5
Métopes.	1	6	0	0

Les triglyphes représentent l'extrémité des solives, sillonnées par des *canaux* verticaux formés par les eaux pluviales. Ils sont séparés par des espaces carrés appelés *métopes*.

Architrave.

	HAUTEUR. mod.	p.	SAILLIE. mod.	p.
Listel.	0	2	0	2
Chapiteaux des gouttes.	0	0,5	0	1,5
Gouttes au nombre de 6 sous chaque triglyphe	0	1,5	0	1,5
Première face ou plate-bande	0	6	0	0,5
Deuxième face ou plate-bande.	0	4	0	0

ENTABLEMENT (fig. 257).

Chapiteau.

		HAUTEUR. mod.	p.	SAILLIE. mod.	p.
Listel.		0	0,5	0	5
Talon. {	en haut.	0	1	0	4,75
	en bas			0	4
Tailloir ou abaque.		0	2,5	0	3,75
Quart de rond.		0	2,5	0	3,5
Baguette		0	1	0	1,5
Fillet		0	0,5	0	1
Gorgerin. {	Congé.	0	1	0	1
	Gorgerin	0	3	0	0

Fût.

		HAUTEUR. mod.	p.	SAILLIE. mod.	p.
Astragale. {	Baguette	0	1	0	1,5
	Filet.	0	0,5	0	1
Fût {	Congé supérieur.	0	1	0	1
	Fût	13	7,75	0	0
	Congé inférieur.	0	1,75	0	1,75

Base.

	HAUTEUR. mod.	p.	SAILLIE. mod.	p.
Filet.	0	0,66	0	1,75
Baguette	0	1,33	0	2,5
Tore.	0	4	0	5
Plinthe	0	6	0	5

COLONNE (fig. 257 et 258).

Corniche.

		HAUTEUR. mod.	p.	SAILLIE. mod.	p.
Listel.		0	0,5	0	6
Quart de rond.		0	1	0	5,75
Filet.		0	0,5	0	4,75
Larmier. {	Congé.	0	0,75	»	»
	Larmier	0	1,75	0	4
Talon. {	en haut.	0	1,5	0	1,5
	en bas			0	0,25

PIÉDESTAL Fig. 258.

	Corniche.	HAUTEUR.		SAILLIE.	
		mod.	p.	mod.	p.
	Dé.				
	Socle.	3	10,5	0	0
	Congé.	0	1,5	0	1,5
	Base.				
	Filet.	0	0,5	0	1,5
	Baguette.	0	1	0	2
	Talon renversé.	0	2	0	3,5
	Deuxième socle.	0	2,5	0	4
	Premier socle	0	4	0	5

PIÉDESTAL (fig. 258).

Fig. 258.

Les mutules de l'ordre dorique sont quelquefois remplacés par des **denticules** (fig. 259), ornements formés de saillies à section carrée, qu'on retrouvera dans l'ordre ionique et dans les ordres corinthien et composite.

La largeur des triglyphes est de 1 module ; ils sont espacés de 1 module $\frac{1}{2}$, et il y a toujours un triglyphe au-dessus de l'axe de chaque

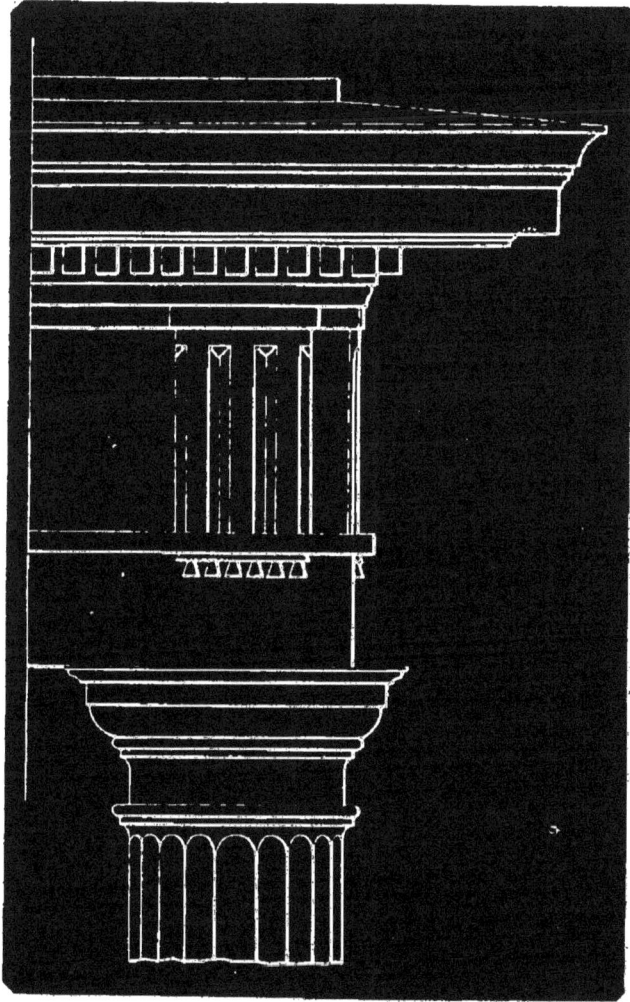

Fig. 259.

colonne. La largeur des métopes égale leur hauteur ; cet espace carré est souvent orné de figures d'animaux, d'armures ou de trophées.

ORDRE IONIQUE.

313. L'ordre **Ionique** est caractérisé par la volute du chapiteau ; il est gracieux et élégant ; aussi l'emploie-t-on dans les salles de spectacle ou de concert, et dans l'intérieur des maisons de plaisance.

Les plus beaux exemples de cet ordre dans l'antiquité sont : le *théâtre de Marcellus* à Rome, le *Colisée*, le *temple de la Fortune virile*. Parmi les monuments modernes appartenant au même ordre, on cite : l'*hôtel des Monnaies* à Paris, le premier étage de la façade du *théâtre des Variétés*, *église Saint-Vincent-de-Paul*.

Pour construire le profil de l'ordre ionique, on divise encore la hauteur totale en 19 parties égales, dont 3 pour l'entablement, 4 pour le piédestal et 12 pour la colonne.

Le module est égal à la 18e partie de la hauteur de la colonne et se subdivise en 18 parties ou minutes.

La hauteur et la saillie de chaque partie de cet ordre sont indiquées dans le tableau suivant :

	HAUTEUR.		SAILLIE.	
Corniche.	mod.	p.	mod.	p.
Filet de couronnement.	0	1,5	1	13
Doucine ou cimaise supérieure	0	5	1	13
Filet.	0	0,5	1	8
Talon. . . { en haut. . .) { en bas. . . .)	0	2	{ 1 { 1	7,5 6
Larmier.	0	6	1	5,5
Quart de rond.	0	4	1	13,5
Baguette	0	1	0	10
Filet.	0	1,5	0	9,5
Cordon des denticules.	0	1,5	0	6,5
Denticules figurant l'extrémité des chevrons.	0	6	0	9
Filet.	0	0,1	0	5
Talon ou cimaise { en haut. .) inférieure. . . . { en bas. . .)	0	4	{ 0 { 0	4,25 0,75
FRISE. . . , ...	1	9	0	0
Architrave.				
Listel.	0	1,5	0	5
Talon. . . { en haut. .) { en bas . .)	0	3	{ 0 { 0	4,66 2,33
Première face en plate-bande	0	7,5	0	2
Deuxième — —	0	6	0	1
Troisième — —	0	4,5	0	0
	HAUTEUR.		SAILLIE.	
Chapiteau.	mod.	p.	mod.	p.
Filet	0	1	0	5
Talon. . . { en haut. . .) { en bas. . . .)	0	2	{ 0 { 0	4,5 3
Listel.	0	1	0	2,5
Canal des volutes	0	3	0	2
Quart de rond. . . { en haut. . .) { en bas. . . .)	0	5	{ 0 { 0	7 2
Fût.				
Astragale. . { Baguette.	0	2	9	3
{ Filet.	0	1	0	2
{ Congé supérieur.	0	2	9	2
Fût . . . . . { Fût.	15	15,5	0	0
{ Congé inférieur.	0	2	0	2
Base.				
Filet.	0	1,5	0	2
Tore.	0	5		4,5
Filet.	0	0	0,25	2,5
Scotie.	0	2	0	2
Filet.	0	0,25	9	5
Deux baguettes	0	2	0	4,5
Filet.	0	0,25	0	4
Scotie.	0	2	0	3
Filet.	0	0,25	0	6
Socle	0	6	0	7

ENTABLEMENT (fig. 260).

COLONNE (fig. 260 et 261).

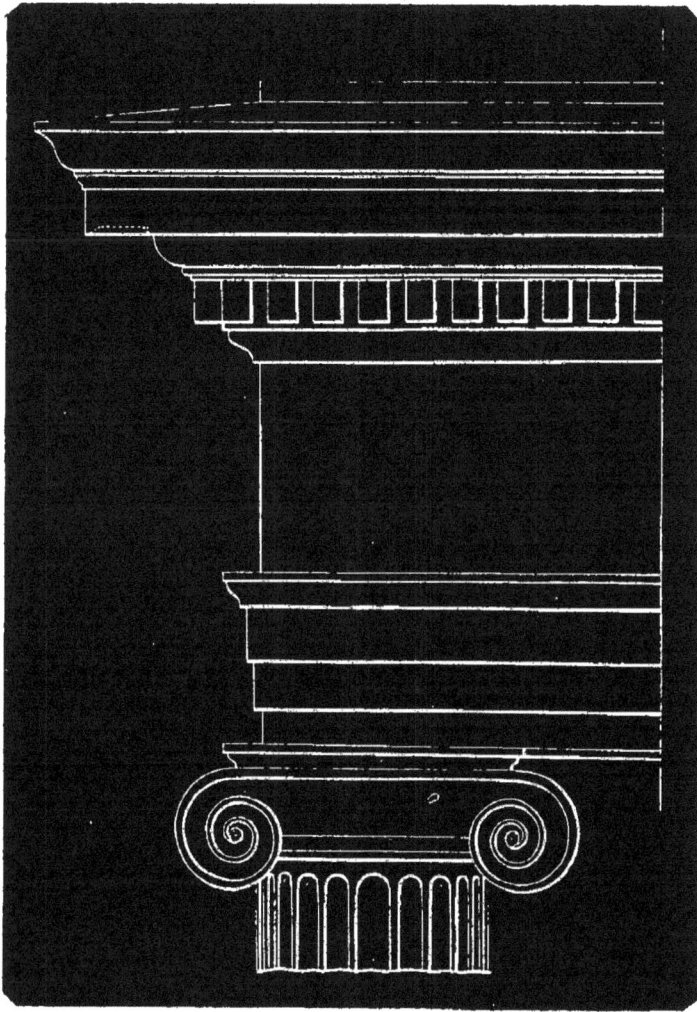

Fig. 260

<table>
<thead>
<tr><th colspan="2">Corniche.</th><th colspan="2">HAUTEUR.</th><th colspan="2">SAILLIE.</th></tr>
<tr><th></th><th></th><th>mod.</th><th>o.</th><th>mod.</th><th>p.</th></tr>
</thead>
<tbody>
<tr><td colspan="2">Filet. . . . .</td><td>0</td><td>0,5</td><td>0</td><td>10</td></tr>
<tr><td>Talon. . . .</td><td>{ en haut. . . }
{ eu bas. . . . }</td><td>0</td><td>1,5</td><td>{ 0
{ 0</td><td>9,75
8,75</td></tr>
<tr><td colspan="2">Larmier. . . . .</td><td>0</td><td>3</td><td>0</td><td>5,8</td></tr>
<tr><td colspan="2">Quart de rond. . . . .</td><td>0</td><td>3</td><td>0</td><td>4,5</td></tr>
<tr><td colspan="2">Baguette . . . .</td><td>0</td><td>1</td><td>0</td><td>2.</td></tr>
<tr><td colspan="2">Filet.. . . . .</td><td>0</td><td>1</td><td>0</td><td>1,25</td></tr>
<tr><td colspan="2" align="center">Dé.</td><td></td><td></td><td></td><td></td></tr>
<tr><td colspan="2">Congé supérieur. . . . .</td><td>0</td><td>1,25</td><td colspan="2">»</td></tr>
<tr><td colspan="2">Dé . . . .</td><td>4</td><td>12,75</td><td>0</td><td>0</td></tr>
<tr><td colspan="2">Congé inférieur . . . .</td><td>0</td><td>2</td><td>0</td><td>2</td></tr>
<tr><td colspan="2" align="center">Base.</td><td></td><td></td><td></td><td></td></tr>
<tr><td colspan="2">Filet. . . . .</td><td>0</td><td>1</td><td>0</td><td>2</td></tr>
<tr><td colspan="2">Baguette . . . .</td><td>0</td><td>1,33</td><td>0</td><td>3</td></tr>
<tr><td colspan="2">Talon renversé. . . . .</td><td>0</td><td>3</td><td>0</td><td>7</td></tr>
<tr><td colspan="2">Filet . . . .</td><td>0</td><td>0,66</td><td>0</td><td>7</td></tr>
<tr><td colspan="2">Socle . . . .</td><td>0</td><td>4</td><td>0</td><td>8</td></tr>
</tbody>
</table>

PIÉDESTAL (fig. 261).

ORDRE CORINTHIEN.

314. L'ordre corinthien est caractérisé par les feuilles d'acanthe qui ornent son chapiteau (fig. 263). Il est riche et élégant. On l'emploie dans les monuments qui doivent avoir de la magnificence et de la grandeur.

Les monuments d'ordre corinthien les plus remarquables de l'antiquité sont : l'*arc de Marius* à Orange, la *Maison-Carrée* de Nîmes, le temple de la *Sibylle* à Tivoli près Rome, le temple de *Jupiter Stator*, le *Parthénon* à Rome, le *Forum* et le temple de *Nerva*, les *Thermes de Caracalla*, etc.

Parmi ceux des temps modernes on distingue à Paris : l'église du *Val-de-Grâce*, l'*École militaire*, l'*École de médecine*, la *Bourse*, l'église *Notre-Dame de Lorette*, la *chapelle du château de Versailles*, la *cour principale du château d'Écouen*, etc.

Le profil de l'ordre corinthien se construit de la même manière que

13

celui des ordres précédents : division en 19 parties égales de la hauteur totale, dont 3 pour l'entablement, 4 pour le piédestal et 12 pour la colonne.

Le module est la 20ᵉ partie de la hauteur de la colonne, et la minute la 20ᵉ partie du module.

Fig. 262.

Corniche.	HAUTEUR.		SAILLIE.	
	mod.	p.	mod.	p.
Filet de couronnement	0	1	2	2
Doucine.	0	5	2	2
Filet.	0	0,5	1	15
Talon . . . { en haut. . . }	0	0,5	1	14,5
{ en bas. . . }			1	13,5
Larmier	0	5	1	13
Talon . . . { en haut. . . }	0	1,5	1	12,5
{ en bas. . . }			1	11,5

ENTABLEMENT Fig. 262.

Corniche.

	HAUTEUR mod.	p.	SAILLIE mod.	p
Modillon	0	6	1	11
Filet	0	0,5	0	13,5
Quart de rond	0	4	0	13
Baguette	0	1	0	10
Filet	0	0,5	0	9,5
Denticules	0	6	0	9
Filet	0	0,5	9	5
Talon { en haut... / en bas... }	0	3	{ 0 / 0	4,66 / 2 }

Frise.

Baguette	0	1	0	1,75
Filet	0	0,5	0	1,25
Congé	0	1,25	0	1,25
Frise	1	6,25	0	0

Architrave.

Filet	0	1	0	5
Talon { en haut... / en bas... }	0	4	{ 0 / 0	4,75 / 2,25 }
Baguette	0	1	0	2
Première face	0	7	0	1,5
Talon { en haut... / en bas... }	0	2	{ 0 / 0	1,33 / 0,75 }
Deuxième face	0	6	0	0,5
Baguette	0	1	0	0,5
Troisième face	0	5	0	0

(left margin: ENTABLEMENT (fig. 262).)

Chapiteau. (fig. 263.)

	HAUTEUR mod.	p.	SAILLIE mod.	p.
Quart de rond	0	2	»	
Filet	0	1	»	
Faces du tailloir	0	3	»	
Grandes volutes	0	8	0	17
Petites feuilles supérieures	0	4	0	13
Grandes feuilles	0	12	0	8
Feuilles inférieures	0	12	0	6,5

Fût.

Astragale... { Baguette	0	2	0	3
Filet	0	1	0	1,5
Congé supérieur	0	1,5	0	1,5
Fût... { Fût	16	5	0	0
Congé inférieur	0	1,5	0	1,5
Filet	0	1	0	1,5

Base. (fig. 265.)

Tore	0	3	0	3,5
Filet	0	0,5	0	2
Scotie	0	1,25	0	1,5
Filet	0	0,25	0	3,12
Deux baguettes	0	1,5	0	3,5
Filet	0	0,25	0	3,1
Scotie	0	1,25	0	2,5
Filet	0	0,25	0	4,5
Tore	0	4	0	7
Socle	0	6	0	7

(left margin: COLONNE (fig. 263 e 265.))

Fig. 263.   Fig. 264.

		HAUTEUR.		SAILLIE.	
Corniche.		mod.	p.	mod.	p.
Filet.		0	0,66	0	8
Talou. . . . { en haut. . . . / en bas . . . . }		0	1,83	{ 0 / 0	7,74 / 85
Larmier		7	3	0	6,5
Gorge ou gouttière		0	1,25	0	3
Baguette		0	1	9	1,5
Filet.		0	0,75	0	1
Frise		0	5	0	0
Baguette.		0	1	0	2
Dé.					
Filet.		0	1	0	1,5
Congé.		0	1,5	7	1,5
Socle		4	17	0	0

PIÉDESTAL. (fig. 265).

Fig. 263.

	HAUTEUR.		SAILLIE.	
Dé.	mod.	p.	mod.	p.
Congé	0	1,5	0	1,5
Filet	7	1	0	1,5
Base.				
Baguette	0	1	7	2
Talon renversé	0	3	0	9
Filet	7	1	0	6
Tore	7	3	0	8
Socle	0	4	0	8

(PIÉDESTAL — Fig. 265.)

ORDRE COMPOSITE

315. L'ordre composite se distingue de l'ordre corinthien uniquement par la volute ionique qui existe dans son chapiteau avec les feuilles d'acanthe. (fig. 264.) Il a les mêmes proportions que le corinthien et s'emploie dans les mêmes circonstances.

L'*arc de.Titus*, l'*arc de Septime-Sévère*, le *temple de Mars* à Rome, étaient d'ordre composite.

Comme exemples modernes de cet ordre on cite à Paris, la *fontaine des Innocents*, la *porte Saint-Denis*, l'*arc de la barrière de l'Étoile*, la *fontaine du Palmier*, place du Châtelet, l'*église de la Madeleine*, la *colonne de Juillet*.

	HAUTEUR.		SAILLIE.	
Corniche.	mod.	p.	mod.	p.
Filet de couronnement	0	1,5	2	0
Doucine	0	5	2	0
Filet	0	1	1	13
Talon { en haut }	0	2	1	12,5
{ en bas }			1	11
Baguettes	0	1	1	10,75
Larmier	0	5	1	10
Doucine engagée en partie sous le larmier	0	1,5	1	3
Filet	0	1	1	0
Talon { en haut }	0	4	0	17,5
{ en bas }			0	14,5
Denticules	0	8	0	14
Filet	0	1	0	8
Quart de rond	0	5	0	7
Frise.				
Baguette	0	1	5	2
Congé	0	0,5	0	1,25
Filet	0	1,25	0	1,25
Congé supérieur	0	17,25	0	0
Filet	0	7	0	0
Congé inférieur	0	7	0	7
Architrave.				
Filet	0	1	0	7
Cavet	0	2	0	5,88
Quart de rond	0	3	0	5,5
Baguette	0	1	0	2,5
Première face	0	10	0	2
Talon { en haut }	0	2	0	1,66
{ en bas }			0	0,33
Deuxième face	0	8	0	0

(ENTABLEMENT.)

ORDRES D'ARCHITECTURE. 199

Chapiteau (fig. 264).

COLONNE.

	Hauteur mod.	p.	Saillie mod.	p.
Quart de rond	0	1,5	»	
Filet	0	0,5	»	
Volutes	0	16	0	16
Grandes feuilles	0	12	0	8
Petites feuilles	0	12	9	6,5

Fût.

	Hauteur mod.	p.	Saillie mod.	p.
Astragale. { Baguette	0	2	0	3
Filet	0	1	0	2
Congé supérieur	0	2	0	2
Fût. { Fût	16	3,5	0	0
Congé inférieur	0	2	0	2
Filet	0	1,5	0	2

Base.

	Hauteur mod.	p.	Saillie mod.	p.
Tore	0	3	0	4
Filet	0	0,25	0	2,5
Scotie	0	1,5	0	2
Filet	0	0,25	0	3,33
Baguette	0	0,5	0	3,75
Filet	0	0,25	0	3,33
Scotie	0	2	0	2,66
Filet	0	0,25	0	5
Tore	0	4	0	7
Socle	0	6	0	7

Corniche.

PIÉDESTAL.

	Hauteur mod.	p.	Saillie mod.	p.
Filet	0	0,66	0	8
Talon { en haut	0	1,5	0	7,75
en bas			0	6,75
Larmier	0	3	0	6,5
Doucine	0	1,33	0	3,5
Filet	0	0,5	0	1,25
Cavet	0	1	0	0,25
Frise	0	5	0	0
Baguette	0	1	0	2

Dé.

	Hauteur mod.	p.	Saillie mod.	p.
Filet	0	1	0	1,25
Congé supérieur	0	1,25	0	1,25
Socle	4	16,75	0	0
Congé inférieur	0	2	0	2
Filet	0	1	0	2

Base.

	Hauteur mod.	p.	Saillie mod.	p.
Baguette	0	1	0	2,75
Talon renversé. { en haut	0	3	0	3
en bas			0	5,25
Filet	0	1	0	6,25
Tore	0	3	0	8
Socle	0	4	0	8

CHAPITRE III....

STÉRÉOTOMIE.

DÉFINITIONS.

316. On entend par **pierre de taille** une pierre dont les dimensions sont déterminées par une épure exacte. Toute autre pierre s'appelle **moellon**.

Dans les constructions, les pierres sont disposées par zones appelées assises; les surfaces qui séparent les assises se nomment **lits**; enfin celles qui séparent les pierres d'une même assise sont appelées **joints**.

Les assises sont généralement disposées de manière que leur surface soit normale à la pression.

On appelle **découpe** la distance qui sépare deux joints consécutifs.

Un **carreau** est une pierre de taille dont la **face de tête** (*partie visible*) est plus large que celle qui est cachée.

On l'appelle **boutisse** dans le cas contraire.

Lorsqu'une pierre traverse le mur dans toute son épaisseur, elle prend le nom de **parpaing**.

On dit qu'un mur a du **fruit** ou du **talus** lorsque sa surface n'est pas un plan vertical.

Les deux expressions *fruit* et *talus* ne sont cependant pas identiques.

Soit un mur incliné AB (fig. 266); le *fruit* est la tangente de l'angle α que fait le mur avec un plan vertical AD, passant par l'une de ses horizontales.

Le *talus* est la tangente de l'angle β que fait le mur avec un plan horizontal AC.

On appelle **voûte** une construction dans laquelle les matériaux se soutiennent par arc-boutement.

Dans une voûte, on distingue plusieurs parties :

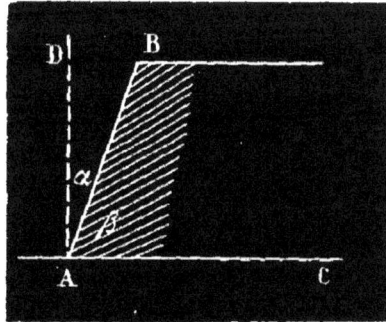

Fig. 266.

1° Les **pieds-droits**, ou murs qui supportent la voûte ;

2° La **naissance**, ou surface qui sépare les pieds-droits de la voûte ;

3° L'**imposte**, ou la dernière assise des pieds-droits ;

4° L'**intrados**, ou la partie vue en dessous ;

5° L'**extrados**, ou la partie cachée en dessus ;

6° Les **reins**, parties latérales de la voûte ;

7° Les **voussoirs**, différentes pierres qui composent la voûte ;

8° La **douelle**, portion de l'intrados appartenant à chaque voussoir.

Dans une voûte, le nombre des voussoirs est toujours impair.

On appelle **clef** le voussoir du milieu ; **contre-clef** chaque voussoir placé à côté de la clef.

Une voûte cylindrique est appelée **berceau ;** elle prend le nom de **descente** lorsque ses génératrices ne sont pas horizontales.

On appelle **porte** un berceau de petite longueur dont les voussoirs forment parpaing.

On appelle **ouverture de la voûte** la distance qui sépare les pieds-droits à la naissance.

La **montée** est la distance du point le plus élevé à la naissance.

La voûte est en **plein cintre**, lorsque la montée est la moitié de l'ouverture ; elle est **surbaissée**, quand la montée est plus petite que la moitié de l'ouverture, et **surhaussée** quand elle est plus grande.

TRACÉ DES ÉPURES.

317. Toutes les fois que l'on fait une construction de quelque importance, on en trace l'épure en vraie grandeur, pour étudier sur le dessin la forme des pierres ; ces épures se font sur un parquet parfaitement dressé ou sur un mur vertical plâtré ; on dessine d'abord à la craie ou au charbon, en traçant les lignes droites à la règle ou au cordeau, et les arcs avec le compas ; ensuite on fait les rabattements des parties dont on veut connaître la grandeur exacte et l'on trace avec un **stylet** les résultats ; alors on balaye le parquet, et il ne reste que les parties à conserver.

Vient ensuite la construction des **panneaux**. Ce sont des plaques en bois représentant exactement les dimensions des faces des pierres à tailler.

TAILLE DES PIERRES.

318. Il y a deux sortes de **taille** :
1o La taille par *équarrissement* ;
2o La taille directe ou par *beauveau*.

C'est la première qui est la plus employée. Elle consiste à prendre un bloc de pierre prismatique droit capable de contenir le voussoir. Sur l'une des faces, on inscrit la section droite du voussoir ; à l'aide des panneaux, on trace sur les faces du prisme les arêtes de la pierre à obtenir et l'on enlève avec soin l'excédant.

La taille directe consiste à donner à la pierre une face plane de laquelle on déduit les autres à l'aide des angles qu'elles font avec la première ou entre elles. On se sert pour cela d'un instrument analogue à la fausse équerre et que l'on appelle **beauveau**.

Comme application, nous n'indiquerons que la *porte droite en talus*.

319. **Porte droite en talus.** — La porte droite en talus est percée dans un mur dont l'une des faces FG (fig. 267) est verticale et l'autre face ABD' est inclinée d'un certain angle f'Bf ; les traces horizontales de ces plans sont parallèles. L'axe du cylindre qui forme l'intrados est perpendiculaire au plan vertical FG, de sorte que la section droite de la voûte se projette en vraie grandeur sur un plan vertical parallèle à FG ; le plan de naissance étant le plan horizontal, la section droite est une demi-circonférence. Divisons-la en cinq parties égales et menons les rayons aux points de division ; ces rayons sont les traces verticales des plans de joints séparant les voussoirs ; leur trace horizontale est d'ailleurs l'axe du cylindre. Dessinons maintenant sur le plan vertical

a section droite des voussoirs ; nous obtenons ainsi la projection verticale de tout l'appareil.

L'intersection du cylindre d'intrados avec le plan ABD' est une ellipse

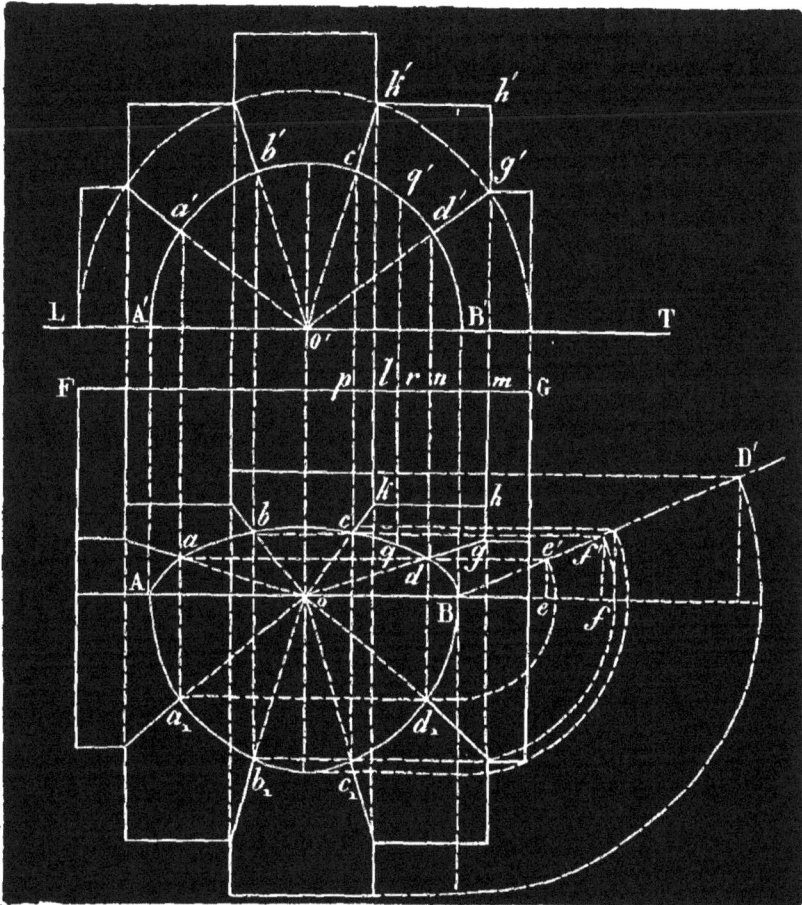

Fig. 267.

dont la projection horizontale AabcdB s'obtient facilement par points.
On construit de la même manière la projection horizontale de la face
de tête des voussoirs.

Si l'on rabat le plan ABD' sur le plan horizontal, on obtient en vraie
grandeur la face de tête de tous les voussoirs.

TAILLE DES VOUSSOIRS.

320. Considérons la contre-clef de droite ; avant de la tailler, il faut
en construire les panneaux. Pour cela, on développe sur une ligne xy
(fig. 268) la section droite $d'g'h'k'c'$; aux différents points de division
$d_1, g'_1, h'_1, k'_1, c'_1, d''_1$, on élève des perpendiculaires respectivement
égales aux longueurs des arêtes dn, gm, hm, lk, pc. Pour obtenir la
douelle, il est bon de considérer un point intermédiaire q, q' ; on porte

une longueur $c_1 q_1$ égale à l'arc rectifié $c'q'$, puis on élève au point q'_1 une perpendiculaire

$$q'_1 R = qr.$$

Tous les panneaux se construisent en bois, excepté la douelle $Cc'_1 d''_1 D_1$, qui se construit avec une substance flexi-

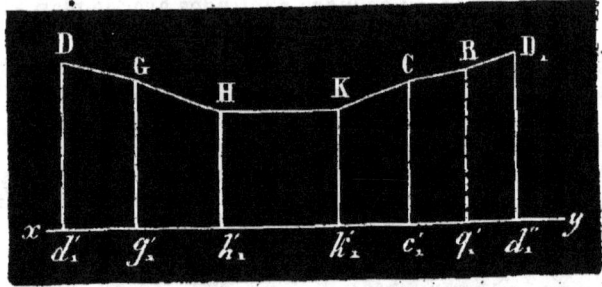

Fig. 268.

ble, du papier par exemple. Il reste à faire une vérification importante :

On développe l'intrados ; on le divise en autant de parties égales qu'il y a de voussoirs, c'est-à-dire en 5 parties dans ce cas.

Chacune d'elles doit être rigoureusement égale à la douelle d'un voussoir.

Cela posé, on circonscrit un rectangle à la section droite $c'd'g'h'k'$ du voussoir considéré (fig. 269) et l'on prend un parallélipipède de pierre ayant pour base ce rectangle et pour hauteur la longueur dn de la plus grande arête ; par les points c', d', g', h' et k', on mène les parallèles aux arêtes du parallélipipède et l'on en abat ensuite les angles.

Alors on se sert des panneaux pour s'assurer que toutes les faces ont exactement les dimensions voulues.

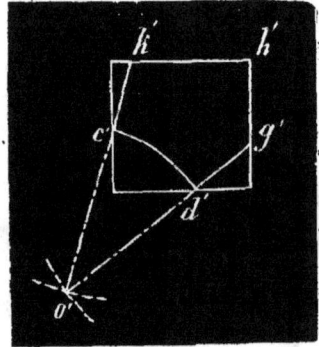

Fig. 269.

CHAPITRE IV

TRACÉ DES CARTES.

321. Il y a deux espèces de cartes : les *mappemondes* qui représentent la surface entière de la terre et les cartes particulières qui n'en représentent qu'une partie.

La construction des cartes est un problème de géométrie descriptive qui se résout par les procédés ordinaires de cette science, soit par des *projections*, soit par des *développements*.

MAPPEMONDES.

Les mappemondes se construisent de deux manières différentes : 1° par *projection* **orthographique** ; 2° par *projection* **stéréographique**.

322. Projection orthographique. — C'est le système dans lequel chaque point est représenté sur un plan par le pied de la perpen-

diculaire abaissée de ce point sur le plan. On peut aussi dire que c'est
une perspective dans laquelle
le point de vue est à une distance infinie du plan du tableau.

On prend ordinairement
pour plan de projection soit
l'équateur, soit un méridien
quelconque.

Si l'on prend le plan de l'é-
quateur ABCD pour plan de projection (fig. 270), le pôle P se
projette au centre de ce cercle ;
les parallèles sont des cercles
concentriques à l'équateur, les
méridiens sont des lignes droites passant par le centre.

On peut ainsi représenter
un hémisphère entier de la terre;

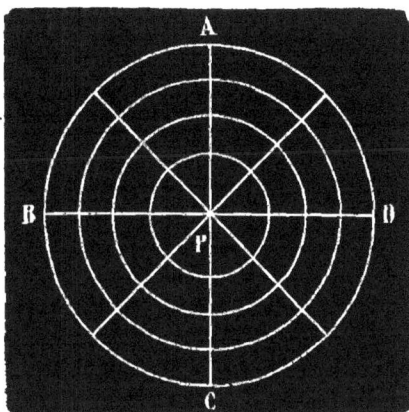

Fig. 270.

un deuxième dessin construit de la même manière représente l'autre
hémisphère.

Prenons maintenant un méridien quelconque pour plan de projection
(fig. 271). Les parallèles, dans ce système, se projettent suivant des lignes
droites perpendiculaires à l'axe
des pôles PP' ; l'équateur est le
diamètre EE' perpendiculaire
à PP'. Quant aux méridiens,
ils se projettent suivant les ellipses que l'on peut construire
par points en cherchant leurs
intersections avec un certain
nombre de parallèles.

Dans l'un et l'autre cas, on
peut aisément fixer sur la carte
un point dont on connaît la
longitude et la **latitude**.

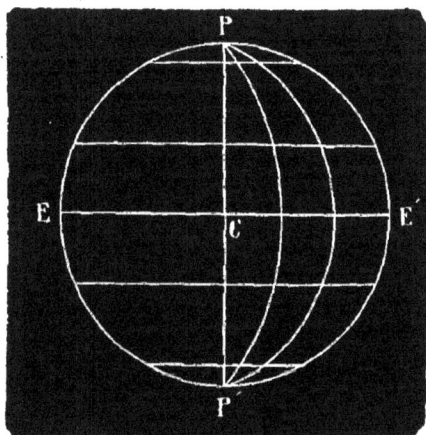

Fig. 271.

323. La *projection orthographique* offre de graves incon-
vénients : les parties centrales
sont projetées en vraie gran-
deur, mais à mesure que l'on s'approche des bords les projections se
rétrécissent et au bord même les surfaces sont représentées par de simples traits. Il est bon néanmoins de connaître ce système de projection,
car c'est sous l'aspect d'une projection orthographique que nous appa-
raissent la lune et les planètes; c'est dans ce système que sont construites les cartes qui les représentent.

324. Projection stéréographique. — La projection stéréographique est une perspective d'un hémisphère sur un plan qui est ordinairement un méridien ou le plan de l'équateur; le point de vue est l'un
des pôles de ce cercle.

PROPRIÉTÉS FONDAMENTALES DE LA PROJECTION STÉRÉOGRAPHIQUE.

325. Lemme. — *Toute section antiparallèle d'un cône oblique à base circulaire est un cercle* (fig. 272).

Soit un cône circulaire SAGB ayant pour base un cercle de diamètre AB. Le plan mené par l'axe du cône perpendiculairement à la base coupe le cône suivant les génératrices SA, SB et la base suivant le diamètre AB. Menons une ligne quelconque CD telle que l'angle CDS égale l'angle SAB; les deux droites CD et AB sont antiparallèles. Le plan passant par CD perpendiculairement au plan ASB coupe le cône suivant une courbe CGD, qui est une section antiparallèle; je dis que cette courbe est un cercle. Le plan CGD coupe celui de la base suivant une droite FG. Or on a

$$FG^2 = AF \times FB.$$

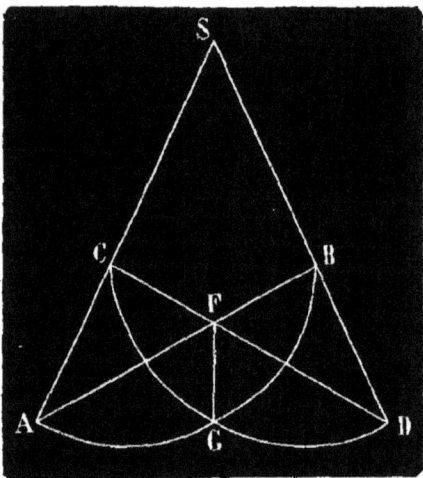

Fig. 272.

Mais les triangles semblables FBD et FCA donnent

$$\frac{AF}{FD} = \frac{CF}{FB};$$

d'où

$$AF \times FB = FD \times CF;$$

donc

$$FG^2 = FD \times CF.$$

Cette égalité prouve que le point G est sur la circonférence d'un cercle dont le diamètre est CD.

C. Q. F. D.

326. Théorème I. — *Dans la projection stéréographique, tout cône qui projette un cercle de la sphère est coupé antiparallèlement par le plan du tableau et par conséquent suivant un cercle* (fig. 273).

Prenons le méridien COD pour plan du tableau, et le pôle S de ce cercle pour le point de vue. Soit c un cercle tracé sur la sphère. Je mène par SO et le centre c de ce cercle un plan qui coupe la sphère

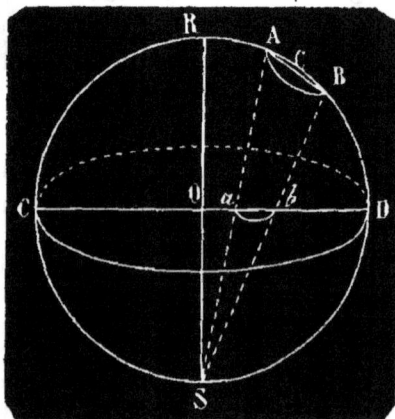

Fig. 273.

suivant le méridien CSDA, le cercle c suivant le diamètre AB, le tableau suivant CD.

$$\text{L'angle } B\textit{b}D = \tfrac{1}{2} BD + \tfrac{1}{2} CS ;$$

or

$$DS = CS ;$$

donc

$$B\textit{b}D = \tfrac{1}{2} BD + \tfrac{1}{2} DS.$$

Mais l'angle

$$BAS = \tfrac{1}{2} BDS = \tfrac{1}{2} BD + \tfrac{1}{2} DS ;$$

donc

$$B\textit{b}D = BAS$$

et les deux sections sont antiparallèles (no 298). Donc la perspective du cercle c est un cercle.   C. Q. F. D.

327. Théorème II. — *Les courbes tracées sur la sphère se coupent sous le même angle que leurs projections stéréographiques* (fig. 274).

Il suffit de démon-trer la proposition pour le cas de deux grands cercles ; car on peut toujours remplacer deux cercles quelconques par des arcs de grands cercles qui leur sont tangents.

Soient deux cercles qui se coupent en A (fig. 172) et dont l'un est SGKH perpendicu-laire au plan du ta-bleau. Les tangentes AB et AC déterminent un plan tangent à la sphère au point A et

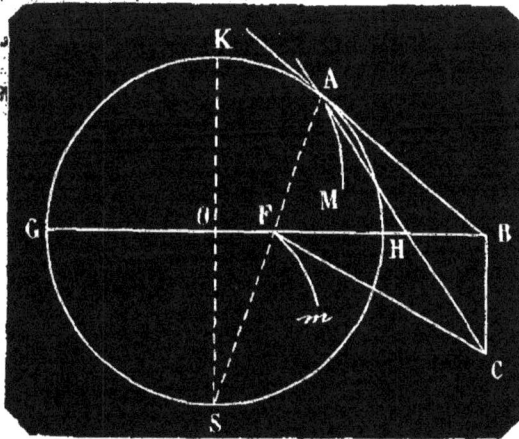

Fig. 274.

qui est perpendiculaire au cercle SGKH.

Il coupe le tableau suivant la droite BC perpendiculaire au plan SGKH.

Les projections stéréographiques des tangentes AB et AC sont FB et FC. Il s'agit de prouver que l'angle BFC est égal à l'angle BAC.

Le triangle ABF est isocèle ; en effet l'angle

$$BAF = \tfrac{1}{2} AH + \tfrac{1}{2} HS ;$$

l'angle

$$AFB = \tfrac{1}{2} AH + \tfrac{1}{2} GS = \tfrac{1}{2} AH + \tfrac{1}{2} HS ;$$

donc

$$BAF = AFB ;$$

par suite

$$BA = BF.$$

On en conclut que CA = CF comme obliques partant du même point C de la perpendiculaire BC et s'écartant également de son pied.

Les deux triangles CFB et CAB sont égaux comme ayant les trois côtés égaux ; donc l'angle BFC est égal à l'angle BAC.

C. Q. F. D.

328. *Tracé d'une mappemonde par la projection stéréographique.*

Nous n'avons qu'à montrer comment on trace, dans ce système, les méridiens et les parallèles, c'est-à-dire les coordonnées géographiques qui permettent de fixer sur la carte la position des différents points du globe.

Soit le méridien SE'NE (fig. 275) pris pour plan de projection ; NS étant la ligne des pôles, tous les méridiens se projetteront suivant des cercles passant par S et N et dont les centres seront sur la droite EE'.

Or ces cercles font avec le méridien SE'NE les mêmes angles en projection que dans l'espace. Il est facile d'après cela de trouver sur EE' le centre de chacun d'eux. Soit à tracer par exemple le méridien de 30° ; je mène au point N une ligne NA faisant 30° avec la tangente NB au méridien SE'NE. J'élève en N une perpendiculaire ND sur NA ; elle rencontre EE' en un point D qui est le centre cherché.

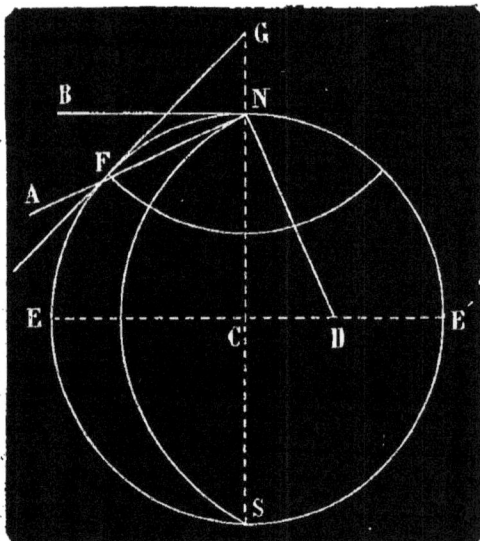

Fig. 275.

Les parallèles se construisent d'après le même principe. Traçons par exemple le parallèle de 45°. Il coupe le méridien SE'NE à angle droit. La tangente à l'un d'eux menée au point d'intersection passe par le centre de l'autre. Il faut donc mener au 45e degré F une tangente FG au méridien. On obtient pour centre le point G ; le rayon du parallèle est FG.

329. Remarque. — Dans les mappemondes construites d'après cette méthode, les régions sont dilatées outre mesure vers les bords et rétrécies vers le milieu.

CARTES PARTICULIÈRES.

330. Faire la carte particulière d'un pays, c'est développer la portion du globe terrestre comprenant ce pays ; mais la sphère n'étant pas développable, on lui substitue à l'endroit voulu une surface développable (cône ou cylindre) qui lui soit tangente.

Ainsi, pour les régions voisines de l'équateur, on mène à la sphère terrestre un cylindre tangent que l'on développe. Pour les autres parties

du globe, on mène un cône tangent à la sphère terrestre suivant le
parallèle moyen du pays considéré.

Dans le développement cylindrique, les méridiens, étant des génératrices du cylindre, sont des droites parallèles sur les développements.

Les parallèles sont des sections droites du cylindre ; ils se développent
donc suivant des droites parallèles entre elles et perpendiculaires aux
méridiens.

Dans le cas du développement conique, les méridiens, génératrices
du cône considéré, sont des droites concourantes en un même point.

Les parallèles, qui sont des sections droites du cône, se développent
suivant des cercles ayant pour centre commun le point de concours des
méridiens.

CARTE DE FRANCE.

331. Carte de France. — Le développement conique tel qu'on
vient de l'exposer a été, pour la carte de France, modifié de la manière
suivante (fig. 276).

On a espacé sur la carte les parallèles tels qu'ils le sont sur le globe
et l'on a conservé à leurs arcs leur véritable grandeur. Il en résulte que
les méridiens ne sont plus
des droites divergeant du
sommet du cône, mais des
courbes que l'on peut tracer par points.

Pour exécuter ce déve-
loppement modifié, on
mène au globe terrestre
un cône tangent suivant le
parallèle moyen MN dont
la latitude est d'environ
45° ; son sommet est en S.

Supposons que CMF soit
le méridien de Paris. On
le développe sur la géné-
ratrice SM ; pour cela, à
partir de M, on porte des
longueurs Ma, ab, etc.,
respectivement égales aux
arcs MA, AB, etc.

On coupe ensuite le
cône par des plans per-
pendiculaires à l'axe aux
points a, b, etc., et l'on a
les courbes sur lesquelles

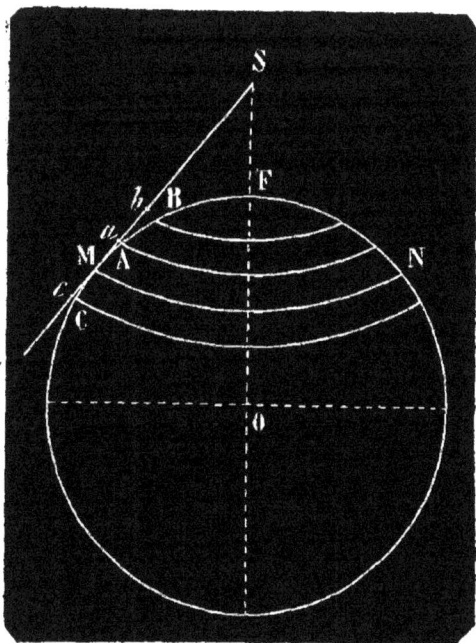

Fig. 276.

on porte en vraie grandeur les arcs interceptés sur les parallèles correspondants par les différents méridiens.

Il n'y a plus qu'à développer sur le plan tangent selon SM le cône
avec le réseau de méridiens et de parallèles que l'on vient d'y figurer.

Pour cela, on trace la droite Sx représentant le méridien de Paris,

SM ; puis, d'un point S quelconque de cette ligne comme centre, on décrit un arc de cercle ayant pour rayon SM. Cet arc est le développement du parallèle moyen (fig. 277). On décrit en outre les autres parallèles de rayon Sa, Sb, etc. Pour tracer un autre méridien, on porte sur les parallèles des points m, a_1, b_1 des longueurs égales aux arcs mesurés sur les parallèles correspondants du globe terrestre, et on a les points d, f, y. On les joint par une courbe qui est le méridien cherché. On trace de la même manière d'autres méridiens. Il en résulte un canevas complet qui permet de fixer sur la carte les différents points du pays que l'on veut représenter.

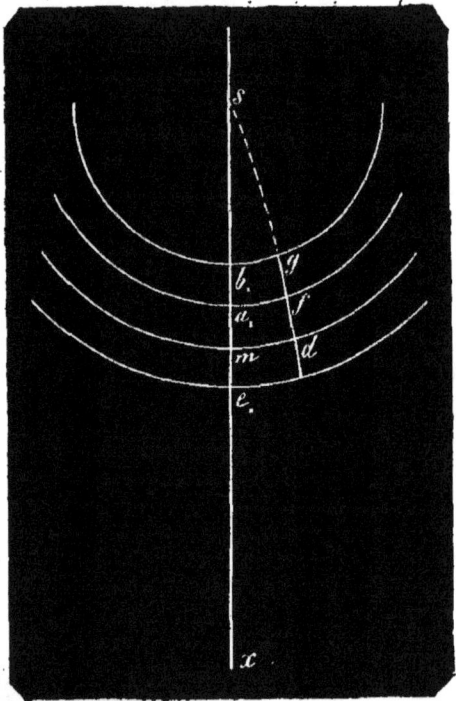

Fig. 277.

CHAPITRE V

COSMOGRAPHIE.

332. Problème. — *Tracer une méridienne par la méthode des ombres.*

On appelle **méridien** le grand cercle de la sphère terrestre qui contient la ligne des pôles, et **méridienne** son intersection avec l'horizon.

Pour tracer une méridienne par la méthode des ombres, on décrit sur un plan horizontal plusieurs cercles concentriques (fig. 278), et l'on place au centre commun une tige verticale OA, terminée par un disque percé d'une ouverture circulaire.

Cette tige constitue un **gnomon**, d'un mot qui signifie indicateur. Le rayon solaire qui passe par l'ouverture détermine un rond lumineux au milieu de l'ombre portée par le disque.

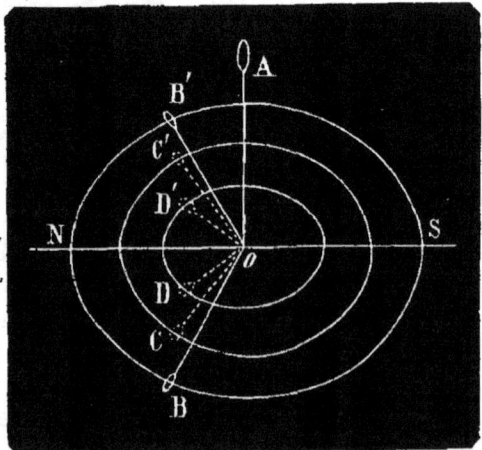

Fig. 278.

A midi vrai, le soleil parvient à sa position culminante et l'ombre portée par la tige donne la direction de la méridienne. Avant et après cet instant, l'ombre se trouve de côtés différents par rapport à la méridienne, et pour des temps égaux comptés avant et après midi les ombres obtenues ont des longueurs égales et font des angles égaux avec la méridienne, puisque la hauteur du soleil est la même pour des positions symétriques par rapport au méridien. Il faut remarquer toutefois que cela n'est rigoureusement vrai que vers les solstices; mais, dans un tracé approximatif, on peut négliger l'erreur qui résulte de la proposition que nous venons d'admettre.

Avant midi, à neuf heures par exemple, on marque le point B, où le centre du rond lumineux se projette sur la première circonférence. Vers les trois heures, on verra ce même centre se projeter en B' sur la même circonférence. En menant la bissectrice de l'angle BOB', on aura la méridienne NS.

Des nuages pouvant, par leur interposition, empêcher la seconde observation, on opère de même à des intervalles différents pour les autres circonférences, comme l'indique la figure.

CADRANS SOLAIRES.

333. Principe de la construction des cadrans solaires.
— Les cadrans solaires sont des appareils destinés à mesurer le temps vrai. Ils ont été connus de toute antiquité. Voici le principe de leur construction.

Si l'on suppose la circonférence de l'équateur divisée en 24 parties égales (fig. 279) et qu'on fasse passer des méridiens par tous les points de division, c'est-à-dire des plans contenant la ligne des pôles NS, on a ce que l'on appelle les **cercles horaires,** parce que le soleil, dans son mouvement apparent, accomplissant une révolution entière autour de la terre en 24 heures, met une heure pour passer d'un méridien à l'autre.

Les cercles horaires coupent le plan de l'équateur suivant des droites ou lignes horaires qui sont deux à deux dans le prolongement l'une de l'autre et portent le même numéro.

Supposons maintenant que l'équateur soit une surface plane opaque et la ligne des pôles une immense tige également opaque; la terre étant enlevée, la tige NS projettera son ombre sur le plan de l'équateur. Quand

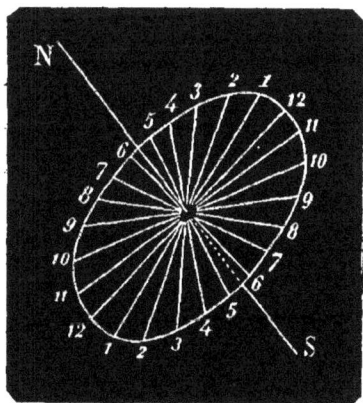
Fig 279.

le soleil sera dans le cercle horaire 1, l'ombre de NS se projettera sur la ligne horaire 1 du côté opposé; il en sera de même pour tous les autres cercles horaires.

Si l'on imagine un plan quelconque passant par le centre de la terre, il sera coupé par les cercles horaires suivant 24 lignes horaires analogues à celles de l'équateur et auxquelles nous donnerons les mêmes numéros. La tige NS coïncidant toujours avec la ligne des pôles projettera son ombre sur ce nouveau cercle de telle sorte que quand le soleil sera dans le cercle horaire 3 par exemple, l'ombre sera sur la ligne horaire 3 du plan.

Transportons ce cadran idéal parallèlement à lui-même en un point quelconque de la surface terrestre, situé sur le méridien choisi pour *premier méridien*. Comme le soleil est à une distance infiniment grande comparée aux dimensions du globe, les plans horaires des deux cadrans peuvent être regardés comme parallèles et la ligne d'ombre de la tige se meut de la même manière sur ces deux plans.

On peut donc énoncer les principes suivants :

1° *Dans tout cadran solaire le style indicateur doit être parallèle à la ligne des pôles, c'est-à-dire être situé dans le plan du méridien du lieu et faire avec l'horizon un angle égal à la latitude, puisque la latitude est égale à la hauteur du pôle au-dessus de l'horizon.*

2° *Les lignes horaires du cadran sont ses intersections avec les cercles horaires de l'équateur.*

334. Cadran équatorial ou équinoxial. — On appelle cadran équatorial celui dont le plan est parallèle à l'équateur, c'est-à-dire perpendiculaire à la ligne des pôles ou au style. Les lignes horaires, intersections du cadran avec les cercles horaires, font entre elles des angles égaux à 15° et divisent le cadran en 24 parties égales.

Pour le construire on trace donc dans un plan, à partir d'un point, 24 droites inclinées à 15° l'une sur l'autre. Les numéros de ces droites forment deux fois la série de 1, 2, 3... 12.

On place au centre un style perpendiculaire au plan du cadran.

Il n'y a plus qu'à orienter l'appareil. Construisons un triangle AOB (fig. 280), rectangle en O et dans lequel l'angle B soit égal à la latitude du lieu (à Paris cet angle mesure 48° 50′ 11″) ; plaçons ce triangle verticalement, de telle sorte que AB coïncide avec la méridienne ; ce triangle est alors dans le plan du méridien et le côté OB est parallèle à l'axe des pôles. Si l'on place main-

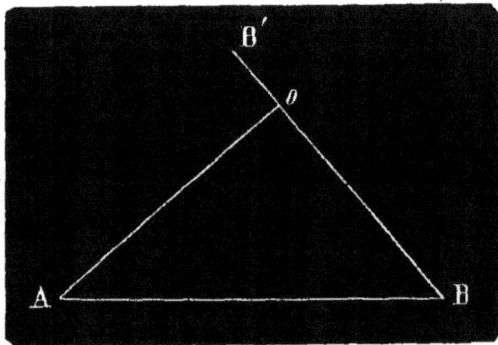

Fig. 280.

tenant le cadran de manière que le style prenne la direction OB′ prolongement de BO, et que la ligne horaire O 12 coïncide avec la droite OA, il est dans la position qu'il doit occuper.

De l'équinoxe de printemps à l'équinoxe d'automne, le soleil se trouve au-dessus de l'équateur et éclaire la face supérieure du cadran ; de l'équinoxe d'automne à l'équinoxe de printemps, il est au-dessous de l'équateur et éclaire la face inférieure du cadran ; il faut donc que les deux faces de l'appareil soient graduées et que le style traverse le cadran.

Dans nos climats, le soleil est au plus 16 heures au-dessus de l'horizon, de 4 heures du matin à 4 heures du soir. On n'a donc pas besoin de tracer les lignes horaires au delà de ces limites.

335. Cadran horizontal. — Soit EDF (fig. 281) le plan horizontal sur lequel on veut construire un cadran solaire. Le style AB doit être dans le plan du méridien et faire avec la méridienne un angle égal à la latitude du lieu. En un point quelconque C du style, menons-lui un plan perpendiculaire GDE ; ce plan parallèle à l'équateur coupe le plan horizontal suivant une droite DE perpendiculaire à la méridienne. Si l'on construit dans les plans FDE et GDE deux cadrans solaires ayant pour centres A et C et pour style la même droite AB, ces cadrans auront

mêmes cercles ho-
raires et leurs li-
gnes horaires.
portant le même
numéro se rencon-
treront sur la droite
DE.

Soient mainte-
nant NN (fig. 282)
la direction de la
méridienne, H le
plan horizontal du
cadran, A le pied
du style. Imaginons
un plan vertical pa-
rallèle à NN; l'angle
du style avec la
méridienne s'y pro-
jette en vraie gran-
deur suivant B'A'α.

Un plan quel-
conque P'αP per-
pendiculaire au
style a pour trace
verticale P'α per-
pendiculaire à
A'B'; sa trace hori-

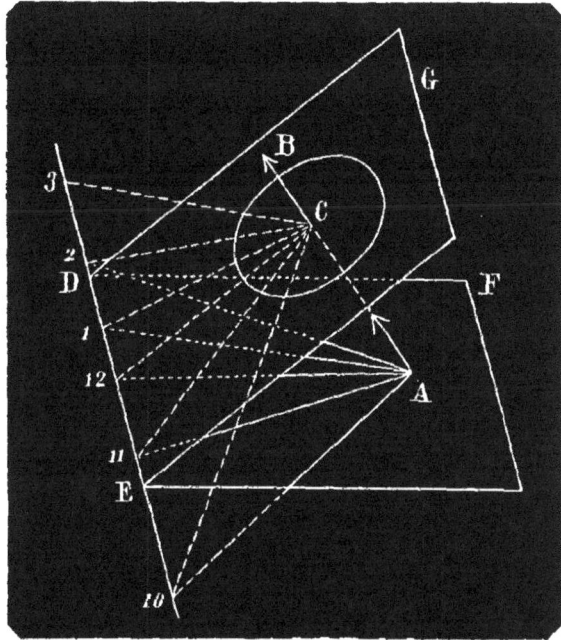

Fig. 281.

zontale est αP perpendiculaire sur NN. Rabattons-le sur le plan horizon-

tal; son
intersec-
tion avec
le style
vient en C_t.
Si l'on di-
vise en 24
parties é-
gales une
circonfé-
rence de
rayon
quelcon-
que ayant
pour cen-
tre C_t, et
que l'on
mène les
rayons aux
points de
division,
on a, en
les prolon-
geant jus-
qu'à leur
rencontre
avec αP,
les points
où doivent

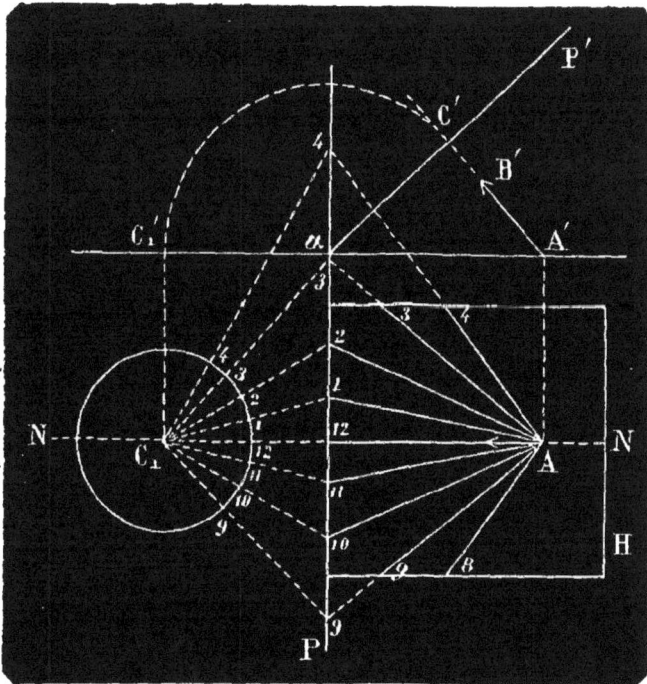

Fig. 282.

aboutir les lignes horaires du cadran horizontal; ces lignes sont :

A12 , A1 , A2 ... A11 , A10 , A9 ... etc.

336. Cadran vertical. — La construction d'un cadran solaire
dans un plan vertical per-
pendiculaire au méridien,
est identique à celle du cadran horizontal. Nous l'indiquerons sommairement
(fig. 283).

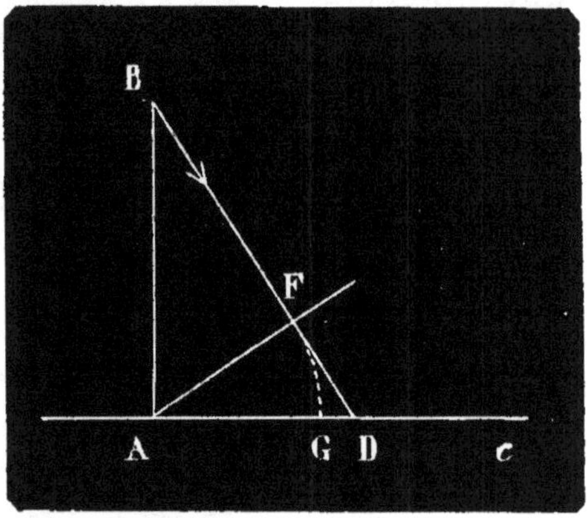

Supposons que le plan de
notre dessin coïncide avec le
méridien. Le plan horizontal
est alors une droite AC, le
plan du cadran une ligne AB
perpendiculaire sur AC.

Ces deux plans se cou-
pent suivant une droite A
perpendiculaire au plan de
la feuille. Le style BD fait
avec AC un angle BDA égal
à la latitude du lieu. Le plan
AF qui lui est perpendicu-

Fig. 283.

laire et qui passe par la droite A est parallèle à l'équateur. On rabat ce

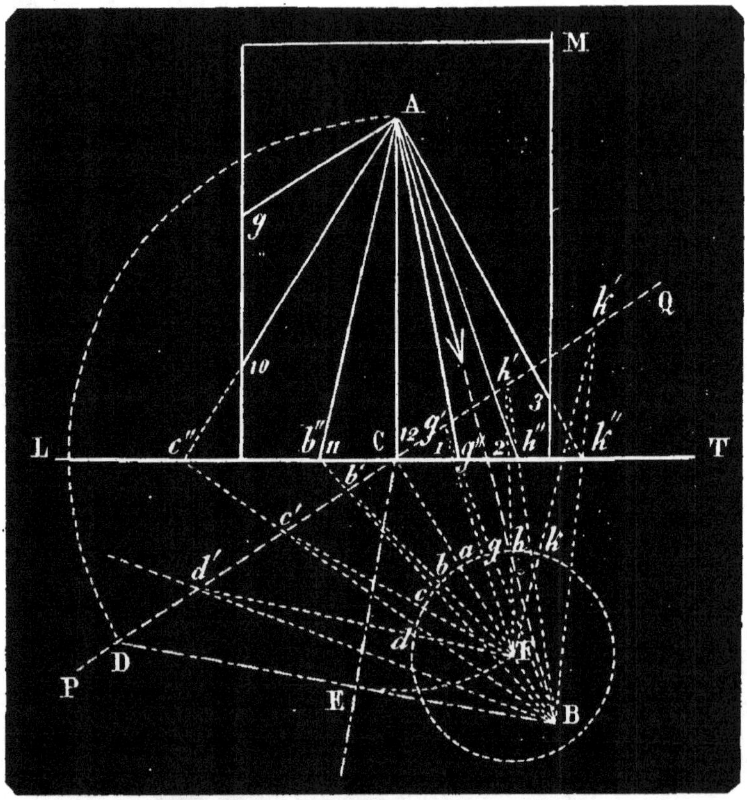

Fig. 284.

plan sur AC; le point F vient en G; on construit sur le plan horizontal
un cadran équatorial de centre G et dont les lignes horaires coupent la

ligne A en un certain nombre de points que l'on joint ensuite au point B. Les droites obtenues sont les lignes horaires du cadran vertical AB.

337. Cadran vertical déclinant. — On appelle ainsi un cadran situé dans un plan vertical non perpendiculaire au plan du méridien. Soit M un plan vertical coupé suivant LT par un plan horizontal quelconque (fig. 284). Le méridien rencontre le premier de ces plans suivant la verticale AC et le plan horizontal LT selon la méridienne CB. La direction AB du style indicateur forme avec ces deux droites un triangle rectangle ACB, dont l'angle ABC est égal à la latitude du lieu et BAC le complément de cet angle; pour déterminer le point B, rabattons ce triangle sur le plan horizontal; CA vient suivant CD perpendiculaire à CB. On mène au point D une droite DB faisant avec CD un angle CDB égal au complément de la latitude, cette droite rencontre CB au point B.

Le plan passant par C et perpendiculaire au style coupe le plan ACB suivant une perpendiculaire à AB dont le rabattement est CE perpendiculaire sur BD. Cette droite est la trace sur le méridien d'un plan parallèle à l'équateur qui coupe d'ailleurs le plan horizontal suivant la droite PQ. Considérons le point E comme le centre d'un cadran équatorial que l'on rabat sur le plan horizontal; le point E vient en F. Si l'on décrit du point F comme centre un cercle de rayon quelconque, qu'on le divise en 24 parties égales, et qu'on prolonge jusqu'à PQ les rayons menés aux points de division, on a les lignes horaires du cadran équatorial. Les points C, b', c', d', g', h', k', sont autant de points des lignes horaires d'un cadran horizontal ayant pour centre B. Si l'on trace ces lignes, elles rencontrent LT aux points c, b'', C', g'', h'', k''. Les droites joignant le point A à ces points sont les lignes horaires du cadran M.

CHAPITRE VI

TRACÉ DE QUELQUES COURBES USUELLES.

DE L'ELLIPSE.

338. On appelle *ellipse* une ligne plane, telle que la somme des distances de chacun de ses points à deux points fixes est constante. Les deux points fixes s'appellent **foyers** et les droites qui joignent les foyers à un point quelconque de la courbe portent le nom de **rayons vecteurs**.

La distance des foyers s'appelle *excentricité*.

339. Tracé de l'ellipse d'un mouvement continu. (fig. 285). — Représentons par $2a$ la somme constante des rayons vecteurs et par $2c$ la distance des foyers F et F'. On prend un **fil sans fin** égal à $2a + 2c$; puis,

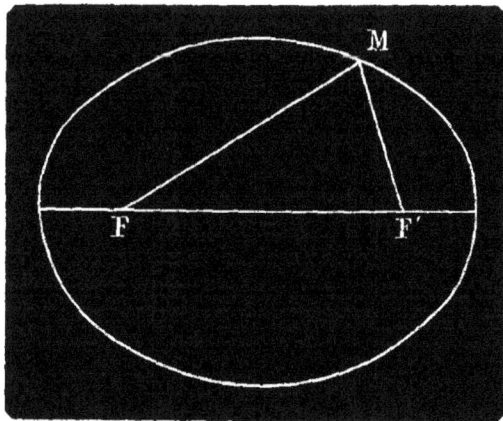

Fig. 285.

après avoir placé deux points en F et F', on les entoure avec le fil que l'on maintient tendu avec la pointe d'un crayon ; si l'on fait mouvoir le crayon, il décrit une ellipse.

C'est ainsi que les jardiniers décrivent des ellipses sur le sol, seulement les pointes et le crayon sont remplacés par des piquets et le fil par un cordeau.

Si les deux foyers se rapprochent, l'ellipse est de moins en moins allongée, et quand les foyers se confondent, la courbe se transforme en une circonférence.

340. Tracé de l'ellipse par points (fig. 286). — Soient F et F′ les deux foyers, et $2a$ la somme des rayons vecteurs ; à partir du point C, milieu de la ligne FF′, portons sur cette droite deux longueurs CA et CA′ égales chacune à a. Les points obtenus A et A′ sont deux points de la courbe.

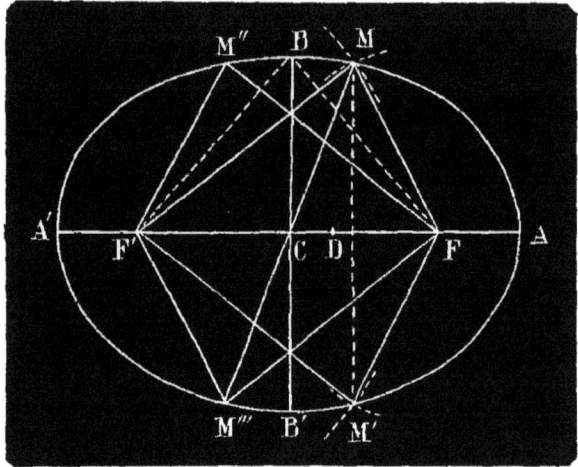

Fig. 286.

En effet

$$AF + AF' = AB + FA' = 2a ;$$

de même

$$A'F' + A'F = A'F' + F'A = 2a.$$

Prenons un point D quelconque *entre les foyers*, et, avec une ouverture de compas égale à DA, décrivons un arc de cercle du point F comme centre ; du point F′ avec un rayon égal à DA′, décrivons un autre arc de cercle ; ces deux arcs se coupent en deux points M et M′ qui sont évidemment deux points de l'ellipse, puisque la somme de leurs rayons vecteurs est égale à AA′, c'est-à-dire égale à $2a$.

Avec les mêmes rayons vecteurs, on peut trouver deux autres points M″ et M‴ ; il suffit de prendre F pour centre du plus grand arc et F′ pour centre du plus petit arc.

En variant la position du point D on peut trouver autant de points de la courbe que l'on veut. Il n'y a plus qu'à les joindre par un trait continu.

341. L'ellipse a deux axes et un centre. — Profitons du tracé que nous venons d'indiquer pour démontrer que l'ellipse a deux axes de symétrie et un centre.

Les deux arcs de rayons FM et F′M se coupent aux points M et M′ ; or, quand deux circonférences se coupent, la ligne des centres est perpendiculaire sur le milieu de la corde commune ; donc la droite FF′ est perpendiculaire sur le milieu de la droite MM′, ce qui prouve que les points M et M′ sont symétriques par rapport à FF′. On en conclut que tous les points de l'ellipse sont symétriques deux à deux par rapport à cette ligne, et que si on replie la courbe autour de FF′ ou AA′, la moitié supérieure recouvre exactement la moitié inférieure ; la droite AA′ est donc un axe de symétrie de l'ellipse.

Il est facile de prouver que la perpendiculaire BB' élevée au point C sur AA' est un deuxième axe de symétrie. En effet les triangles FM''F' et FMF'' sont égaux comme ayant les trois côtés égaux; donc l'angle M''F'F est égal à l'angle MFF'. Si on replie la figure autour de BB', CF' prend la position CF, F'M'' recouvre exactement FM et le point M'' tombe en M; ce qui prouve que BB' est perpendiculaire sur le milieu de la droite qui joint les deux points M et M''. On en conclut que tous les points de la courbe sont symétriques par rapport à BB'.

342. Du centre. — On appelle centre d'une courbe un point qui divise en deux parties égales toutes les cordes qui passent par ce point.

Le quadrilatère FMF'M''' est un parallélogramme, puisque ses côtés opposés sont égaux; or les diagonales d'un parallélogramme se coupent en parties égales; donc la droite MM''' passe par le point C et ce point est au milieu de MM'''.

Toutes les cordes qui joignent deux points tels que MM''' déterminés avec les mêmes rayons vecteurs sont coupées en deux parties égales par le point C. Donc l'ellipse a un centre situé à l'intersection des axes.

343. Sommets. — Les quatre points de l'ellipse A, A', B, B' situés sur les axes sont les sommets de la courbe.

344. Petit axe et grand axe. — Les droites BF et BF' sont égales comme obliques partant d'un même point de la perpendiculaire et s'écartant également de son pied; or FB + F'B = 2a; ou FB = a; mais AC = a; donc FB = AC; on a d'ailleurs CB < BF; donc BC < AC; et par suite BB' < AA'. AA' est le grand axe, BB' le petit axe.

345. Remarque. — Pour construire par points une ellipse connaissant ses deux axes AA' et BB', on commence par déterminer les foyers en décrivant, du point B comme centre, un arc de cercle de rayon AC égal à la moitié du grand axe; cet arc coupe AA' en deux points F et F' qui sont les foyers.

AUTRES TRACÉS DE L'ELLIPSE.

346. Nous allons donner d'autres tracés de l'ellipse dont on trouvera la théorie dans les traités particuliers de courbes usuelles.

1° De l'un des foyers F' comme centre (fig. 287), on décrit un cercle ayant pour rayon la somme 2a des rayons vecteurs d'un même point. Si l'on joint un point M quelconque de la circonférence de ce cercle aux deux foyers et qu'on élève ensuite une perpendiculaire PN au milieu de MF, le point N, où elle rencontre F'M est un point de l'ellipse.

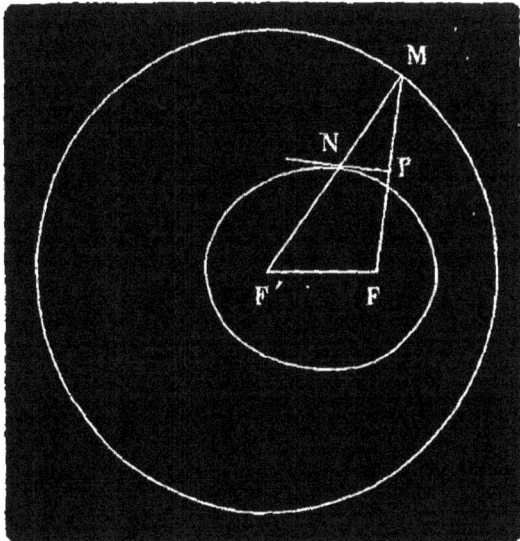

Fig. 287.

On en détermine ainsi autant que l'on veut.

2° Décrivons deux cercles concentriques, l'un sur le grand axe AA',
l'autre sur le petit axe BB' comme diamètres (fig. 288)
Menons dans le grand cercle un rayon quelconque OM qui coupe le petit cercle en un point N ; abaissons de M une perpendiculaire MP sur le grand axe et traçons par N une parallèle NQ à AA' ; le point Q où elle coupe la perpendiculaire MP est un point de l'ellipse.

3° Sur une bande de papier MN (fig. 289), marquons, à l'aide de deux traits, une longueur PR égale au demi-grand axe, puis une deuxiè-

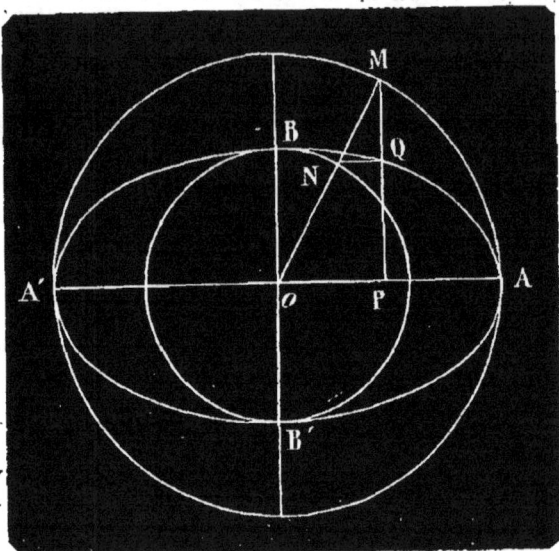

Fig. 288.

me longueur QR égale au demi-petit axe ; alors PQ est la différence des demi-axes.

Faisons mouvoir la bande de papier sur deux axes rectangulaires xx', yy' de manière que le point P soit constamment sur yy' et le point Q sur

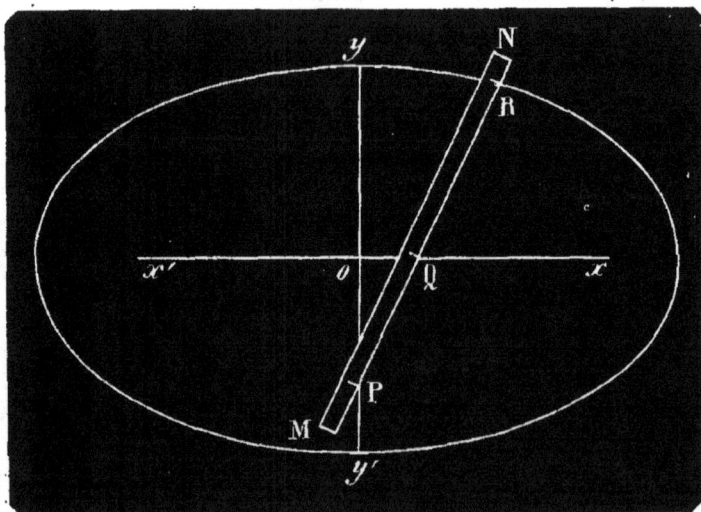

Fig. 289.

xx'. Le point R décrit alors une ellipse dont on peut marquer avec la pointe d'un crayon autant de points que l'on veut.

347. Surface de l'ellipse. — Si l'on désigne les demi-axes par a et b, la surface de l'ellipse est exprimée par la formule :

$$S = \pi a b.$$

348. Ellipsoïde. — Imaginons que l'on fasse tourner une demi-ellipse autour de l'un de ses axes, elle engendrera une surface de révolution qu'on appelle *un ellipsoïde*. L'ellipsoïde est dit *allongé* si l'axe de révolution est le grand axe ; *aplati*, si le mouvement a lieu autour du petit axe.

349. Volume de l'ellipsoïde. — Pour l'ellipsoïde allongé on a

$$V = \frac{4}{3}\pi ab^2;$$

pour l'ellipsoïde aplati, la formule est

$$V = \frac{4}{3}\pi a^2 b.$$

APPLICATIONS DE L'ELLIPSE ET DE L'ELLIPSOÏDE.

350. Voûtes elliptiques. — Il est une foule de constructions où les voûtes en *plein cintre* sont impossibles ; la plupart des ponts, les passages pour voitures au-dessous des maisons, les berceaux rampants sont dans ce cas ; on a alors recours à l'emploi de *voûtes surbaissées* dont le profil est généralement une ellipse.

351. Miroirs elliptiques — On démontre que la tangente NT (fig. 290), en un point M de l'ellipse fait des angles égaux NMF′ et TMF avec les rayons vec-teurs menés au point de contact. Si l'on mène la normale MP, c'est-à-dire la perpendiculaire au point M sur NT, les angles F′MP et PMF, compléments de NMF′ et de TMF, sont égaux.

Or on sait que lorsqu'une bille élastique vient frapper un obstacle également élastique, elle rebondit dans une direction telle que *l'angle de réflexion est égal à l'angle d'incidence*, c'est-à-dire que les deux

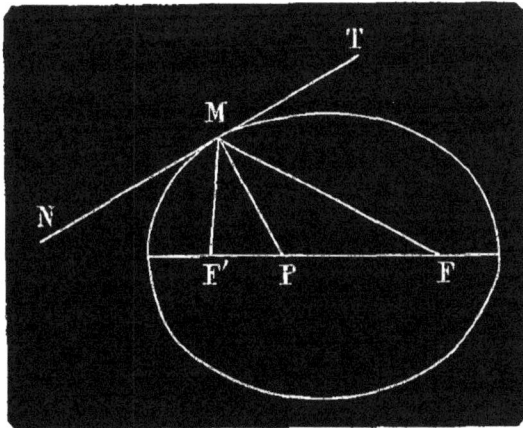

Fig. 290.

chemins parcourus par la bille font des angles égaux avec la normale au point choqué. Les vibrations sonores, les rayons de chaleur et de lumière se réfléchissent d'après la même loi.

Si l'ellipse FF′ est une bande élastique ou une lame polie à l'intérieur, une bille lancée suivant F′M sera renvoyée dans la direction MF ; si un corps vibre au point F′, les vibrations se réfléchiront de manière à être renvoyées en F. Des rayons de chaleur ou de lumière émanant du point F′ convergeront tous au point F après réflexion. C'est à cause de ce fait que les deux points F et F′ ont été appelés **foyers**.

Imaginons maintenant que l'ellipse tourne autour de son grand axe de manière à engendrer un ellipsoïde allongé ; dans toutes ses positions, l'ellipse aura mêmes foyers ; l'effet dont nous venons de parler se reproduira pour chacune de ces positions, et sera considérablement augmenté.

Dans une salle couverte d'une voûte ellipsoïdale, deux personnes placées aux foyers peuvent converser à voix basse et s'entendre mutuellement, tandis que les personnes placées en d'autres points de la salle ne sauraient distinguer les paroles que prononcent les premières.

De même si l'on emploie un miroir de forme ellipsoïdale allongée, on pourra, au moyen de charbons ardents placés à l'un des foyers, allumer un morceau d'amadou placé à l'autre. Si l'on remplace la source de chaleur par la source de lumière, on concentrera la lumière à l'autre foyer. Un réflecteur elliptique est le meilleur que l'on puisse employer si l'on veut éclairer fortement un objet de petite dimension. Il n'est pas nécessaire que le miroir forme un ellipsoïde complet ; une calotte ellipsoïdale produit le même effet, avec une intensité moindre.

DE L'HYPERBOLE.

352. On appelle *hyperbole* une courbe plane telle que la différence des distances de chacun de ses points à deux points fixes est constante. Les deux points fixes s'appellent *foyers*, et les droites qui joignent les foyers à un point quelconque de la courbe portent le nom de rayons vecteurs.

La distance des foyers s'appelle *excentricité*.

353. Tracé de l'hyperbole d'un mouvement continu. — A l'un des foyers F′ fixons une règle H de manière qu'elle puisse tourner autour de lui (fig. 291).

Attachons à l'extrémité M de cette règle un fil d'une longueur inférieure à celle de la règle d'une quantité égale à la différence constante 2a des rayons vecteurs d'un même point ; fixons la deuxième extrémité du fil à l'autre foyer F.

Dans la position F′M où le fil est tendu, le point M est un point de l'hyperbole.

Faisons mouvoir la règle en appuyant constamment le fil contre elle avec la pointe d'un crayon ; celle-ci décrit une hyperbole. En effet la règle et le fil diminuent de la même longueur ; leur différence reste constante.

On obtient une deuxième branche en fixant la règle au foyer F et le fil au foyer F′.

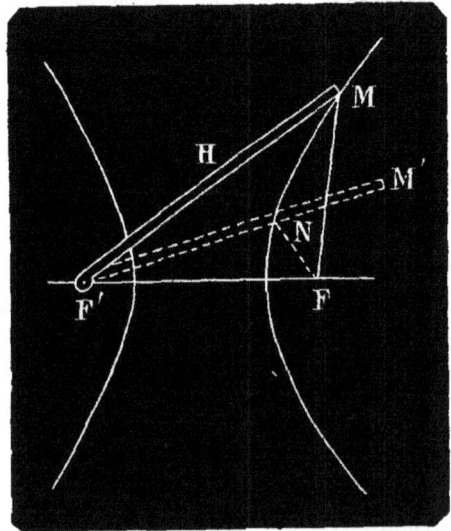

Fig. 291.

L'hyperbole se compose de deux branches infinies ; par ce procédé on n'en peut tracer que la portion très restreinte située dans le voisinage des foyers.

354. Tracé de l'hyperbole par points. — Soient F et F′ et *m* les foyers et la différence des rayons vecteurs d'un même point (fig. 292). A partir du milieu C de la distance FF′, portons deux longueurs CA et CA′

égales à la moitié de m; les points A et A′ sont deux points de la courbe, car

$$AF' - AF = AF' - A'F' = AA' = m,$$

et

$$A'F' - A'F' = A'F - AF = AA' = m.$$

Prenons un point D quelconque sur la ligne FF′; du point F comme centre avec DA pour rayon, décrivons une circonférence MM′, et du point F′ avec DA′ pour rayon, une deuxième circonférence qui coupe la première en M et M′; ces deux points appartiennent à la courbe.

En effet :

$$MF - MF' = DA - DA'$$
$$= AA'm.$$

Avec les mêmes rayons on peut déterminer deux points M″ et M‴ de la deuxième branche, en prenant F′ pour le centre du plus grand cercle et F pour le centre du plus petit.

En faisant varier la position du point D, et répétant les mêmes constructions, on trouvera d'autres points de l'hyperbole.

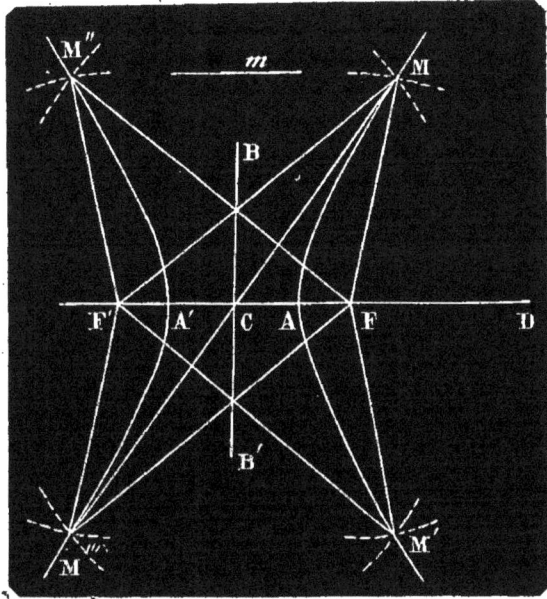

Fig. 292.

355. L'hyperbole a deux axes et un centre. — La ligne des centres FF′ des circonférences qui se coupent aux points MM′ est perpendiculaire sur le milieu de la corde MM′; donc, M et M′ sont symétriques par rapport à FF′. Il en serait de même de tous les points de la courbe, pris deux à deux; par conséquent, FF′ est un axe de symétrie.

La perpendiculaire BB′, élevée au milieu de AA′, est un deuxième axe de symétrie. En effet, si l'on replie la figure autour de cette droite, le point M tombe en M″ à cause de l'égalité des triangles FMF′ et FM″F′, ce qui prouve que BB′ est perpendiculaire sur le milieu de la droite MM″. Il en serait de même pour tous les autres points de la courbe.

L'axe AA′ qui rencontre la courbe s'appelle **axe transverse;** BB′ porte le nom d'axe **non transverse.**

356. Centre. — Le point C, intersection des deux axes, est le centre de l'hyperbole; car ce point divise en deux parties égales toutes les cordes qui le contiennent.

Considérons la corde MM‴; elle est la diagonale du parallélogramme MF′M‴F, dont FF′ est l'autre diagonale; donc, MM‴ passe par le milieu C de FF′ et est divisée en deux parties égales par ce point.

357. Sommets. — Les points A et A′ où l'axe transverse coupe la courbe sont les sommets de l'hyperbole.

HYPERBOLOIDE

358. Si l'on fait tourner une hyperbole autour de l'un de ses axes, elle engendre une surface de révolution qui porte le nom d'**hyperbo-loïde**. Si l'axe de révolution est l'axe non transverse, il est clair qu'on obtient une surface continue, une sorte de tuyau évasé aux deux bouts ; c'est l'*hyperboloïde à une nappe*.

Au contraire, lorsque le mouvement a lieu autour de l'axe transverse, la surface se compose de deux calottes séparées dont les ouvertures sont tournées en sens opposés, c'est l'*hyperboloïde à deux nappes*.

APPLICATIONS.

359. Miroirs hyperboliques. — On démontre que la tangente MT en un point M (fig. 293) de l'hyperbole est bissectrice de l'angle

F'MF formé par les rayons vecteurs me-nés au point de con-tact. Il en résulte que la normale MN est aussi bissectrice de l'angle PMF.

Supposons que la branche de droite de notre hyperbole soit une lame polie inté-rieurement et exté-rieurement ; si l'on place en F un foyer lumineux et que l'on considère le rayon FM, il sera refléchi suivant MP et sem-blera émaner du point F.

De même, un rayon lumineux émané

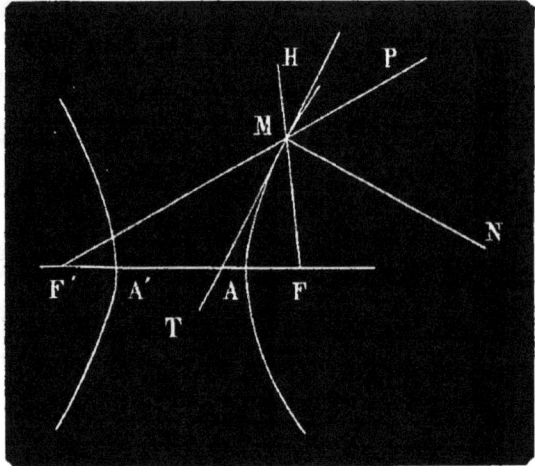
Fig. 293.

d'une source placée en F', et ayant pour direction F'M, sera renvoyé suivant MH et semblera venir du foyer F.

Même phénomène aurait lieu si l'on plaçait en F ou en F' une source de chaleur ou de vibrations sonores.

Cela posé, si l'on fait tourner cette branche d'hyperbole autour de l'axe transverse, on aura une calotte hyperboloïdale, réfléchissant en tous ses points, d'après la même loi, les rayons de chaleur ou de lumière ; le phénomène gagnera en intensité.

360. Remarque. — Dans les miroirs elliptiques les rayons réflé-chis passent effectivement par le foyer conjugué, c'est un **foyer réel ;** dans les miroirs hyperboliques, au contraire, ce sont seulement les pro-longements des rayons réfléchis qui passent par le foyer conjugué ; en sorte que le concours des rayons n'est qu'apparent, c'est un **foyer virtuel.**

Une portion d'hyperboloïde à deux nappes, polie à l'intérieur, forme comme on le voit un miroir divergent, puisque les rayons d'une source de lumière placée en F sont réfléchis de telle sorte qu'ils paraissent émaner de F'.

Un pareil miroir est donc très convenable *[pour renvoyer la lumière d'une lampe sur une étendue un peu considérable.

DE LA PARABOLE.

361. La parabole est une courbe plane dont chacun des points est à égale distance d'un point fixe et d'une droite fixe, situés dans son plan.

Le point fixe se nomme **foyer,** et la droite fixe, **directrice.**

On appelle **rayon vecteur** d'un point de la parabole la droite qui joint ce point au foyer.

362. Tracé de la parabole d'un mouvement continu (fig. 294). — Appliquons le bord d'une règle contre la directrice donnée BC, et contre cette règle le plus petit côté d'une équerre HGK. Prenons ensuite un fil KF ayant même longueur que le deuxième côté HK de l'équerre. Attachons l'une des extrémités du fil au sommet K de l'équerre et l'autre extrémité au foyer F.

Si l'on fait glisser l'équerre sur la règle et qu'avec une pointe de crayon on fasse tendre le fil en l'appliquant constamment contre le bord HK, il est clair que la pointe du crayon est toujours à égale distance de la règle CB et du foyer F ; elle décrit donc une parabole.

Il faut remarquer que la parabole s'étend à l'infini et que ce procédé ne permet de décrire qu'une faible partie de la courbe.

363. Tracé de la parabole par points (fig. 295). — Soient F le foyer et CD la directrice. Le milieu A de la perpendiculaire FB, abaissée de F sur CD, est un point de la courbe. Pour en déterminer un autre je prends sur la droite BF un point quelconque K, tel que BK soit plus grand que BA ; j'élève au point K une perpendiculaire MM' sur BF.

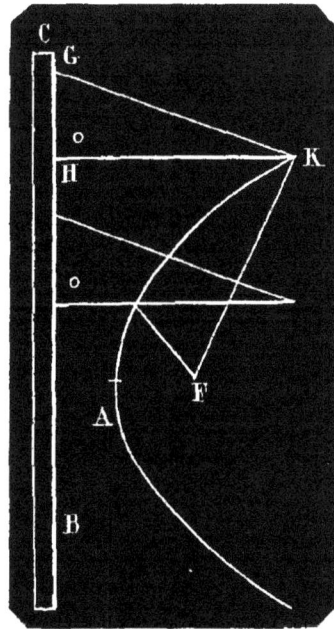

Fig. 294.

Du point F, comme centre avec un rayon égal à BK, je décris un arc de cercle qui coupe la perpendiculaire MM' aux deux points M et M', qui appartiennent à la parabole. En effet, si l'on abaisse de M une perpendiculaire MG sur CD, on a MG = KB = FM.

En changeant la position du point K on déterminera d'autres points de la courbe.

Remarque. — Les deux points MM' sont symétriques par rapport à la droite BF ; car BF est une perpendiculaire abaissée du centre F sur la corde MM' de l'arc MIM'. Il en serait de même des autres points de la courbe. Donc, la parabole a pour axe de symétrie la perpendiculaire abaissée de son foyer sur sa directrice.

Le point d'intersection A de la parabole avec son axe de symétrie est le *sommet* de cette courbe.

364. Autre moyen. — Si l'on trace la ligne GF, le triangle GMF est isocèle, comme ayant deux côtés égaux MG et MF par hypothèse; la perpendiculaire élevée sur le milieu de FG passe donc par le sommet M. Par conséquent, pour obtenir un point quelconque de la parabole, on peut en un point G, pris à volonté sur la directrice, mener une perpendiculaire sur cette ligne, joindre le point G au foyer F, et mener une perpendiculaire sur le milieu de GF; cette perpendiculaire rencontre la première en un point qui appartient à la parabole.

365. Aire d'un segment parabolique. — L'aire d'un segment parabolique compris entre le sommet et une corde perpendiculaire à l'axe, est équivalente aux deux tiers du rectangle qui aurait pour base cette corde, et pour hauteur sa distance au sommet.

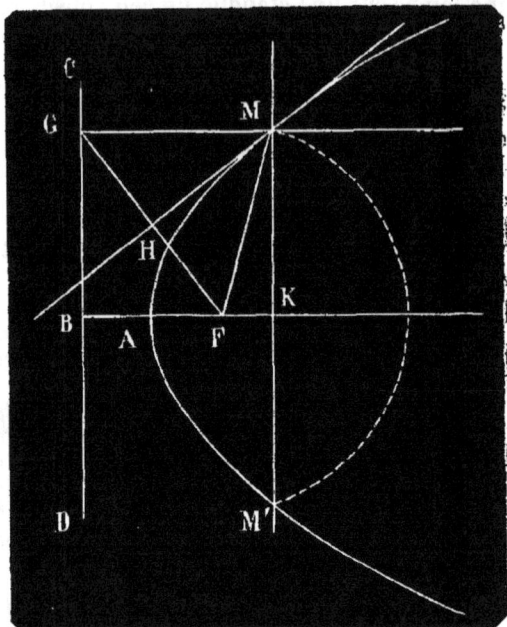

Fig. 295.

Ainsi, dans la figure on a :

$$\text{Surface } MM'A = \frac{2}{3} MM' \times AK.$$

PARABOLOÏDE.

366. Si l'on fait tourner une parabole autour de son axe, elle engendre une surface de révolution qu'on appelle un **paraboloïde**.

367. Volume d'un segment de paraboloïde. — Le volume d'un segment de paraboloïde compris entre le sommet et un plan perpendiculaire à l'axe est la moitié du cylindre qui aurait la même base et la même hauteur.

Le volume engendré par le segment parabolique MAM' (fig. 295) a pour expression

$$V = \frac{1}{2} \pi \overline{MK}^2 \times AK.$$

APPLICATIONS DIVERSES DE LA PARABOLE ET DU PARABOLOÏDE.

368. Voûtes paraboliques. — La parabole à axe vertical est une des meilleures formes que l'on puisse adopter pour l'intrados d'une voûte destinée à supporter une charge considérable. Elle présente cependant un inconvénient grave, c'est de ne pas être tangente à la direction des pieds-droits.

369. Mouvement des projectiles. — Lorsqu'un corps pesant est lancé dans une direction qui n'est pas verticale, il est animé de deux mouvements : celui qui est dû à l'impulsion qu'il a reçue et en vertu duquel il se déplacerait en ligne droite avec une vitesse constante, et celui que tend à lui imprimer la pesanteur, lequel est uniformément varié. La combinaison de ces deux mouvements lui fait décrire dans l'espace une parabole dont l'axe est vertical et qui est tangente à la direction de la vitesse initiale.

370. Ponts suspendus. — Les chaînes qui supportent les ponts suspendus prennent la forme d'arcs paraboliques.

371. Miroirs paraboliques. — On démontre que la tangente MT en un point M de la parabole (fig. 296) fait des angles égaux TMC et TMF, avec le rayon vecteur MF et la parallèle à l'axe MC passant par M. Si l'on mène la normale MH, l'angle FMH est égal à l'angle HMD.

En effet, FMH est le complément de FMT ; HMD est le complément de DMB ; or DMB = TMG = EMT ; donc FMH = HMD.

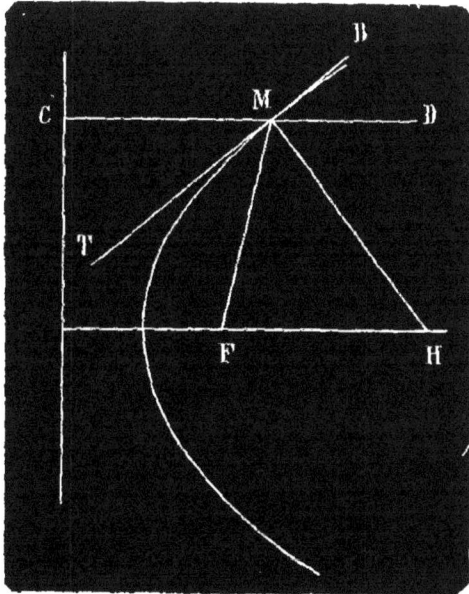

Fig. 296.

Il résulte de là, que si la parabole est une lame élastique et qu'on lance un corps également élastique, suivant FM, il sera renvoyé suivant la direction MD, parallèle à l'axe.

Réciproquement, si le corps est lancé suivant DM, il sera réfléchi selon MF. Le point M étant quelconque, le même phénomène se produira pour tous les points de la parabole. Si la parabole est une lame polie à l'intérieur, elle réfléchira de la même manière la chaleur, la lumière et le son.

Au lieu d'une simple lame parabolique, prenons un segment de paraboloïde engendré par la révolution de la parabole autour de son axe, les phénomènes de réflexion énoncés plus haut se reproduiront pour tous les méridiens.

Les rayons de chaleur et de lumière, les ondes sonores envoyés parallèlement à l'axe convergeront au foyer du paraboloïde ; les rayons émanés du foyer seront, après réflexion, renvoyés parallèlement à l'axe.

372. Réflecteurs, phares. — Les réflecteurs paraboliques sont les meilleurs que l'on puisse employer lorsqu'il s'agit d'envoyer de la lumière à une grande distance.

On place une lampe au foyer du miroir parabolique ; les rayons sont réfléchis parallèlement à l'axe et ne subissent de diminution d'intensité que celle qui résulte de l'absorption par les milieux qu'ils traversent.

Dans les anciens phares on se servait de réflecteurs paraboliques au foyers desquels on plaçait de fortes lampes Carcel ; depuis on a remplacé les réflecteurs par des lentilles, qui produisent le même effet, et la lampe Carcel par la lumière électrique.

373. Cornet acoustique (fig. 297). — Le cornet dont se servent les personnes atteintes de surdité est un paraboloïde très allongé ; les vibrations sonores qui arrivent à peu près parallèlement à l'axe se réfléchissent sur les parois et vont converger au foyer ; en ce point est l'ouverture contre laquelle on place l'oreille ; en sorte que cet organe perçoit un mouvement vibratoire beaucoup plus intense que celui qu'il percevrait sans le secours de cet instrument.

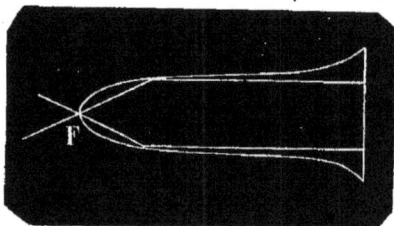

Fig. 297.

374. Porte-voix (fig. 298). — Le porte-voix se compose ordinairement d'un ellipsoïde A, et d'un paraboloïde B, ayant un foyer commun F.

L'embouchure correspond au premier foyer F' de l'ellipsoïde.

Tout mouvement vibratoire produit en F' est réfléchi par l'ellipsoïde et renvoyé au foyer conjugué F ; il est réfléchi une deuxième fois par le cornet parabolique, suivant une parallèle à l'axe.

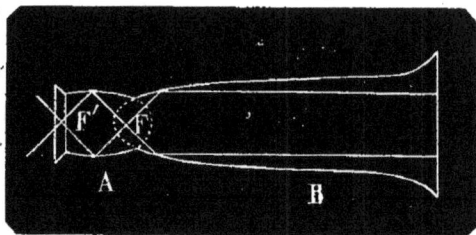

Fig. 298.

Cet instrument est destiné à envoyer au loin le son de la voix ; on s'en sert notamment pour commander les manœuvres à bord des navires.

DE L'HÉLICE

375. Soit BCEF (fig. 299) le rectangle qu'on obtient en développant sur un plan la surface du cylindre circulaire droit ABCD. Divisons sa hauteur BC en un certain nombre de parties égales, trois par exemple, et menons par les points de division des parallèles HG, KL à la base BF ; traçons ensuite les droites BG, HL et KE. Si maintenant on enroule le rectangle sur le cylindre, les droites BG, HL et KE tracent sur sa surface convexe une courbe continue appelée *hélice*.

Cette courbe est continue, car l'arc formé par la droite BG vient aboutir au point H, où commence celui qui forme la droite HL.

Chacun des arcs BG, HL et KE de l'hélice, qui ont leurs extrémités sur une même génératrice BC du cylindre et font le tour entier de ce corps, se nomme *spire*. On appelle *pas de l'hélice* la portion constante BH de la génératrice BC, comprise entre les extrémités d'une spire.

376. Tracé des projections d'une hélice. — Si l'on considère le triangle BGF (fig. 300), qu'on prenne un point quelconque *m* de

15

BG, et qu'on abaisse de m] la perpendiculaire mp sur BF, les triangles Bmp et BGF sont semblables. On a donc :

$$\frac{mp}{GF} = \frac{Bp}{BF},$$

d'où

$$mp = GF \times \frac{Bp}{BF}$$

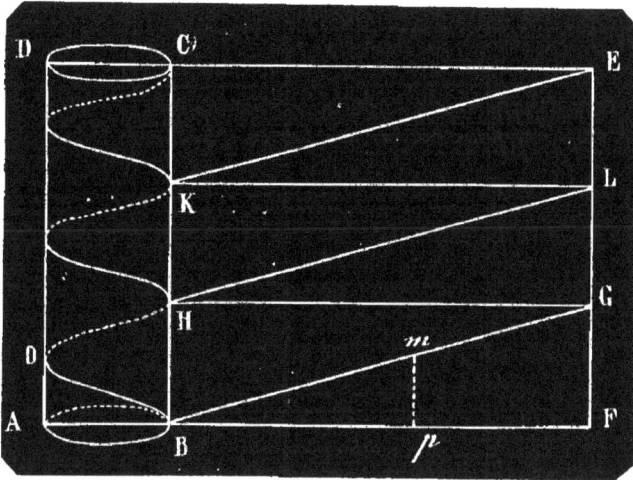

Fig. 299.

Cette égalité prouve que si Bp est la moitié, le tiers ou le quart de BF, la ligne mp est aussi la moitié, le tiers ou le quart du pas GF. Enroulons maintenant le triangle BGF sur le cylindre; BF prend la position de la circonférence AB, et BG celle de l'arc d'hélice BOH. Si l'on divise la circonférence AB et le pas BH en un même nombre de parties égales, huit, par exemple; qu'on mène les génératrices aux points de division et qu'on prenne sur elles des longueurs respectivement égales au $\frac{1}{8}$, aux $\frac{2}{8}$, aux $\frac{3}{8}$, .. etc., du pas, les extrémités de ces longueurs appartiennent à l'hélice.

Prenons pour plan horizontal de projection un plan perpendiculaire à l'axe du cylindre (fig. 300). La projection horizontale de ce corps sera une circonférence ae, et sa projection verticale un rectangle $a'a'_,c'e'_,$. Divisons la circonférence ae en huit parties égales numérotées 1, 2, 3, 4... et menons les génératrices correspondant aux points de division. Partageons

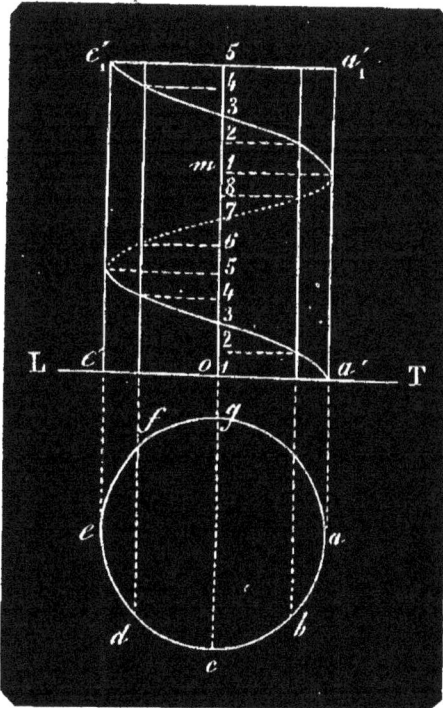

Fig. 300.

le pas om en huit parties égales que nous numéroterons également 1, 2, 3, 4... 8 de bas en haut. Si l'on mène par ces points de division des parallèles à la ligne de terre jusqu'à leur rencontre avec les génératrices portant les mêmes numéros, on obtiendra évidemment autant de points de l'hélice.

CHAPITRE VII

DU LAVIS

Les effets de lumière et d'ombre s'obtiennent généralement dans la représentation des corps par l'application de couleurs délayées dans l'eau. L'art de créer ces effets est le **lavis**.

PRÉLIMINAIRES DU LAVIS

1° Le papier doit être fort et bien *collé* sur une planche à dessin. Pour cette dernière opération, il faut mouiller fortement la feuille du côté opposé au dessin, au moyen d'une bonne éponge imbibée d'eau propre et lui laisser un moment pour s'humecter. On étend ensuite sur la planchette la feuille du côté mouillé.

On la recouvre d'une feuille sèche quelconque ; on en relève les bords sur une largeur d'un centimètre contre une règle plate, et on les recouvre à l'aide d'un petit pinceau de peintre, à poils raides, d'un peu de colle de menuisier dissoute dans la moitié de son volume d'eau (la colle à bouche ne se prête pas à une opération rapide). On rabat ensuite vivement les bords et on appuie fortement sur la partie collée, avec le plat d'un couteau à papier. On met enfin la feuille à l'abri de la poussière dans un endroit sec, mais pas trop chaud (la feuille séchée trop vite se déchirerait).

2° On opère ordinairement à l'aide de deux pinceaux de grosseur différente, montés sur une même hampe. Pour reconnaître si un pinceau est bon, on l'imbibe d'eau, on le secoue, et on voit s'il fait naturellement la pointe. On garde celui qui la fait le mieux pour mettre les teintes, et l'autre, toujours humecté d'eau, sert à les fondre ou à les adoucir. (Il ne faut pas oublier de toujours laver les pinceaux qui viennent de servir.)

Il faut encore de l'encre de Chine et des couleurs de première qualité ; des **godets** en porcelaine creux, pour que la couleur sèche moins vite, et il est bon de transvaser d'un godet dans un autre la couleur obtenue. On répare les accidents et on adoucit le dessin au moyen d'une éponge de moyenne grosseur, fine et de bonne qualité, et d'eau bien pure.

3° Le tracé à l'encre d'un dessin qu'on veut laver, doit être entièrement terminé, y compris le cadre et les titres. Il ne doit pas être noir, plutôt gris, afin d'éviter des contours trop durs.

Il faut employer le moins possible la gomme et la mie de pain pour nettoyer sa feuille ; il suffit de laver à grande eau, surtout sur les parties à nettoyer. Ce lavage se répétera lorsque le lavis sera à peu près terminé ; on rehaussera ensuite, un peu après coup les parties dans l'ombre par quelques teintes additionnelles, et à l'aide du tire ligne quelques contours mal déterminés.

Il est bon d'avoir toujours sous la main une feuille de papier blanc qui sert à garantir le tracé, et à essayer les teintes avant de les passer.

Conseils généraux. — Pour passer une teinte dans une direction horizontale, on commence à gauche de la ligne et on fait une traînée d'une longueur plus ou moins grande, puis une seconde en reprenant dans celle déjà faite et ainsi de suite. On peut revenir même sur la première, si on n'a pas effleuré la ligne, dont il faut plutôt rester en deçà que la dépasser. Le pinceau doit être tenu à la façon d'une cuillère, sauf quand on est tout près du bas. Là il faut renverser le pinceau, de manière que la pointe se dirige vers la ligne limite.

Pour passer une teinte dans une direction verticale, on opère comme il vient d'être dit, mais en tenant le pinceau comme une plume, et en laissant glisser la main le moins possible; quand on arrive vers la limite de droite, on met le pinceau presque vertical, de manière à en apercevoir la pointe.

TEINTES PLATES — TEINTES FONDUES

On obtient le relief des corps au moyen de deux méthodes : 1° le lavis par *teintes plates*; 2° le lavis par *teintes fondues*.

1° *Teintes plates.* — Les figures 1, 2, 3, 4 donnent des exemples de teintes plates superposées et dégradées.

On indique au crayon la division des teintes. On passe une teinte faible sur la partie 1 de la surface, puis une fois qu'elle est sèche, sur les parties 1 et 2, puis sur 1, 2 et 3, et ainsi de suite jusqu'à la dernière. On peut mener de front les lavis de plusieurs figures; il n'y a pas ainsi d'interruption.

Les figures 5 et 6 montrent des dégradations dans les deux sens. Une teinte faible est établie sur le tout; puis une deuxième teinte, depuis la deuxième ligne à gauche jusqu'à la deuxième à droite, etc. Le nombre des divisions est impair, afin qu'il ne reste au milieu qu'une bande plus foncée que les autres.

2° *Teintes fondues.* — Ce procédé est plus difficile et réclame une habitude assez grande. Aussi se contente-t-on souvent de l'autre, qui donne les mêmes résultats, mais avec bien plus de lenteur.

Il se fait à peu près comme l'autre, par plusieurs teintes plates superposées; les teintes n'y sont pas coupées net sur les bords; elles sont dégradées au fur et à mesure avec un pinceau *légèrement*[1] imbibé d'eau.

Il est bon d'employer des teintes pâles, pour éviter les taches. Le papier doit être, au préalable, humecté, quand il s'agit de grandes surfaces, et on n'a pas besoin d'attendre que la première soit sèche pour passer les autres. La teinte adoucie doit toujours être terminée parallèlement à la ligne qui limite le corps.

Remarques générales. — Quand la surface sur laquelle il s'agit de passer une teinte est assez étendue, on incline la planche, et on commence par l'angle gauche de l'espace à couvrir et on va de gauche à droite et de haut en bas. Il faut que dans le pinceau il y ait assez d'encre pour qu'il existe un dépôt, qu'on abaisse peu à peu, et qui ne puisse sécher avant qu'on y revienne. Il ne faut jamais laisser en arrière une abondance de liquide sans l'entraîner.

Les mouvements du pinceau doivent toujours être dans le même sens, parallèles entre eux. Il serait dangereux de revenir sur une partie de teinte commençant à sécher.

Arrivé en bas, on essuie le pinceau pour le débarrasser de l'excès de couleur et on termine avec ce qui reste sur le papier. La grande préoccupation doit être d'éviter les bavaches, c'est-à-dire les franges produites par le pinceau, lorsqu'il ne suit pas exactement le contour des teintes; on arrive à ce résultat en n'abordant les contours qu'avec la pointe du pinceau, surtout pour le côté droit, quand on lave verticalement.

Sitôt que l'on a tant soit peu dépassé, on doit repousser vivement,

---

1. Nous soulignons ce mot légèrement; autrement le lavis serait *noyé*.

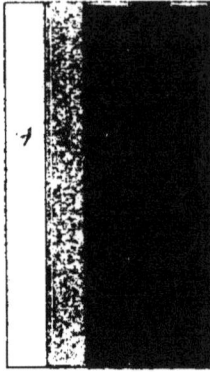

Fig. 1.

Fig. 2.

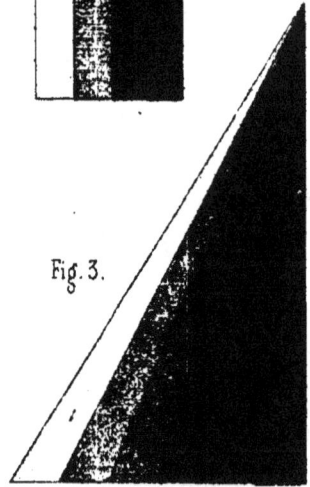

Fig. 4.

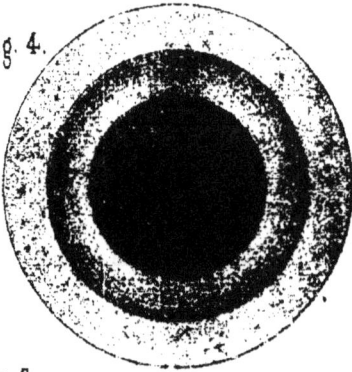

Fig. 3.

Fig. 5.

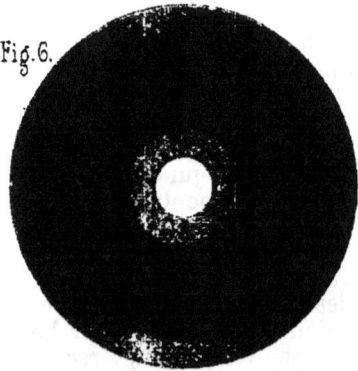

Fig. 6.

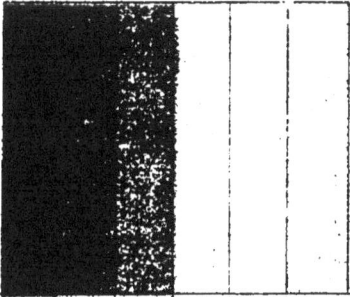

Fig. 7.

Fig. 8.

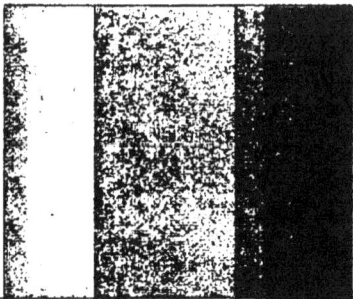
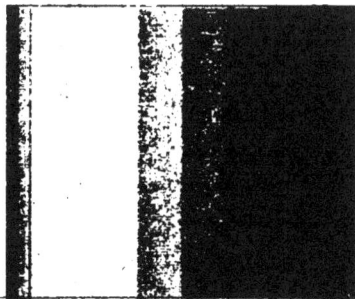

Fig. 9.

Fig. 10.

avec l'extrémité du doigt, la bavache vers la droite et reprendre la teinte
au point où on l'a laissée.

PRINCIPES SUR LES EFFETS DE LUMIÈRE ET D'OMBRE

C'est à l'aide de teintes différentes qu'on peut indiquer les formes
plates ou arrondies des objets ainsi que les parties fuyantes. Nous admet-
trons le principe suivant : « *La dégradation de lumière, dans les surfaces
éclairées, est la même que la dégradation des ombres dans les surfaces non
éclairées.* » On en déduit les suivants :

1. Toute surface plane éclairée, parallèle à l'un des plans de projection, doit recevoir dans toute son étendue une teinte claire et
uniforme.

2. De plusieurs surfaces planes parallèles entre elles, la plus proche
de l'observateur reçoit la teinte la plus faible. On va ensuite continuellement en augmentant à partir de là jusqu'à la plus éloignée, qui sera la
plus foncée.

3. Sur des surfaces éclairées obliquement, il faut mettre des teintes
allant en dégradant. La partie la plus éloignée, doit paraître moins
éclairée que la plus rapprochée (fig. 7).

Remarque. — Les observations sont les mêmes que ci-dessus
pour les surfaces dans l'ombre ; ainsi, dans le dernier cas, l'intensité de
l'ombre décroît à mesure que les surfaces s'éloignent du spectateur
(fig. 8).

4. Quand plusieurs surfaces sont obliques à la direction des rayons
lumineux, on met la teinte la plus faible sur celle qui est le plus perpendiculaire à cette direction. On augmente les teintes à partir de là sur
les autres, en suivant l'ordre d'obliquité (fig. 9).

5. Pour les surfaces courbes, le point ou la génératrice qui reçoit
perpendiculairement les rayons de lumière fournit la partie la plus
éclairée. Les teintes vont en augmentant à partir de là jusqu'à la ligne
de séparation d'ombre et de lumière.

Remarque. — Sur les arêtes saillantes, limites de surfaces
éclairées, on doit toujours ménager un filet clair et très étroit, nommé
filet de lumière. De même le contour des ombres portées est toujours
terminé par une bande étroite d'une intensité moindre, qu'on appelle la
pénombre.

FIN

TABLE DES MATIÈRES

PREMIÈRE PARTIE

NOTIONS ÉLÉMENTAIRES DE GÉOMÉTRIE DESCRIPTIVE.

DEUXIÈME PARTIE

CHAPITRE I

CHAPITRE II

CHAPITRE III

CHAPITRE IV

CHAPITRE V

CHAPITRE VI

CHAPITRE VII

CHAPITRE VIII

TROISIÈME PARTIE

QUESTIONS D'ARCHITECTURE, DE COUPE DES PIERRES DE GÉOGRAPHIE ET DE COSMOGRAPHIE. — COURBES USUELLES.

CHAPITRE I

CHAPITRE II

CHAPITRE III

CHAPITRE IV

CHAPITRE V

CHAPITRE VI

CHAPITRE VII

Sceaux. — Imp. Charaire et fils.

www.ingramcontent.com/pod-product-compliance
Lightning Source LLC
Chambersburg PA
CBHW072304210326

41519CB00057B/2611